U0626396

高等职业教育"互联网+"新形态一体化教材

电力系统自动装置

主　编　陈金星　许郁煌

副主编　吕文虎　刘　伟

参　编　黄　霞　徐玉庆

机械工业出版社

本书是根据"电力系统自动装置"课程大纲编写的。

本书共分9章，主要内容包括：绪论、微机型自动装置的构成、备用电源自动投入装置、输电线路自动重合闸装置、同步发电机自动并列装置、同步发电机自动调节励磁装置、按频率自动减负荷装置、故障录波装置、水电站自动控制技术及同步发电机准同期并列与励磁控制实验。本书以微机型自动装置为主线，讲述了电力系统自动装置的构成原理，注重基本知识、基本理论、基本技能，突出介绍了微机技术在电力系统自动装置中应用的新技术、新知识、新方法，内容编排上由浅入深，每章后均附有习题，可读性强。

本书可作为高职高专院校发电厂及电力系统、电力系统继电保护技术、水电站动力设备与管理或机电设备运行管理专业的教材，也可供相关工程技术人员阅读参考。

为方便教学，本书配有PPT课件、习题解答及模拟试卷等，凡选用本书作为授课教材的教师，均可来电(010-88379758)索取或登录机械工业出版社教育服务网(www.cmpedu.com)注册下载。

图书在版编目（CIP）数据

电力系统自动装置 / 陈金星，许郁煌主编 .—北京：机械工业出版社，2023.9（2025.1 重印）

高等职业教育"互联网 +"新形态一体化教材

ISBN 978-7-111-73719-3

Ⅰ .①电… Ⅱ .①陈… ②许… Ⅲ .①电力系统 – 自动装置 – 高等职业教育 – 教材 Ⅳ .① TM76

中国国家版本馆 CIP 数据核字（2023）第 159479 号

机械工业出版社（北京市百万庄大街 22 号 邮政编码 100037）

策划编辑：王宗锋		责任编辑：王宗锋 王 荣	

责任校对：李小宝 陈 越 责任印制：刘 媛

北京中科印刷有限公司印刷

2025 年 1 月第 1 版第 2 次印刷

184mm×260mm・15 印张・360 千字

标准书号：ISBN 978-7-111-73719-3

定价：49.80 元

电话服务 网络服务

客服电话：010-88361066 机 工 官 网：www.cmpbook.com

010-88379833 机 工 官 博：weibo.com/cmp1952

010-68326294 金 书 网：www.golden-book.com

封底无防伪标均为盗版 机工教育服务网：www.cmpedu.com

前　言

本书坚持正确政治方向和价值导向，契合党的二十大报告中提出的积极稳妥推进碳达峰碳中和，加快规划建设新型能源体系，统筹水电开发和生态保护，加强能源产供储销体系建设，推进安全生产风险专项整治，加强安全监管的要求，融入精益求精的工匠精神、奉献精神，更好地服务于创新人才培养，确保党的二十大精神进教材落实到位，发挥铸魂育人效果。

本书编写体现了以下特点：

1）在编写内容遴选和体系结构上，对接职业、行业标准和岗位规范，邀请企业工程技术专家参与编写，内容融入电力行业和电气运行、继电保护岗位的职业道德和职业素养元素，融入精益求精的工匠精神、奉献精神，贴近企业需求，校企合作相互衔接、相互配合，突出职业教育特色；坚持"以学生为中心"的教学理念，注重对学生应用能力和实践能力的培养，充分体现职业教育特色。

2）在载体形式和应用方式上，采用纸质教材与数字化资源紧密结合的新形态，以简洁、生动的语言和形象的图表呈现方式，重构传统课堂教学过程，促进"互联网+"教学改革；通过配套的数字化教学资源，实现"纸质教材+二维码平台"、线上资源与线下教材密切配合，便于读者使用和阅读。

本书由福建水利电力职业技术学院陈金星、许郁煌任主编，福建水利电力职业技术学院吕文虎、国网综合能源服务集团有限公司刘伟任副主编，参加编写的还有福建水利电力职业技术学院黄霞、福建闽东电力股份有限公司徐玉庆。编写分工如下：绪论、第1章、第4章、第5章、第9章由陈金星编写；第2章由黄霞编写；第3章由许郁煌编写；第6章、第7章由吕文虎编写；第8章由徐玉庆、刘伟、陈金星合编。全书由陈金星负责统稿。

由于编者水平有限，书中的错误和不足在所难免，请读者批评指正。

编　者

二维码索引

（续）

目　录

绪 论

0.1 现代电力系统及其运行

随着三峡工程和一大批大型水电、火电工程的开发建设，我国电力工业进入了以三峡水电站为中心，辐射四方，西电东送，南北互供，全国联网，在更大范围内重新优化资源配置的阶段。在西北地区建成的 750kV 输变电系统，成为西北电力网的主网；随着晋东南—南阳—荆门、皖电东送、浙北—福州 1000kV 特高压交流输电线路，以及向家坝—上海、锦屏—苏南、哈密南—郑州、溪洛渡左岸—浙江金华 ±800kV 特高压直流输电线路投运，国家电力公司 1000kV 交流和 ±800kV 直流输电等特高压电网建设正在进行中，特高压电力系统的建设投运将对电力系统自动化、电网安全稳定等提出更高的要求。为了更好地保证安全、经济运行以及保证电能质量，电力系统设备的稳定运行越来越依赖于自动控制技术的提高，从而促进了电力系统自动控制技术的不断发展。

随着单机容量增加和电网规模增大，为了合理利用能源，提高经济效益，一些孤立的、较小的系统也逐步联合形成联合电力系统。如目前我国有华北、华中、华东、西北、东北、南方电网等跨省的区域联合电力系统，今后将逐步形成全国性的联合电力系统。

联合电力系统不仅规模巨大，而且系统结构越来越复杂、电站类型增多；同时一些电站远离负荷中心，要采用特高压交流或直流远程输电，形成特高压交流、直流混合系统；另外电压等级层次增加，构成系统部件数量增多、环网重叠等。由此对电力系统运行水平的要求也越来越高。

电能在生产、传输和分配过程中遵循着功率平衡的原则，由发电厂、变电站、输电线路和用户构成的电力系统是一个联系十分紧密的有机整体，任何一个环节发生故障都会影响到电力系统的稳定运行，严重时还会造成恶性事故，导致系统崩溃。大规模电力系统结构的复杂性必然导致系统运行的复杂性和多变性。从经济运行的角度说，电网越大，经济运行的问题越复杂，所以不能靠调度人员的经验和直观判断来处理复杂多变的突发事件，必须借助计算机控制系统、相应理论及相关自动装置来实现。从安全的角度说，大规模电力系统的结构复杂，出故障概率大、故障影响面广，也要求利用计算机进行实时事故处理。

电力系统的组成如图 0-1 所示。发电厂负责转换、生产电能，按一次能源的不同又分为火电厂、水电厂、核电厂、潮汐发电厂、风力发电厂、光伏发电厂、抽水蓄能电站等。各类发电厂的生产过程各不相同,控制规律各异,在电力系统运行中的任务也有所侧重,但是,安全经济地完成发电任务是对各类发电厂共同的要求。

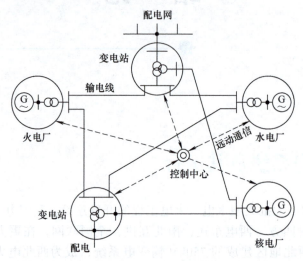

图 0-1　电力系统的组成

配电网是直接向用户供电的地区电网。随着经济的发展,对供电可靠性也提出更高的要求。调度控制中心对所管辖的电力系统进行监视和控制,其主要任务是利用电网调度自动化技术合理地调度各发电厂的出力,制定运行方式,及时处理电力系统运行中发生的问题,确保系统的安全经济运行。

电网调度自动化是借助现代化的通信技术,将电力系统各种运行方式的实时数据传送到调度中心,利用计算机进行处理,实现电力系统的状态估计,满足实时调度需要,保证电力系统运行的稳定性,保证电能质量;实现电力系统经济出力的实时调度,在有功功率平衡的基础上,不断跟踪系统负荷的变化,进行功率的合理分配,实现电力系统的经济调度,合理利用能源。

0.2　现代电力系统自动控制的主要内容

电力系统自动控制是指应用各种自动监测、决策和控制功能的装置,通过信号和数据传输系统对电力系统各元件、局部系统或全系统运行进行就地或远方的自动监测、调节和控制。电力系统自动控制的目的是保证电力系统安全、经济运行和电能质量。根据电力系统运行特点,电力系统自动控制大致分为以下四个系统。

1. 电力系统调度自动控制系统

电力系统调度自动控制系统主要是为了合理监视、控制和协调日益扩大的电力系统的运行状态,及时处理影响整个系统正常运行的事故和异常现象,提高电力系统的安全、经济运行水平。电力系统中各发电厂、变电站把反应电力系统运行状态的实时信息,由远动终端装置和通信装置传送到调度中心的计算机系统,由计算机信息处理系统及时地对电力系统的实时运行状态进行分析计算，通过人机联系系统向运行人员显示完整而准确的信息；同时，由调度中心根据系统运行要求做出对电力系统实施的控制决策，再通过远动的下行通道送到各个厂站；最后由现场的自动装置按调度指令对电力系统进行控制和调节。

2. 电厂动力机械自动控制系统

该控制系统主要是为发电厂的动力机械自动控制服务的。发电厂的动力机械随发电厂类型不同而有很大的差别，其控制要求和控制规律也有很大差别。火电厂需要控制的是锅炉、汽轮机等热力设备，大容量火力发电机组自动控制系统主要有机炉协调控制系统、锅炉自动控制系统、汽轮机自动控制系统、发电机电气控制系统以及辅助设备自动控制系统等。水电厂需要控制的是水轮机、调速器以及水轮发电机励磁自动控制系统等。葛洲坝水电厂和三峡水电厂的自动化水平较高，可以实现全自动控制。除火电和水电外，核电目前也是我国正在大力发展的能源之一，我国自主设计建造的秦山核电厂（300MW压水堆机组）也于1991年底并网发电，以后相继建成和正建设的核电厂有大亚湾核电厂（2台944MW压水堆机组），秦山第二、第三核电厂等核电的自动控制系统更先进，更可靠。"华龙一号"是由中国两大核电企业中国核工业集团公司和中国广核集团在我国30余年核电科研、设计、制造、建设和运行经验的基础上，根据福岛核事故反馈以及我国和全球安全要求，研发的先进百万千瓦级压水堆核电技术，2022年1月1日，华龙一号中核集团福清核电6号机组首次并网成功，全面实现了自主设计、自主制造、自主建设和自主运营，并跨入了"自主创造"的新阶段，形成了具有自主知识产权的三代核电技术。

3. 变电站自动控制系统

变电站自动控制系统是在原来常规变电二次系统的基础上发展起来的，随着微机监控技术在电力系统和电厂自动化系统中的不断发展，远动和继电保护已实现了微机化，目前各地正在大力开展无人值班变电站设计改造工作。无人值班变电站会将变电站综合自动化程度推向一个更高的阶段，其功能包括远动、保护、远方开关操作、测量及故障、事故顺序记录和运行参数自动打印等功能。

4. 电力系统自动装置系统

对发电厂、变电站运行进行控制与操作的自动装置，是保证电力系统安全、运行经济和保证电能质量的基础自动化设备。电气设备的自动操作装置分为正常操作和反事故操作两种类型。如发电机按运行计划并网的操作为正常操作；电网突然发生事故，为防止事故扩大而进行的紧急操作为反事故操作。针对电力系统的系统性事故采取相应对策的自动操作装置，称为电力系统安全自动控制装置。

自动操作装置包括发电机组的自动并列、自动解列、自动切机、自动按频率减负荷、备用电源自动投入装置等。电气设备的自动调节装置是保证电力系统正常、稳定运行，保证电网电能质量符合指标，进而实现电网经济运行的重要自动化装置。图0-2所示的发电机有两个可控输入量——动力元素和励磁电流，其输出量为有功功率和无功功率，它们还分别与电网的频率和发电机端电压的电能质量有关。图0-2中的P-f控制器和Q-U控制器是电力系统维持电能质量的自动频率调节系统和自动励磁控制系统。

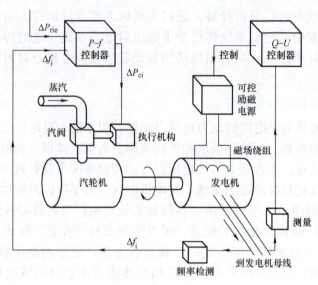

图 0-2　自动调节（控制）装置控制示意图

0.3　电力系统自动装置的内容

电力系统自动装置，在通常情况下指的是备用电源自动投入装置、输电线路自动重合闸装置、同步发电机自动并列装置、同步发电机自动调节励磁装置、按频率自动减负荷装置、故障录波装置等。

备用电源自动投入装置和输电线路自动重合闸装置与继电保护配合可提高供电的可靠性；同步发电机自动并列装置不仅保证了同步发电机并列操作的正确性和操作安全性，而且减轻了运行人员的劳动强度，也加快发电机并列的过程；同步发电机自动调节励磁装置可保证系统运行时的电压水平、提高电力系统的稳定性以及加快故障切除后电压的恢复过程；按频率自动减负荷装置可防止电力系统因事故发生功率缺额时频率的过度降低，保证了电力系统的稳定运行和重要负荷的正常工作；故障录波装置是用于记录电力系统发生故障时与故障有关的运行参数，便于分析事故原因，为及时处理事故提供依据，对保证电力系统安全运行有十分重要的作用。

上述这些自动装置在电力系统中应用相当普遍，直接为保证电力系统安全、经济运行和电能质量，发挥着极其重要的作用。

水电站自动化技术就是使水电站生产过程的操作、控制和监视，能够在无人（或少人）直接参与的情况下，按预定的程序自动地进行，包括自动控制水轮发电机组的运行方式，自动维持水轮发电机组的经济运行，完成机组及其辅助设备运行工况的监视和对辅助设备的自动控制。

电力系统自动装置经历了从电磁型、晶体管型到数字型的发展历程。随着计算机技术和现代控制技术、信息技术的不断发展，电力系统自动装置技术的指标和功能的提升发生了质的飞跃，由单个装置独立工作到具备接入发电厂分布式控制系统和变电站微机监控系统的功能。

微机型自动装置具有可靠性高、准确度高、速度快、操作简单、调试方便等许多优点。由于微机型自动装置的优势显著，现已取代模拟式自动装置，并随着现代计算机技术和控制技术的发展而不断更新。

第1章

微机型自动装置的构成

教学要求：了解微机型自动装置硬件的构成原理、软件的组成，了解电力系统自动装置的数据采集与处理。通过对知识的讲解，帮助学生建立电力职业使命感和责任感，培养学生精益求精的工匠精神。

知识点：微机型自动装置硬件的构成原理、软件的组成，自动装置的模拟量数据采集原理、处理，开关量输入回路与开关量输出回路。

技能点：会识别开关量输入回路与开关量输出回路。

1.1 微机型自动装置的硬件和软件

随着计算机技术的快速发展，利用微机构成电力系统自动装置的技术已日益成熟并广泛应用。电力系统运行的主要参数是连续的模拟量，而计算机内部参与运算的信号是离散的二进制数字信号，所以，电力系统自动装置的一个重要任务是将连续的模拟信号采集并转换为离散的数字信号后再进入计算机，即数据采集和模拟信号的数字化。

1.1.1 微机型自动装置硬件的构成原理

从硬件方面看，目前电力系统自动装置主要有微型计算机系统、工业控制计算机系统和集散控制系统（DCS）三种形式。在电力系统中，控制功能单一的自动装置所需采集的电气量不是很多，微型计算机系统就可满足运行要求，如同步发电机自动并列装置；对于控制功能要求较高、软件开发任务较为繁重的系统，大多采用工业控制计算机系统，如发电机励磁自动调节系统；而对于分散的多对象的成套监测控制装置，采用集散控制系统（DCS），如发电厂、变电站的一些远动装置等。

1. 微型计算机系统

微型计算机系统基本上按模块化设计，即一套装置的硬件都是由若干模块组成的。不同的自动装置，其硬件的结构基本相同，所不同的是软件及硬件模块化的组合与数量。不同的功能可由不同的软件来实现，不同的使用场合则按不同的模块化组合方式构成。一套微型计算机系统的典型硬件结构主要包括模拟量输入/输出回路、开关量输入/输出回路、微型机系统、人机对话接口回路、通信回路和电源等，如图1-1所示。

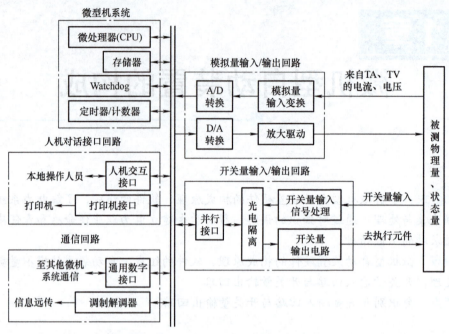

图 1-1　微型计算机系统的典型硬件结构框图

（1）模拟量输入／输出回路　来自自动装置测控对象的电压、电流等信号是模拟量信号，是随时间连续变化的物理量。由于微机系统是一种数字电路设备，只能处理数字脉冲信号、识别数字量，所以就需要将这一类模拟信号转换为相应的微机系统能处理的数字脉冲信号。同时，为了实现对电力生产过程或电力输配过程的监控，有时还需要输出模拟信号，去驱动模拟调节执行机构工作，这就需要模拟量输出回路。

（2）开关量输入／输出回路　在数据采集系统中，除模拟信号外，还有大量的以二进制方式变化的信号，如断路器、隔离开关的状态、某些数值的限内或越限以及人机联系功能键的状态等。开关量输入电路的基本功能就是将测控对象需要的状态信号引入微机系统，如断路器、隔离开关的状态等；输出电路主要是将 CPU 送出的数字信号或数据进行显示、控制或调节，如断路器跳闸命令和光字牌、报警信号等。

（3）微型机系统　微型机系统是自动装置硬件系统的数字核心部分，负责对系统的工作进行控制和管理，对采集到的数据做必要处理，然后根据要求做出判断和发出指令等，其一般由微处理器（CPU）、存储器、定时器／计数器、看门狗（Watchdog）等组成。

CPU 是微型机系统自动工作的指挥中枢，计算机程序的运行依赖于 CPU 来实现。因此，CPU 的性能好坏在很大程度上决定了计算机系统性能的优劣。目前自动装置所采用的 CPU 多种多样，多数为 8 位或 16 位 CPU。随着微电子技术突飞猛进的发展，新一代 32 位的 CPU 也伴随着大规模／超大规模集成电路的广泛应用而在新一代自动装置中普遍使用。另一方面，由于数字信号处理器（DSP）的广泛应用，自动装置采用数字信号处理器来完成装置功能、实现装置功能算法已成为一种发展趋势，并逐步应用于实际。

存储器把计算机程序和数据保存起来，使计算机可以在脱离人的干预的情况下自动地工作。

定时器／计数器在自动装置中十分重要，除计时作用外，还有两个主要用途：一是用来触发采样信号，引起中断采样；另一是在 VFC 式 A/D 转换器中，把频率信号转换为数字信号。

Watchdog 的作用就是监视微机系统程序的运行情况。电力自动装置通常运行在强电磁干扰的环境中，当自动装置受到干扰导致微机系统运行程序出错后，装置可能陷入瘫痪。若自动装置受到干扰而失控，则 Watchdog 会立即动作以使程序重新开始工作，进入正常运行轨道。

（4）人机对话接口回路　人机对话接口回路主要包括打印、显示、键盘及信号灯、音响或语言告警等，其主要功能用于人机对话，如调试、定值整定、工作方式设定、动作行为记录、与系统通信等。

在微机型装置中，人机对话的主要内容有：

1）显示画面与数据，包括时间日期、报警画面与提示信息、装置工况状态显示、装置整定值、控制系统的配置显示（包括退出运行的装置的显示以及信号流程图表）、控制系统的设定显示等内容。

2）输入数据，包括运行人员的代码和密码、运行人员密码更改、装置定值更改、控制范围及设定的变化、报警界限、告警设置与退出、手动 / 自动设置、趋势控制等。

3）人工控制操作，包括断路器及隔离开关操作、开关操作排序、变压器分接头位置控制、控制闭锁与允许、装置的投入和退出、设备运行 / 检修的设置、当地 / 远方控制的选择、信号复归等。

4）诊断与维护，包括故障数据记录显示、统计误差显示、诊断检测功能的起动。

（5）通信回路　通信回路的功能主要是完成自动装置间通信、监控系统与自动装置间通信及自动装置信息远传。

2. 工业控制计算机系统

工业控制计算机系统一般由稳压电源、机箱和不同功能的总线模板以及键盘等外设接口组成。

工业控制计算机系统中内部总线种类繁多，而早期的工业控制计算机较多采用 STD 总线，即工业控制标准总线，广泛应用于冶金、化工和电力等领域。STD 总线工业控制机内对 56 根线做了合理的安排，信号之间的隔离消除了大部分总线上的干扰，单元为小模板结构，每块模板功能具有相当的独立性，实现了板级功能的分散。图 1-2 为 STD 总线工业控制机的结构示意图。其他工业控制计算机都具有相似的结构。

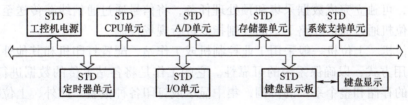

图 1-2　STD 总线工业控制机结构示意图

（1）CPU 单元　CPU 单元的主要功能是作为 STD 总线的主处理单元，处理 STD 总线上的数据、地址和各种控制功能，并且控制其他 STD 功能单元的工作，以及进行整个工控系统的计算、数据处理、控制等工作。

（2）A/D单元　A/D单元主要提供A/D转换的接口。A/D转换和数据读取的时刻可由CPU单元控制，也可由外部触发来决定。

（3）存储器单元　存储器单元的主要功能是作为通用存储器的扩展卡，卡上含有STD接口、译码、存储器、后备电池等，可防止失电后数据丢失。

（4）系统支持单元　系统支持单元是为STD-PC提供系统支持的功能单元。它包括设置开关、后备电池、实时时钟、Watchdog、定时器、上电复位电路、总线终端网络及通信口。

（5）定时器单元　定时器单元是STD总线的独立外设，可完成定时、记数以及实现看门狗功能等。

（6）I/O单元　I/O单元是实现开关量的输入/输出的功能单元，可以提供电平输出，也可以提供功率输出，各种输出信号均具有锁存功能。

（7）键盘显示板　该系统主要有键盘输入、显示输出、打印机接口等部分。工业控制计算机系统的功能较微型计算机系统完善，可靠性和实时性通常也较微型计算机系统大为提高，已实现板级的分散，配有实时操作系统、过程中断系统等，具有丰富的过程输入/输出功能和软件系统，有众多的选配件和组态软件支持。

3. 集散控制系统（DCS）

集散控制系统的结构框图如图1-3所示。集散控制系统是计算机网络技术结合工业控制系统发展的产物，整个系统由若干个数据采集测控站、上位机和通信线路组成。

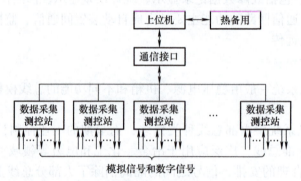

图1-3　集散控制系统结构框图

（1）数据采集测控站　数据采集测控站一般由单片机数据采集控制装置组成，位于生产设备附近，可独立完成数据采集和预处理任务，将信号通过通信线路传送至上位机，并能够按照上位机通过通信线路下达的控制指令进行现场控制。

（2）上位机　上位机一般采用工业控制机或工作站，配置打印机和其他外设；一般采用双机热备用方式，以确保系统的可靠性。它的工作是将各站上传的数据进行分析处理，并进行数据的存储和整个系统的协调，集中显示或打印各种报表。此外，上位机最重要的功能是根据数据处理的结果，确定控制的参数和方法，并通过通信线路下达给相应的站。

上位机和数据采集测控站之间通常采用串行通信方式进行通信。介质访问方式一般为令牌形式，由上位机确定与哪一个工作站进行通信。

DCS的系统适应性强，系统的规模可以根据实际情况建设；由于系统具有分散性，单一站的故障不会影响到整个系统，可靠性得到了提高；因为系统的各个站为并行结构，可解决大型、高速、动态系统的需要，实时性能较好；因为要进行集中数据处理，对于上位机应具有一定的技术要求。

1.1.2　微机型自动装置软件的组成

自动装置的正常工作，除了必须要有硬件外，还需要有软件支持。但软件随着具体应用的不同，其规模、功能及所采用的技术也不相同。

1. 信号采集与处理程序

采集的信息有数字信号和模拟信号两种，数字信号采集后可直接进入计算机存储，而模拟信号必须经过处理。模拟信号采集与处理程序的主要功能是对模拟输入信号进行采集、标度变换、滤波处理及二次数据计算，并将数据存入相应地址的存储单元。

2. 运行参数设置程序

运行参数设置程序的主要功能是对系统的运行参数进行设置。运行参数有采样通道号、采样点数、采样周期、信号量程范围和工程单位等。

3. 系统管理（主控制）程序

系统管理程序的主要功能是将各功能模块组织成一个程序系统，并管理和调用各功能模块程序；并且用来管理数据文件的存储和输出。

4. 通信程序

通信程序用来完成上位机与各站之间的数据传递工作，或用来完成主节点与从节点之间的数据传递，主要功能包括设置数据传输的波特率、数据发送的发起、数据发送发起的响应、数据接收的响应、数据传输的校验和数据传输成功的标志等。

以上介绍了系统软件的功能模块划分。它的划分并非是一成不变的，不同的系统常常有不同的划分。例如，在工业控制计算机、集散控制系统中，还需显示软件、键盘扫描与分析程序、实时监控程序等软件功能模块；在最简单的微型计算机系统（单片机系统）中，可能就不具备用菜单技术编程的系统管理程序。

1.2　数据的采集与处理

电力系统自动装置采集的电力测控对象主要有电流、电压、有功功率、无功功率、温度等，这些都属于模拟量。模拟量输入电路是自动装置中很重要的电路，自动装置的动作速度和测量精度等性能都与该电路密切相关。模拟量输入电路的主要作用是隔离、规范输入电压及完成 A/D 转换，以便与 CPU 接口，完成数据采集任务。

1.2.1　采样基本原理

1. 采样过程

时间取量化的过程称之为采样。采样过程是将模拟信号 $x(t)$ 首先通过采样保持（S/H）

电路，每隔 T_s（单位为 s）采样一次（定时采样）输入信号的即时幅度，并把它存放在采样保持电路里供 A/D 转换器使用。经过采样以后的信号称为离散时间信号，它只表达时间轴上一些离散点（0，T_s，$2T_s$，…，nT_s，…）上的信号值 $[f(0) ，f(T_s) ，f(2T_s) ，…，f(nT_s) ，…，]$，从而得到一组特定时间下表达数值的序列。

采样保持电路的作用是在一个极短的时间内测量模拟输入量在该时刻的瞬时值，并在 A/D 转换器进行转换的期间内保持其输出不变。利用采样保持电路后，可以方便地对多个模拟量实现同时采样。S/H 电路的工作原理可用图 1-4a 来说明，它由一个电子模拟开关 AS、保持电容器 C_h 以及两个阻抗变换器组成。AS 受逻辑输入端的电平控制，该逻辑输入就是采样脉冲信号。

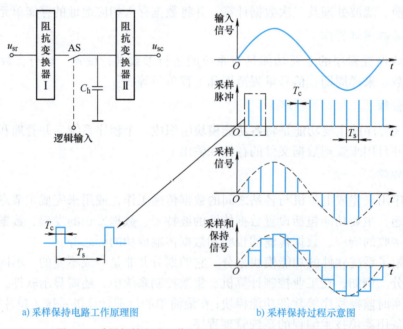

a) 采样保持电路工作原理图   b) 采样保持过程示意图

图 1-4　采样保持电路工作原理图及其采样保持过程示意图

在输入为高电平时，AS 闭合，此时电路处于采样状态。C_h 迅速充电或放电到 u_{sr} 在采样时刻的电压值。AS 每隔 T_s（单位为 s）闭合一次，将输入信号接通，实现一次采样。如果 AS 每次闭合的时间为 T_c（单位为 s），则输出将是一串重复的周期为 T_s、宽度为 T_c 的脉冲，而脉冲的幅度则表示 T_c 时间内的信号幅度。AS 闭合时间应使 C_h 有足够的充电或放电时间，即采样时间，显然采样时间越短越好。应用阻抗变换器 I 的目的是使输入端呈现高阻抗，对输入回路的影响很小；而输出阻抗很低，使充放电回路的时间常数很小，保证 C_h 上的电压能迅速跟踪到采样时刻的瞬时值 u_{sr}。

AS 打开时，C_h 上保持住 AS 闭合时刻的电压，电路处于保持状态。为了提高保持能力，电路中应用了另一个阻抗变换器 II，它在 C_h 侧呈现高阻抗，使 C_h 对应的充放电回路的时间常数很大，而输出阻抗（u_{sc} 侧）很低，以增强带负载能力。阻抗变换器 Ⅰ 和 Ⅱ 可由运算放大器构成。

采样保持的过程如图 1-4b 所示。T_c 称为采样脉冲宽度，T_s 称为采样间隔（或称采样周期）。等间隔的采样脉冲由微机控制内部的定时器产生，如图 1-4b 中的"采样脉冲"，用于对"信号"进行定时采样，从而得到反映输入信号在采样时刻的信息，即图 1-4b 中的"采样信号"；随后，在一定时间内保持采样信号处于不变的状态，如图 1-4b 中的"采样和保持信号"；因此，在保持阶段的任何时刻进行 A/D 转换，其转换结果都能反映采样时刻的信息。

2. 采样定理

采样周期 T_s 决定了采样信号的质量和数量。T_s 太小，会使采样信号的数据剧增，并占用大量的内存单元；T_s 太大，会使模拟信号的某些信息丢失，将采样后的信号恢复成原来的信号时，就会出现信号失真现象，而失去应有的精度。由采样（shannon）定理可以证明，如果被采样信号中所含最高频率为 f_{max}，则采样频率 f_s 必须大于 f_{max} 的 2 倍，否则将造成频率混叠。

这里仅从概念上说明采样频率过低造成频率混叠的原因。如果被采样信号 $x(t)$ 中含有的最高频率为 f_{max}，将 $x(t)$ 中这一成分 $x_{f\,max}(t)$ 单独画在图 1-5a 中。从图 1-5b 可以看出，当 $f_s = f_{max}$ 时，采样所得到的为一个直流成分；从图 1-5c 可以看出，当 f_s 略小于 f_{max} 时，采样所得到的是一个差拍低频信号。也就是说，一个高于 $f_s/2$ 的频率成分在采样后将被错误地认为是一个低频信号，或称高频信号"混叠"到了低频段。显然，在满足采样定理 $f_s > 2 f_{max}$ 后，将不会出现这种混叠现象。

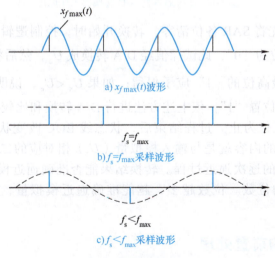

a) $x_{f\,max}(t)$波形

b) $f_s = f_{max}$ 采样波形

c) $f_s < f_{max}$ 采样波形

图 1-5　频率混叠示意图

1.2.2 模/数（A/D）转换

微机型系统只能对数字量进行运算或逻辑判断，而电力系统中的电流、电压等信号均为模拟量。因此，必须用 A/D 转换器将采样后得到的离散时间信号 $x'(t)$ 转换为数字信号，以便微机系统或数字系统进行处理、存储、控制和显示。

在微机系统中最常用逐次逼近型原理实现 A/D 转换，其原理框图如图 1-6a 所示。它主要由逐次逼近寄存器（SAR）、D/A 转换器、比较器、时序及控制逻辑等部分组成。它的实质是逐次把设定的 SAR 中的数字量经 D/A 转换后得到的电压 U_c 与待转换的模拟电压 U_x 进行比较。比较时，先从 SAR 的最高位开始，逐次确定各位的数码是"1"还是"0"。

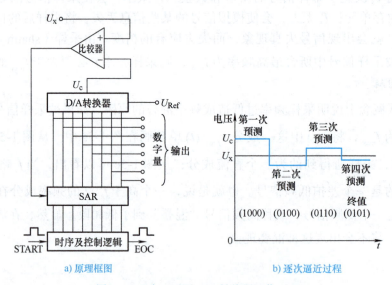

a) 原理框图 b) 逐次逼近过程

图 1-6　逐次逼近型 A/D 转换器工作原理

在进行转换时，先将 SAR 各位清零。转换开始时，控制逻辑电路先设定 SAR 的最高位为"1"，其余各位为"0"，此试探值经 D/A 转换成 U_c，然后将 U_c 与 U_x 比较。如果 $U_x > U_c$，说明 SAR 最高位的"1"应予保留；如果 $U_x < U_c$，说明 SAR 该位应予清零。然后再对 SAR 的次高位置"1"，依上述方法进行 D/A 转换和比较。如此重复上述过程，直至确定 SAR 的最低位为止。过程结束后，状态线 EOC 改变状态，表明已完成一次转换。最后，SAR 中的内容就是与输入模拟量（U_x）相对应的二进制数字量。图 1-6b 表示 4 位 A/D 转换器的逐次逼近过程。转换结果能否准确逼近模拟信号，主要取决于 SAR 和 D/A 转换器的位数。位数越多，越能准确逼近模拟量，但转换所需的时间也越长。

1.2.3 输入数据的前置处理

计算机采集的模拟量种类繁多，通过 A/D 转换器转换成数字量后送计算机。经过 A/D 转换读入的数据，以不同的通道号代表不同的物理量，存入指定的存储单元。上述数据还要进行一系列简单处理（即前置处理），然后存入数据库保存。数据前置处理流程如图1-7所示。

1. 标度变换

进入 A/D 转换器的信号一般是电平信号，但其意义却有所不同。例如，同样是 5V 电压，可以代表 240℃ 蒸汽温度，也可以代表 260A 电流或 10kV 电压等。因此，经 A/D 转换后的同一数字量所代表的物理意义是不

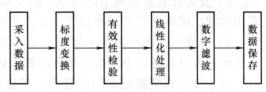

图 1-7　数据前置处理流程

同的，所以要由计算机乘上不同的系数进行标度变换，把它们恢复到原来的量值。

2. 有效性检验

有效性检验的目的是判断采入的数据是否有明显的出错或为干扰信号等，可根据物理量的特性来判断。

1）对于变化缓慢的参数，可用同一参数前、后周期的变化量来判断。如后一周期内的量变化超过一定范围，与规律不符，则可认为该数据是不可信的"坏"数据。

2）利用相关参数间的关系互相校核。例如励磁电压与励磁电流之间有较强的相关性，可以互相校核。当励磁电压升高时，励磁电流必定按一定关系上升，不符合这种情况的数据是不可信的。

3）对于一些重要参数，可以在两个测点或同一测点上装两台变送器，用它们之间的差值进行校核，差值超过一定数值的数据是不可信的。对于可疑数据，需进一步判别。

4）限制判断。各种数据，当超过其可能的最大变化范围时，该数据是不可信的。

可见，根据量值的类型，选择合适的判断方法达到可信目的，是数据有效性检验的任务。

3. 线性化处理

有的变送器的输出信号与被测参数之间可能呈非线性关系，为了提高测量精度，可采取线性拟合措施，以消除传感器或转换过程引起的非线性误差。

4. 数字滤波

输入的信号中常常混杂着各种频率的干扰信号。因此，在采集的输入端通常加入 RC 低通滤波器，用于抑制某些干扰信号。RC 低通滤波器容易实现对高频干扰信号的抑制，但抑制低频干扰信号（如频率为 0.01Hz 的干扰信号）要求 C 值很大，不易实现。而数字滤波器可以对极低频率的干扰信号进行滤波，弥补了 RC 低通滤波器的不足。

在计算机系统中，数字滤波是用一定的计算方法对输入信号的量化数据进行数学处理，减少干扰信号在有用信号中的占比，提高信号的真实性。这是一种软件方法，对滤波算法的选择、滤波系数的调整都有极大的灵活性，因此在遥测量的处理上被广泛采用。

1.2.4　开关量输入 / 输出回路

1. 开关量输入回路

开关量输入回路包括断路器和隔离开关的辅助触头、跳合闸位置继电器触头、有载调

压变压器的分接头位置输入、外部装置闭锁重合闸触头输入、装置上连接片位置输入等回路。这些输入回路可分成两大类：

1）安装在装置面板上的接点。这类接点包括在装置调试时用的或运行中定期检查装置用的键盘接点，以及切换装置工作方式用的转换开关等。

2）从装置外部经过端子排引入装置的接点。这类接点包括在不打开装置外盖的情况下由运行人员在运行中切换的各种压板、转换开关以及其他装置和操作继电器触头等。

对于安装在装置面板上的接点，可直接接至微机的并行接口，如图 1-8a 所示。只要在初始化时规定可编程的并行接口的 PA0 为输入端，则 CPU 就可以通过软件查询，随时可知道图 1-8 中外部接点 S1 的状态。

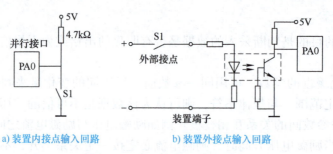

a) 装置内接点输入回路　　　　　b) 装置外接点输入回路

图 1-8　开关量输入电路原理图

对于从装置外部引入的接点，如果也按图 1-8a 接线，将给微机引入干扰，故应经光电隔离后接入，如图 1-8b 所示。图 1-8b 的虚线框内是一个光电耦合器，集成在一个芯片内。当 S1 接通时，有电流通过光电耦合器的发光二极管回路，使光电晶体管导通；当 S1 打开时，光电晶体管截止。因此，晶体管的导通与截止完全反映了外部接点的状态，如同将 S1 接到晶体管的位置一样，不同点是可能带有电磁干扰的外部接线回路和微机的电路部分之间无直接电的联系，而光电耦合芯片的两个互相隔离部分的分布电容只有几皮法，因此可大大削弱干扰。

2. 开关量输出回路

开关量输出主要包括自动装置的跳闸出口以及信号等，一般都采用并行接口的输出来控制有触头继电器（干簧管或密封式小型中间继电器）的方法，但为提高抗干扰能力，最好也经过一级光电隔离，如图 1-9 所示。

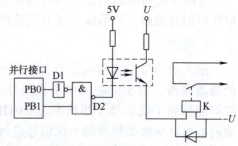

图 1-9　装置开关输出回路接线图

只要通过软件使并行接口的 PB0 输出 "0"，PB1 输出 "1"，便可使与非门 D2 输出低电平，光电晶体管导通，继电器 K 吸合。在初始化或需要继电器 K 返回时，应使 PB0 输出 "1"，PB1 输出 "0"。

设置反相器 D1 及与非门 D2，而不将发光二极管直接同并行接口相连，一方面是因为并行接口带负载能力有限，不足以驱动发光二极管；另一方面是因为采用与非门后要满足两个条件才能使 K 动作，增强了抗干扰能力。为了防止拉合直流电源的过程中继电器 K 短时误动，将 PB0 经反相器输出，而 PB1 不经反相器输出。这是因为在拉合直流电源过程中，当 5V 电源处于某一个临界电压值时，可能由于逻辑电路工作紊乱而造成自动装置误动作，特别是自动装置的电源往往接有大量的电容器，所以拉合直流电源时，无论是 5V 电源还是驱动继电器 K 用的电源 U，都可能缓慢地上升或下降，从而使继电器 K 的触头短时闭合。采用上述接法后，两个反相条件互相制约，能够可靠地防止误动作。

　　以上关于微机型自动装置的构成原理等的介绍，不得不提到电力系统继电保护专家杨奇逊教授。杨奇逊，上海市人，电力系统继电保护专家、华北电力大学教授，1994 年当选中国工程院院士。杨奇逊教授从事电力系统微机保护、自动化领域的研究，在微机保护的抗干扰性、可靠性、微机保护算法、变电站综合自动化系统技术研究等方面贡献卓著。他独创性地解决了特大电阻接地故障距离保护这一世界级重大难题；他是中国第一台微机继电保护装置的发明人，也是中国第一套成套微机线路保护装置的发明人。他的发明创造以及推广应用使得中国电力系统自动化的历史跨越了集成电路时代，直接进入微机应用时代。1994 年，他创办北方四方继保自动化股份有限公司并首创采用总线不出芯片的单片机技术，大幅度提高了微机保护装置的抗干扰性能，并且将 20 世纪 90 年代国际上最新的计算机、网络通信、数字信号处理等技术运用于继电保护装置，使其不再只是一个独立运行的装置，而成为整个电力系统信息处理过程中的智能单元，大大节省了变电站的占地成本和电缆敷设成本。1995 年，他率先提出面向间隔的设计思想和分层分布式结构的变电站综合自动化系统的概念，并率先采用现场总线技术，突破性地解决了关键的通信技术问题，大幅度降低了变电站建设和运营成本，提高了变电站运行效率和管理水平，引领了变电站设计重大技术变革的新潮流。新一代微机保护和变电站综合自动化产品以其卓越的性价比优势很快占据了中国市场。

小　结

　　微机型电力系统自动装置主要有微型计算机系统、工业控制计算机系统和集散控制系统（DCS）三种形式。微型计算机系统的硬件通常由模拟量输入/输出回路、开关量输入/输出回路、微型机系统、人机对话接口回路、通信回路和电源等构成。微机型自动装置的软件通常由信号采集与处理程序、运行参数设置程序、系统管理（主控制）程序、通信程序等构成。自动装置采集的输入数据需要经过标度变换、有效性检验、线性化处理、数字滤波等数据前置处理流程。

 习　题

1. 微机型自动装置的硬件由哪几部分构成？
2. 微机型自动装置的软件由哪几部分构成？
3. 输入数据的前置处理流程有哪些？
4. 分析微机型自动装置的开关量输入/输出回路的工作原理。

第 2 章

备用电源自动投入装置

教学要求: 了解 AAT 装置的作用和要求,掌握备用电源自动投入装置的一次接线方案,了解微机型 AAT 装置工作原理及 AAT 装置参数整定,帮助学生建立电力职业使命感和责任感。

知识点: AAT 装置定义、明备用与暗备用含义; AAT 装置的基本要求; 微机型 AAT 装置的软件原理。

技能点: 能读懂装置接线图形符号,并能根据电气主接线,分析其备用方式; 能熟练分析 AAT 装置基本原理; 学会备自投装置参数整定及装置调试。

备用电源自动投入装置(简称备自投装置或 AAT 装置)是发电厂、变电站保证厂(站)用电连续性的一个重要设备。微机型 AAT 装置不仅可靠性高、重量轻,而且能够根据设定的运行方式自动识别现行运行方案,选择自投方式,其自动投入过程还可以带有过电流保护、加速功能及自投后过负荷联切功能。

2.1 备用电源自动投入装置的作用和要求

2.1.1 备用电源自动投入装置的含义和作用

在现代电力系统中,有些情况下为了节省设备投资、简化电力网的接线及继电保护装置的配置方式,在较低电压等级电网(如 10 ~ 35kV 电网)或较高电压等级电网(如 110kV 电网)的非主干线,以及用户数较多的供电系统中,常常采用辐射形网络供电。当某母线或线路供电电源中断时,连接在它上面的用户和用电设备将失去电源,影响正常供电,给生产和生活造成不同程度的影响或损失。为了保证用户的连续供电,可采用 AAT 装置。

AAT 装置是指当工作电源因故障被断开后,能迅速自动投入备用电源或将用电设备自动切换到备用电源上,防止用户或用电设备停电的一种自动装置。

一般在下列情况下应装设 AAT 装置:

1)发电厂的厂用电和变电站的站用电。

2)由双电源供电的变电站和配电所,其中一个电源作为备用电源。

3)降压变电站内装有备用变压器或有互为备用的母线段。

4）生产过程中某些重要的备用机组。

在电力系统中，有不少重要的用户是不允许停电的，如医院、钢铁厂及化工厂等。对此常设置两个及以上的独立电源供电，一用一备或互为备用。

当工作电源消失时，备用电源的投入，可以手动操作，也可用 AAT 装置自动操作。手动操作动作较慢，中断供电时间较长，对正常生产有很大影响。采用 AAT 装置自动投入，中断供电时间是自动装置的动作时间，时间很短，对生产无明显影响，故 AAT 装置可大大地提高供电的可靠性。

由于 AAT 装置结构简单，造价便宜，能较好地提高供电的可靠性，因此在发电厂和变配电所中得到了广泛应用。

2.1.2　备用方式

AAT 装置根据其电源备用方式可分明备用和暗备用。图 2-1a 中，变压器 T1 和 T2 正常工作时处于工作状态，断路器 QF1、QF2、QF6、QF7 处于合闸位置，T1 和 T2 分别向Ⅰ段母线和Ⅱ段母线供电；变压器 T3 处于备用状态，断路器 QF3、QF4、QF5 断开。当T1 或 T2 发生故障时，变压器保护将其两侧断路器断开，然后 AAT 装置动作，将 T3 两侧断路器合闸，母线恢复供电。这种接线称为明备用。

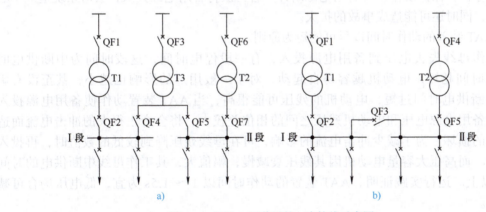

a)　　　　　　　　　　　　　　　　　　b)

图 2-1　应用 AAT 装置的一次接线示意图

图 2-1b 中，在正常运行时，断路器 QF1、QF2、QF4、QF5 处于合闸位置，变压器T1 和 T2 分别向Ⅰ、Ⅱ段母线供电，分段断路器 QF3 断开，母线分段运行。当变压器 T1故障使其两侧断路器断开后，由 AAT 装置自动将 QF3 合闸，Ⅰ段母线的负荷转移到Ⅱ段母线，由 T2 供电；同理，变压器 T2 故障使其两侧断路器断开后，Ⅱ段母线的负荷转移到Ⅰ段母线由 T1 供电。这种靠分段断路器 QF3 形成相互备用的方式称为暗备用。

由以上分析可知，AAT 装置的采用是一种安全、经济的措施，采用 AAT 装置具有以下优点：

1）提高供电的可靠性，节省建设投资。

2）简化继电保护装置。采用 AAT 装置后，环形网络可以开环运行，变压器可以分列运行，可以使继电保护装置得到简化。

3）限制短路电流，提高母线残余电压。如图 2-1b 所示，变压器分列运行后，将使短路电流受到一定的限制，出线端可不装电抗器，既节省投资，又方便运行维护。

2.1.3 对备自投装置的基本要求

备自投装置的
作用及要求

1）工作母线突然失去电源时，AAT 装置应能动作。

工作母线突然失电压的主要原因有：工作变压器发生故障，保护将故障变压器切除；接在工作母线上的引出线发生故障，由变压器后备保护切除故障，造成工作变压器断开；工作母线故障；工作电源断路器操作回路故障使电源断开；工作电源突然停止供电；误操作造成工作变压器退出运行。这些原因都应使 AAT 装置动作，使备用电源迅速投入恢复供电。

2）工作电源断开后，备用电源才投入。

其主要目的是提高备用电源自动投入装置的动作成功率。若故障点未被切除，就投入备用电源，实际上就是将备用电源投入到故障的元器件上，将造成事故的扩大。

3）装置应保证只能动作一次。

当工作母线发生永久性短路故障时，AAT 装置第一次动作将备用电源投入后，由于故障仍然存在，保护动作，将备用电源断开。若再次将备用电源投入，会对系统造成不必要的冲击，同时还可能造成事故的扩大。

4）AAT 装置的动作时间以尽可能短为原则。

从工作母线失去电压到备用电源投入，有一段停电时间，这段时间为中断供电时间。停电时间越短，电动机越容易自起动，对于一般用户的影响也越小，甚至没有影响。但中断供电时间过短，电动机的残压可能很高，当 AAT 装置动作使备用电源投入时，如果备用电源电压和电动机残压之间的相位差较大，将会产生很大的冲击电流而造成电动机的损坏。为了减少冲击电流的影响，可在母线残压降到较低的数值时，再投入备用电源。而高压大容量电动机因其残压衰减慢，幅值大，其工作母线中断供电的时间应在 1s 以上。运行实践证明，AAT 装置的动作时间以 1～1.5s 为宜，低电压场合可减小到 0.5s。

5）手动断开工作电源时，AAT 装置不应动作。

6）AAT 装置应具有闭锁功能。

设立备用电源自投闭锁功能的目的是防止备用电源投入到故障元件上，造成事故扩大。

7）备用电源不满足电压条件，AAT 装置不应动作。

8）工作母线失去电压后，还应检查工作电源无电流，防止电压互感器二次断线造成误动作。

2.2 备用电源自动投入的一次接线方案

AAT 装置主要用于 110kV 以下的中低压配电系统中，因此 AAT 装置的接线方案是根据发电厂厂用电及中低压变电站主要一次接线方案设计的。

2.2.1　低压母线分段断路器自投方案

低压母线分段断路器自投方案的主接线如图 2-2 所示。

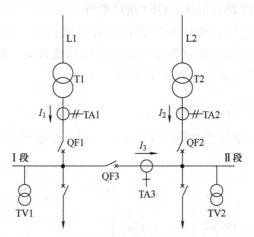

图 2-2　低压母线分段断路器自投方案主接线

由图 2-2 可知，当 T1、T2 同时运行，而分段断路器 QF3 断开时，一次系统中 T1 和 T2 互为备用电源，此方案称为暗备用接线方案。

T1 故障使保护动作跳开 QF1，或者 T1 高压侧失电压，都会引起 I 段母线失电压，I_1 无电流且 II 段母线有电压，即断开 QF1，合上 QF3，I 段、II 段母线上的负荷由 T2 供电。备用电源自投条件是 I 段母线失去电压、I_1 无电流、II 段母线有电压、QF1 确已断开。与常规电磁型 AAT 装置相比，多了一项 I_1 无电流的条件，其目的是为了防止 I 段母线电压互感器 TV1 断线而引起备用电源自投的误动作。

同理，当发生 T2 故障等类似的情况，II 段母线失去电压、I_2 无电流且 I 段母线有电压时，就断开 QF2，合上 QF3。备自投的自投条件是 II 段母线失去电压、I_2 无电流、I 段母线有电压、QF2 确已断开。

2.2.2　内桥断路器的自投方案

内桥断路器自投方案的主接线图如图 2-3 所示。

由图 2-3 可知，当 L1 进线带 I 、II 段母线运行，即 QF1、QF3 在合闸位置，QF2 在分闸位置时，线路 L2 是备用电源。若 L2 进线带 I 、II 段母线运行，即 QF2、QF3 在合闸位置，QF1 在分闸位置时，线路 L1 是备用电源。显然这两种运行方式都有一个共同的特点，一条线路运行，另一条线路作为备用，此方案称为明备用接线方案。

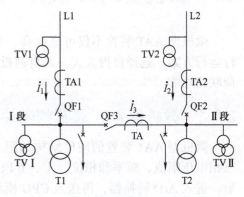

图 2-3　内桥断路器自投方案主接线图

L1 为运行状态、L2 为备用状态的自投条件是：Ⅰ段母线失去电压、I_2 无电流、L2 线路有电压、QF1 确已断开。L2 为运行状态，L1 为备用状态的自投条件是：Ⅱ段母线失去电压、I_2 无电流、L1 线路有电压、QF2 确已断开。

如果两段母线分列运行，即桥断路器 QF3 在分闸位置，而 QF1、QF2 在合闸位置，此时 L1 和 L2 互为备用电源，此方案显然是暗备用接线方案。此种暗备用方案与低压母线分段断路器自投方案及其运行方式完全相同。

2.2.3　线路备自投方案

线路备用电源自投方案接线如图 2-4 所示，一般在配电网系统、终端型变电站或厂用电系统中使用。

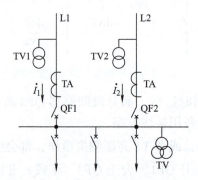

图 2-4　线路备用电源自投方案接线图

图 2-4 所示的备用电源自投方案接线是明备用方案接线。L1 和 L2 线路中只有一个断路器在合闸位置，另一个在分闸位置，因此当母线失电压，备用线路有电压，且 I_1（或 I_2）无电流时，即可断开 QF1（或 QF2），合上 QF2（或 QF1）。该明备用方案的自投条件类似于内桥断路器自投方案中的明备用方案，即母线无电压、线路 L2 有电压、I_1 无电流、QF1 确已断开；或者母线无电压、线路 L1 有电压、I_2 无电流、QF2 确已断开。

2.3　微机型 AAT 装置

微机型 AAT 装置不仅可靠性高、重量轻，而且能够根据设定的运行方式自动识别现行运行方案、选择自投方式，其自动投入过程还带有过电流保护、加速功能及自投后过负荷联切功能。

2.3.1　微机型 AAT 装置的硬件结构

微机型 AAT 装置的硬件结构如图 2-5 所示，装置的输入模拟量包括Ⅰ、Ⅱ段母线的三相电压幅值、频率和相位，Ⅰ、Ⅱ段母线的进线电流。模拟量通过隔离变换后经滤波整形，进入 A/D 转换器，再送入 CPU 模块。

由于微机型 AAT 装置的功能并不复杂，采样、逻辑功能及人机接口由同一个 CPU

完成。同时装置对采样精度要求不高，因此硬件中 A/D 转换器可以不采用 VFC 式，采用普通的 A/D 转换器即可。开关量输入 / 输出仍要求经光电隔离处理，以提高抗干扰能力。

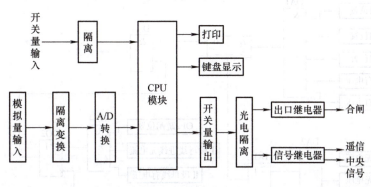

图 2-5　微机型 AAT 装置硬件结构图

2.3.2　微机型 AAT 装置软件原理

微机型 AAT 装置软件逻辑框图如图 2-6 所示。下面以图 2-1b 所示的暗备用方式进行分析。正常时Ⅰ、Ⅱ段母线分开运行，QF3 断开。

1. AAT 装置的起动方式

方式一：由图 2-6a 分析可知，当 QF2 在跳闸位置，并满足Ⅰ段母线进线无电流、Ⅱ段母线有电压的条件，与门 DA4 动作，或门 DO2 动作，在满足与门 DA3 另一输入条件时合上 QF3，此时 QF2 处于跳闸位置，而其控制开关仍处于合闸位置，即当二者不对应就起动 AAT 装置，这种方式为 AAT 装置的主要起动方式。

方式二：当电力系统侧各种故障导致工作Ⅰ段母线失去电压（如系统侧故障，保护动作使 QF1 跳闸），此时分析图 2-6b 可知，在满足Ⅰ段母线进线无电流，备用Ⅱ段母线有电压的条件，与门 DA6 动作，经过延时，跳开 QF2，再由方式一起动 AAT 装置，使 QF3 合闸。这种方式可看作是对方式一的辅助。

以上两种方式保证无论任何原因导致Ⅰ段工作母线失去电压均能起动 AAT 装置，并且保证 QF2 跳闸后 QF3 才能合闸的顺序。从图 2-6 的逻辑框图中可知，Ⅰ段工作母线与Ⅱ段备用母线同时失去电压时，AAT 装置不会动作；Ⅱ段备用母线无电压，AAT 装置同样不会动作。

2. AAT 装置的闭锁

微机型 AAT 装置的逻辑回路中设计了类似于电容的"充放电"过程，在图 2-6a 中以延时元件 t_1 表示"充放电"过程，只有在充电完成后，AAT 装置才进入工作状态，与门 DA3 才有可能动作。其"充放电"过程分析如下。

"充电"过程：从图 2-6a 中看到，当 QF2、QF5 在合闸位置，QF3 在跳闸位置，Ⅰ段工作母线有电压，Ⅱ段备用母线也有电压，并且装置无"放电"信号，则与门 DA1 动作，

使延时元件 t_1 "充电"，经过 $10 \sim 15s$ 的充电过程，为与门 DA3 的动作做好了准备，一旦与门 DA3 的另一输入信号满足条件，装置即动作，合上 QF3。

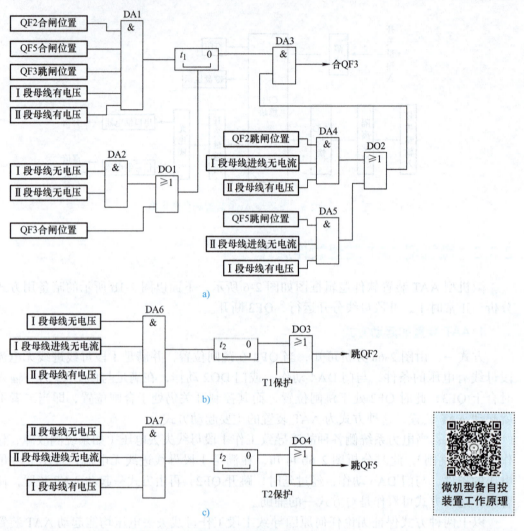

图 2-6 微机型 AAT 装置软件逻辑框图

"放电"过程：当 QF3 在合闸位置或者 I 段工作母线及 II 段备用母线无电压时，则 t_1 瞬时"放电"，DA3 不能动作，即装置闭锁。

3. 合闸于故障母线上

当 AAT 装置动作，QF3 合闸后延时元件 t_1 瞬时"放电"，若合闸于故障母线上，则 QF3 的继电保护加速动作使 QF3 立即跳闸，此时 I 段工作母线无电压，延时元件 t_1 不能"充电"，AAT 装置不能动作，保证了装置只动作一次。

综上所述，微机型 AAT 装置能完全满足对 AAT 装置的基本要求。

2.4　AAT 装置参数整定及运行维护

AAT 装置的整定参数有低电压元件动作值、过电压元件动作值、AAT 充电时间、AAT 动作时间、低电流元件动作值、合闸加速保护时间。

2.4.1　AAT 装置参数整定

1. 低电压元件动作值的整定

低电压元件用于监视工作母线是否失电压，当工作母线失电压时，低电压元件应能可靠动作。所以，低电压元件的动作电压应低于工作母线出现短路故障切除后电动机自起动时的最低母线电压；工作母线（包括上一级母线）上的电抗器或变压器后发生短路时，低电压元件不应动作。

考虑上述两种情况，低电压元件动作值取额定工作电压的 25%。

2. 过电压元件动作值的整定

过电压元件用于检测备用母线是否有电压。如图 2-1a 所示，正常运行过程中，当工作母线和备用母线的电压为最低工作电压 U_{min} 时，过电压元件应保持动作状态，因此过电压元件动作电压 U_{op} 为

$$U_{op} = \frac{U_{min}}{n_T K_{rel} K_{re}} \qquad (2-1)$$

式中，n_T 为电压互感器电压比；K_{rel} 为可靠系数，取 1.2；K_{re} 为返回系数，取 0.9。

一般过电压元件的动作电压 U_{op} 不应低于额定电压的 70%。

3. AAT 充电时间的整定

图 2-1b 以 T1、T2 分开，QF3 断开方式运行，当备用电源动作于故障上时，则由设在 QF3 上的保护加速动作将 QF3 跳闸。如果故障为瞬时性的，则可立即恢复原有备用方式。为保证断路器切断能力的恢复，AAT 充电时间应不小于断路器第二个"合闸→跳闸"的时间间隔，一般间隔时间取 10 ～ 15s。

4. AAT 动作时间的整定

AAT 动作时间是指由于电力系统内故障使工作母线失电压而跳开其受电侧断路器的延时时间。

因为网络中发生短路故障时低电压元件可能动作，显然此时 AAT 装置不能动作，所以设置延时是保证 AAT 装置动作选择性的重要措施。AAT 动作时间 t_{op} 为

$$t_{op} = t_{kmax} + \Delta t \qquad (2-2)$$

式中，t_{kmax} 为工作母线上各元件继电保护动作时限的最大值；Δt 为时限级差，取 0.4s。

5. 低电流元件动作值的整定

设置低电流元件用来防止电压互感器二次回路断线时 AAT 装置误动作；同时兼作断

路器跳闸的辅助判据。低电流元件动作值可取电流互感器二次额定电流的 8%（如电流互感器二次额定电流为 5A 时，低电流元件动作值为 0.4A）。

6. 合闸加速保护时间的整定

合闸加速保护电流元件的动作值应保证该母线上出现短路故障时有不小于 1.5 的灵敏度；当加速保护由复合电压起动时，负序电压可取 7V（相电压），正序电压可取 50 ～ 60V（在上述短路点故障灵敏度不小于 2.0）；加速时间取 3s。

2.4.2 AAT 装置运行维护

1. AAT 装置的运行及巡视检查

1）运行回路的低电压元件应处于动作状态，闭锁中间元件应励磁，且无其他异常现象。

2）AAT 装置的投退开关位置应正确，电压和时间等元件整定值正确。

3）在有两台变压器工作的变电站，当工作变压器跳闸、备用变压器投入后，应检查负荷情况，防止变压器过负荷。

2. AAT 装置的异常处理

1）若 AAT 装置在母线失电压后不动作或开关合不上，应汇报调度员，安排处理。

2）若运行中出现"交流电压断线"或"直流电源消失"信号，应停用 AAT 装置，并查出原因，予以消除。

3. AAT 装置动作后处理

（1）动作成功后的处理

1）恢复音响信号及 AAT 装置的动作掉牌信号。

2）当备用电源投入成功时，该路红灯闪光，电流表应有指示，同时原运行的断路器绿灯也闪光，这时应将原备用线路的开关由"分后"位置转至"合后"位置，再将原运行断路器的控制开关由"合后"位置转至"分后"位置。

3）操作完毕后查明母线失电压情况，向调度员汇报并做好记录，善后的工作和运行方式按调度员命令执行。

（2）动作不成功的处理 AAT 装置动作，备用设备（线路或变压器）投入后又跳闸，不允许再进行试送，因为此种情况可能是一次设备发生了永久性故障。

小 结

备用电源自动投入装置（简称 AAT 装置）是指当工作电源因故障被断开后，能迅速自动投入备用电源或将用电设备自动切换到备用电源上，防止用户或用电设备停电的一种自动装置。本章主要介绍了 AAT 装置的作用及基本要求，分析了微机型 AAT 装置的基本原理、AAT 装置中各元件动作参数的整定方法、AAT 装置运行维护。

AAT 装置结构简单，成本低，但可以大大提高供电的可靠性，被广泛应用于发电厂的厂用电系统、厂矿企业变电站的站用电及配电所的所用电系统中。

习　题

一、填空题

1. 备用电源自动投入装置允许动作次数为_____次。

2. 备用电源自动投入接线方案有_____和_____两种。

3. 备用电源自动投入装置为提高动作成功率，应保证_____先断开，_____后投入。

4. 采用 AAT 装置后，可提高_____可靠性，可简化_____和_____。

5. 正常情况下，一个电源工作，另一个电源断开备用，当工作电源因故断开时，备用电源投入工作，这种备用方式称为_____。

6. 正常情况下，两个电源同时工作，当任一个电源因故断开时，由另一个电源带全部负荷，这种备用方式称为_____。

二、判断题

1. AAT 装置采用两只低电压元件，目的是防止电压互感器 TV 熔断器熔断时引起装置误动。（　　　）

2. 为防止因电力系统内故障而引起工作母线和备用母线同时失电压造成 AAT 装置动作，AAT 装置采用过电压元件。（　　　）

3. 要保证工作电源断开后，AAT 装置才动作，备用电源的断路器合闸部分应由供电元件受电侧断路器的常闭触头起动。（　　　）

4. 要实现工作母线上的电压不论因任何原因消失时 AAT 装置都能动作，则 AAT 装置可装设独立的低电压起动部分。（　　　）

5. 为了使用户的停电时间尽可能短，AAT 装置可以不带时限。（　　　）

三、选择题

1. AAT 装置低电压元件的动作电压一般整定为（　　　）。
（A）额定工作电压的 25%　　　　　　　（B）额定工作电压的 50%
（C）额定工作电压的 70%　　　　　　　（D）不低于额定工作电压的 70%

2. AAT 装置过电压元件的动作电压一般整定为（　　　）。
（A）额定工作电压的 25%　　　　　　　（B）额定工作电压的 50%
（C）额定工作电压的 70%　　　　　　　（D）不低于额定工作电压的 70%

3. AAT 装置的动作时间为（　　　）。
（A）以 1～1.5s 为宜　　　　　　　　　（B）0s
（C）较长时限　　　　　　　　　　　　（D）5s

4. 停用 AAT 装置时应（　　　）。
（A）先停交流，后停直流　　　　　　　（B）先停直流，后停交流
（C）交、直流同时停

5. 应用 AAT 装置的明备用接线方案是指正常时（　　　）。

（A）有接通的备用电源或备用设备　　　　（B）有断开的备用电源或备用设备

（C）有断开的工作电源或工作设备　　　　（D）没有断开的工作电源或工作设备

6. 应用 AAT 装置的暗备用接线方案是指（　　　）。

（A）正常时有接通的备用电源或备用设备

（B）正常时有断开的备用电源或备用设备

（C）正常工作在分段母线状态，靠分段断路器形成相互备用

（D）正常工作在分段断路器合闸状态，取得备用

7. "AAT 装置应保证只动作一次"是为了（　　　）。

（A）防止工作电源或设备多次遭受故障冲击

（B）防止备用电源或设备提前投入

（C）防止备用电源或设备多次遭受故障冲击

（D）防止工作电源或设备无法断开

四、问答题

1. 采用 AAT 装置有哪些优点？

2. 对 AAT 装置有哪些基本要求？

3. 备用电源失电时为何要闭锁 AAT 装置？

4. AAT 装置为何只能动作一次？

5. 结合图 2-6 分析微机型 AAT 装置的动作过程。

6. 试说明工作母线 TV 二次断线造成假失电压时，如何防止 AAT 装置误动？

7. AAT 装置的参数整定需要考虑哪些因素？

第3章

输电线路自动重合闸装置

教学要求: 了解自动重合闸装置的作用和要求;掌握单侧电源线路的三相一次自动重合闸的接线及工作原理,双侧电源线路自动重合闸应考虑的问题,无电压检定和同步检定的三相自动重合闸的工作原理;了解自动重合闸与继电保护的配合工作方式;了解综合重合闸的特殊问题、构成原则及要求;了解重合器与分段器的功能与特点;培养学生科学严谨的工作态度和精益求精的工匠精神。

知识点: 自动重合闸的定义、作用、分类,对自动重合闸装置的基本要求,单侧电源线路的三相一次自动重合闸接线原理,双侧电源线路检定同步和检定无电压重合闸的工作原理,重合闸前加速保护、重合闸后加速保护的构成原理,综合重合闸的特殊问题与构成原则,重合器与分段器配合原理。

技能点: 能读懂装置接线图,能熟练分析线路重合闸装置接线动作原理,能进行重合闸装置参数整定。

3.1 自动重合闸装置的作用和要求

3.1.1 自动重合闸装置的作用

在电力系统中,由于输电线路最容易发生故障,所以想办法提高输电线路供电的可靠性是非常重要的,而自动重合闸正是提高输电线路供电可靠性的一种措施。

输电线路的故障可分为瞬时性故障和永久性故障两种。在输电线路的故障中,90%以上的故障是瞬时性故障。这些瞬时性故障多数是由雷电引起的绝缘子表面闪络、线路对树枝放电、大风引起的碰线、鸟害和树枝等物掉落在导线上以及绝缘子表面污染等原因引起。这类故障使继电保护动作断开电源后,故障点的绝缘水平可自行恢复,故障随即消失,此时,如果重新合上线路断路器,就能恢复正常供电。而永久性故障,如线路倒杆、断线、绝缘子击穿或损坏等,在故障线路电源被断开后,故障点的绝缘强度不能恢复,故障仍然存在,即使重新合上线路断路器,又会被继电保护装置再次断开。由于输电线路的故障大多是瞬时性故障,因此,线路因故障被断开之后再进行一次重合,其恢复供电的成功可能性是相当大的。自动重合闸装置就是指输电线路在发生故障后,使跳闸的断路器迅速地重新自动投入的一种自动装置,简称 AAR 装置。

运行资料统计表明,输电线路 AAR 装置的动作成功率一般可达 70% ~ 90%。可见采

27

用 AAR 装置来提高供电可靠性效果显著。

AAR 装置在电力系统中的主要作用如下：

1）提高输电线路供电可靠性，减少因瞬时性故障停电所造成的损失。

2）提高电力系统并列运行的稳定性，从而提高线路的输送容量。电力系统并列运行时，系统之间的联络线事故跳闸后，各系统都可能出现功率不平衡。功率不足的系统，系统频率和电压将严重下降；功率过剩的系统，频率和电压将迅速上升。如果采用 AAR 装置，在转子位置角还未拉得很大时将线路重合成功，则整个系统将迅速恢复同步，保持稳定运行。

3）加快事故处理后电力系统电压恢复速度。自动重合闸过程中断供电时间很短，因为从输电线路发生事故后，断路器跳闸到重合闸重合成功，整个过程只需要几秒，电动机还没有完全制动，电压就已恢复，此时电动机自起动时的自起动电流要比直接起动时电流小得多，有利于系统电压的恢复。

4）弥补输电线路耐雷水平较低的影响。在电力系统中，10kV 线路一般不装设避雷线，35kV 线路一般只在进线段 1～2km 范围内装设避雷线，线路耐雷水平较低。为了减少架空输电线路因雷电过电压造成的停电次数，各电压等级的输电线路应尽可能采用 AAR 装置。

5）对断路器的误跳闸能起纠正作用。由于断路器操作机构不良、继电保护误动作等原因引起断路器跳闸，AAR 装置使断路器迅速重新投入，对这种误动作引起的跳闸能起纠正作用。

由于 AAR 装置本身的投资很低，带来的效益可观，而且装置本身结构简单、工作可靠，因此，在电力系统中得到了广泛的应用。GB/T 142805—2006《继电保护和安全自动装置技术规程》规定：3kV 及以上的架空线路及电缆与架空混合线路，在具有断路器的条件下，如用电设备允许且无备用电源自动投入时，应装设自动重合闸装置；旁路断路器和兼作旁路的母线联络断路器，应装设自动重合闸装置；必要时，母线故障可采用母线自动重合闸装置。

在采用重合闸以后，当重合于永久性故障上时，也将带来一些不利的影响，如：

1）使电力系统又一次受到故障的冲击，可能引起电力系统的振荡。

2）使断路器工作条件恶化，因为在很短时间内断路器要连续两次切断短路电流。

对于断路器的开断电流，在重合闸过程中可认为不受影响。但在短路容量比较大的电力系统中，上述不利条件往往限制了重合闸的使用。

3.1.2　自动重合闸装置的类型

1）按其构成原理分，可分为机械式 AAR 装置、电气式 AAR 装置两种。机械式 AAR 装置主要有重合跌落式熔断器、重锤或弹簧机械式自动重合闸，电气式 AAR 装置一般由电磁型继电器与阻容元件构成。

自动重合闸装置的要求及作用

2）按其应用的线路结构分，可分为单侧电源线路 AAR 装置、双侧电源线路 AAR 装置两种。对于双侧电源线路的三相自动重合闸，按不同的重合方式，又可分为三相快速 AAR 装置、非同步 AAR 装置、无电压检定和同步检定 AAR 装置、检定平行线路有电流的 AAR 装置、解列 AAR 装置和自同步 AAR 装置。

3）按其功能分，可分为三相 AAR 装置、单相 AAR 装置和综合 AAR 装置 3 种。三相 AAR 装置是指当线路上发生单相短路或是相间短路时，保护动作将线路三相断路器均断开，然后起动自动重合闸同时合三相断路器。若故障为瞬时性的，则重合成功；否则保护再次动作，使三相断路器跳闸。单相 AAR 装置是指当线路上发生单相接地故障时，保护动作只断开故障相的断路器，然后进行单相重合。如果故障是瞬时性的，则重合成功后，便可恢复三相供电；如果故障是永久性的，而系统又不允许长期非全相运行，则重合后，保护再次动作，使三相断路器跳闸，不再进行重合。当线路上发生相间故障时，保护动作一般断开三相断路器，不进行重合。单相 AAR 装置只限用于 220kV 及以上装有分相操作机构断路器的输电线路。综合 AAR 装置是指当线路上发生单相接地故障时，断开故障相的断路器，进行一次单相重合，如果故障是永久性的，则断开三相断路器不再重合；当线路上发生相间短路时，保护动作断开三相断路器，进行一次三相重合，如果故障是永久性的，则断开三相断路器不再重合。综合 AAR 装置一般适用于 220kV 及以上重要联络线路。

4）按允许的动作次数分，可分为一次 AAR 装置、二次 AAR 装置、多次 AAR 装置 3 种。

3.1.3 对自动重合闸装置的基本要求

1）AAR 装置动作应迅速。为了尽量减少停电对用户造成的损失，要求 AAR 装置动作时间越短越好。但 AAR 装置的动作时间必须考虑保护装置的复归、故障点去游离后绝缘强度的恢复、断路器操动机构的复归及其准备好再次合闸的时间。

2）手动跳闸时 AAR 装置不应动作。运行人员手动操作（或通过遥控装置操作）使断路器跳闸，属于正常运行操作，AAR 装置不应动作。

3）手动合闸于故障线路时，AAR 装置应闭锁。手动合闸于故障线路时，继电保护动作使断路器跳闸后，AAR 装置不应重合。因为在手动合闸前，线路上还没有电压，如果合闸到已存在故障的线路上，则线路故障多属于由检修质量不合格或忘拆接地线等原因造成的永久性故障，即使重合也不会成功。

4）在断路器事故跳闸时，AAR 装置应起动。

AAR 装置有两种起动方式：控制开关与断路器位置不对应起动和保护起动。

AAR 装置的位置不对应起动方式是指控制开关处"合闸后"状态、断路器处跳闸状态，两者位置不对应时起动 AAR 装置。如果由于某种原因，例如工作人员误碰断路器操作机构、断路器操作机构失灵、断路器控制回路存在问题以及保护装置出口继电器的触头因撞击振动而闭合等，致使断路器发生误跳闸，则位置不对应方式同样能起动 AAR 装置。可见，位置不对应方式起动 AAR 装置可以纠正各种原因引起的断路器误跳闸。

这种位置不对应起动方式简单可靠，在各级电网中有着良好的运行效果，对提高供电可靠性和系统的稳定性具有重要意义。

AAR 装置的保护起动方式是指用线路保护跳闸出口的触头来起动 AAR 装置，在保护动作发出跳闸命令后，AAR 装置才发合闸脉冲。因为是采用跳闸出口的触头来起动 AAR 装置，保护起动方式可纠正继电保护误动作引起的误跳闸，但不能纠正断路器的误跳闸。

5）重合次数应符合规定。AAR 装置的重合动作次数应符合预先的规定，在任何情况下均不应使断路器的重合次数超过规定值。因为当 AAR 装置多次重合于永久性故障后，系统遭受多次冲击，可能导致断路器损坏，并发生扩大事故。

6）AAR 装置动作后，应自动复归。AAR 装置动作后自动复归，为下一次动作做好准备。这对于遭遇雷击概率较大的线路是非常必要的。

7）AAR 装置应与继电保护配合动作。AAR 装置应能在重合闸动作前或重合闸动作后，加速继电保护动作。即采用重合闸前加速保护或重合闸后加速保护。AAR 装置与继电保护相互配合，可加速切除故障，并加快跳闸—合闸过程，减轻第二次事故跳闸的危害。

8）AAR 装置应方便调试和监视。AAR 装置在线路运行时应方便退出或进行完好性试验；另外，AAR 装置动作时应有信号。

3.2　单侧电源线路的三相一次自动重合闸

单侧电源线路广泛采用三相一次自动重合闸。所谓三相一次自动重合闸，是指不论输电线路上发生的是相间短路还是接地短路，继电保护都应动作，将三相断路器同时断开，然后 AAR 装置起动，经过预定延时将三相断路器重合。若故障为瞬时性故障，则重合成功；若故障为永久性故障，则继电保护再次动作跳开三相断路器，不再重合。

3.2.1　单侧电源线路三相一次自动重合闸装置

如图 3-1 所示为单侧电源线路三相一次自动重合闸装置的原理接线，该装置主要由 DH-2A 型重合闸继电器 KR、防跳继电器 KCF、加速继电器 KAC、信号继电器 KS、切换片 XB1 等元件组成。

SA 为手动操作的控制开关，其触头的通断状况见表 3-1，"×"表示通，"—"表示断。

表 3-1　SA 触头通断状况

操作状态		手动合闸	合闸后	手动跳闸	跳闸后
SA 触头号	2-4	—	—	—	×
	5-8	×	—	—	—
	6-7	—	—	×	—
	21-23	×	×	—	—
	25-28	×	—	—	—

图 3-1 中点画线框内为重合闸继电器 KR 的内部接线，KR 由时间继电器 KT、中间继电器 KM、电容 C、充电电阻 R_4、放电电阻 R_6 及信号灯 HL 等组成。

KTP 为断路器跳闸位置继电器，当断路器处于分闸位置时，KTP 线圈通过断路器常闭辅助触头 QF1 及合闸接触器 KMC 的线圈而励磁，KTP 常开触头闭合。由于 KTP 电压线圈有限流作用，流过 KMC 的电流很小，此时 KMC 不会动作，无法去合断路器。

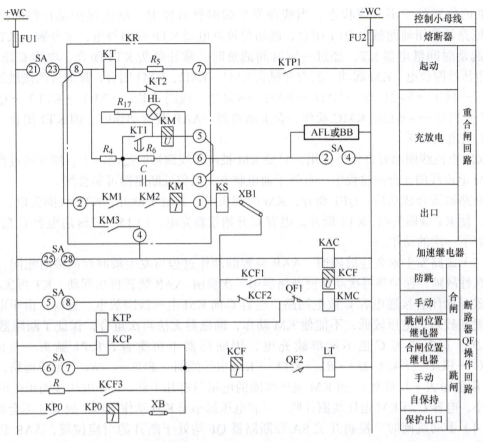

图 3-1　三相一次自动重合闸装置的原理接线

　　防跳继电器 KCF 用于防止因 KM 触头粘住而导致断路器多次重合于永久性故障线路。

　　加速继电器 KAC 是用于加速保护动作的中间继电器，具有瞬时动作、延时返回的特点，保证快速切除故障。

　　电容 C 用于获取合闸脉冲，其充放电回路具有充电慢、放电快的特点。这个特点既能保证 AAR 装置动作后自动复归，也能保证 AAR 装置在规定时间内只发一次合闸脉冲，而且接通电容 C 的放电回路就可闭锁重合闸。所以，利用电容充放电原理构成的 AAR 装置具有工作可靠、结构简单、控制容易的优点，在系统中得到普遍应用。

单电源线路三相一次自动重合闸

　　下面说明 AAR 装置的工作原理。

　　（1）线路正常运行时　控制开关 SA 和断路器 QF 均处于合闸的对应位置，断路器常开辅助触头 QF2 闭合、常闭辅助触头 QF1 断开，跳闸位置继电器 KTP 线圈失电，其常开触头 KTP1 断开。控制开关 SA 处于合闸后状态，其触头 SA21-23 接通，触头 SA2-4 断开，电容 C 经 R_4 充满电，其两端电压为直流电源电压。指示灯 HL 亮，重合闸装置处于准备动作状态。

　　（2）线路发生瞬时性故障或由于其他原因使断路器误跳闸时　控制开关 SA 和断路

器 QF 的位置处于不对应状态。当线路发生瞬时性故障时，继电保护动作将断路器跳开，断路器常闭辅助触头 QF1 闭合，跳闸位置继电器 KTP 线圈得电，常开触头 KTP1 闭合，起动时间继电器 KT，经过一定时间的延时，常开触头 KT1 闭合。电容 C 经 KT1、KM 电压线圈放电，KM 起动，其常开触头 KM1、KM2、KM3 闭合，接通合闸接触器回路（+WC → FU1 → SA21-23 → KM1 → KM2 → KM 电流线圈 → KS → XB1 → KCF2 → QF1 → KMC → FU2 → -WC），KMC 动作，合上断路器。AAR 装置动作时，因 KT1 闭合，信号灯 HL 失电而熄灭。

KM 电流线圈起着自保持作用，只要 KM 被电压线圈短时起动一下，便可通过自保持使 KM 电流线圈在合闸过程中一直处于通电状态，以保证断路器可靠合闸。

断路器重合成功后，QF1 断开，KM 线圈失电，其触头断开，KTP 线圈失电，KTP1 断开，使 KT 线圈失电，KT1 断开，电容 C 开始重新充电，经 15 ～ 25s 后电容 C 充满电，准备好下一次的动作。

（3）线路发生永久性故障时 AAR 装置的动作过程与发生瞬时性故障时相同。由于是永久性故障，保护将再次动作使断路器第二次跳闸，AAR 装置再次起动。KT 再次起动，KT1 经延时闭合接通电容 C 放电回路，电容 C 向 KM 电压线圈放电。这时，由于电容 C 充电时间较短，电压较低，不能使 KM 动作，断路器无法再次重合，保证了断路器只重合一次。这时电容 C 也不能继续充电，因断路器不再重合，KT1 触头一直闭合，"+WC → FU1 → SA21-23 → R_4 → KT1 → KM 电压线圈 → FU2 → -WC"形成通路，但由于 R_4 阻值很大（几兆欧），而 KM 电压线圈的电阻只有几千欧，KM 电压线圈承受的分压值很小，电容 C 与 KM 电压线圈并联，电容电压远小于 KM 动作电压，故 KM 不会动作。

（4）手动跳闸时 控制开关 SA 和断路器 QF 均处于断开的对应位置，AAR 装置不会动作。通过控制开关 SA 手动跳闸时，其触头 SA6-7 接通，接通断路器的跳闸回路；SA21-23 断开，ARR 装置无法起动。断路器跳闸后，SA2-4 接通，接通了电容 C 对电阻 R_6 的放电回路。由于 R_6 的阻值仅为几百欧，所以电容 C 放电后的电压接近于零，保证下次手动合闸于故障线路时，AAR 装置不会动作。

（5）手动合闸于故障线路时 通过控制开关 SA 手动合闸时，触头 SA5-8 接通，合闸接触器 KMC 起动合闸；SA21-23 接通，SA2-4 断开，电容 C 开始充电。同时 SA25-28 接通，使加速继电器 KAC 动作。当合闸于故障线路时，继电保护动作，经 KAC 延时返回常开触头使断路器瞬时跳闸。这时，由于电容 C 充电时间较短，电压很低，电容 C 放电不足以起动 KM，从而保证 AAR 装置可靠不动作。

（6）AAR 装置闭锁时 在某些情况下，断路器跳闸后不允许自动重合闸。如按频率自动减负荷装置（AFL）或母线差动保护（BB）动作时，应将 AAR 装置闭锁，使之退出工作。实现方法就是将 AFL 或 BB 的出口触头与 SA2-4 并联，当 AFL 或 BB 动作时，其出口触头闭锁，电容 C 经 R_6 电阻放电，使 AAR 装置无法动作，以达到闭锁 AAR 装置的目的。

（7）防止断路器多次重合于永久性故障的措施 如果线路发生永久性故障，且重合闸第一次动作时就出现了 KM1、KM2 触头粘牢或卡住的情况，保护将再次动作跳闸。若没有防跳继电器 KCF，则合闸接触器 KMC 通电而使断路器第二次重合。如此反复，断路器将发生多次重合，形成"跳跃"现象。为此装设了防跳继电器 KCF，KCF 在其电流线圈通电时起动，电压线圈有电压时自保持。当断路器第一次跳闸时，虽然串在跳闸线圈回路中的 KCF 电流线圈通电而使 KCF 动作，但因 KCF 电压线圈没有自保持电压，断路器跳闸后，KCF 自动返回。当断路器第二次跳闸时，KCF 电流线圈通电而使 KCF 动作，"+WC → FU1 → SA21-23 → KM1 → KM2 → KM 电流线圈→ KS → XB1 → KCF1 → KCF 电压线圈→ FU2 → -WC" 形成通路，KCF 电压线圈自保持，其触头 KCF2 断开，切断断路器的合闸回路，使断路器不会多次合闸。

同样，当手动合闸于故障线路时，如果控制开关触头 SA5-8 粘牢，在保护动作使断路器跳闸后，KCF 起动，并经 SA5-8 和 KCF1 接通 KCF 电压自保持回路，使 SA5-8 断开之前 KCF 不能返回，并借助 KCF2 切断合闸回路，使断路器不能重合。

3.2.2　软件实现的重合闸

1. 重合闸充电

线路发生故障时，AAR 装置动作一次，表示断路器进行了一次跳闸 – 合闸过程。为保证断路器切断能力的恢复，断路器进入第二次跳闸 – 合闸过程前须有足够的时间，否则切断能力会下降。一般这时间取 AAR 装置动作后需经过的间隔时间（15 ～ 25s）。另外，线路上发生永久性故障时，AAR 装置动作后，也应间隔一定时间后才能再次动作，以免 AAR 装置的多次动作。

为满足上述两方面的要求，重合闸充电时间取 15 ～ 25s。

重合闸充电的条件应是：

1）重合闸处于运行状态，说明保护装置未起动。

2）在重合闸未起动的情况下，三相断路器处于合闸状态，断路器跳闸位置继电器未动作。断路器处于合闸状态，说明控制开关处于"合闸后"状态，断路器跳闸位置继电器未动作。

3）在重合闸未起动的情况下，断路器正常状态下的气压或油压正常。这说明断路器可以进行跳合闸，允许充电。

4）没有闭锁重合闸的输入信号。

5）在重合闸未起动的情况下，没有 TV 断线失电压信号。当 TV 断线失电压时，保护装置工作不正常，AAR 装置对无电压、同步的检定也会发生错误。在这种情况下，装置内部输出闭锁重合闸的信号，实现闭锁，不允许充电。

2. 三相一次重合闸的程序流程图

在使用三相自动重合闸的中、低压线路上，自动重合闸是由该线路微机保护测控装置中的一段程序来完成的。该程序是通过模拟电气式 AAR 装置中的电容充放电过程来设计的。图 3-2 所示为三相一次重合闸的程序流程图。

在数字式重合闸（通过程序实现的重合闸）中，用计数器模拟电容器，计数器计数相当于电容器充电，计数器清零相当于电容器放电。重合闸充电条件同前述。

从线路投运开始，程序就开始做重合闸的准备。在微机保护测控装置中，常采用一个计数器计时是否满 20s（该值就是重合闸复归时间定值，是可以整定的，为便于说明，这里先假设为固定值）来判断重合闸是否已准备就绪。当计数器计时满 20s 时，说明重合闸已准备就绪，允许重合。否则，即使其他条件满足，也不允许重合。如果在计数器计时的过程中，或在计数器计时已满 20s 后，有闭锁重合闸的条件出现，如果程序会将计数器清零，并禁止计数。如果程序检测到计数器计时未满，则禁止重合。许多产品说明书中仍以"充电"是否完成来描述重合闸是否准备就绪。因此下文中，我们把该计数器称为"充电"计数器。

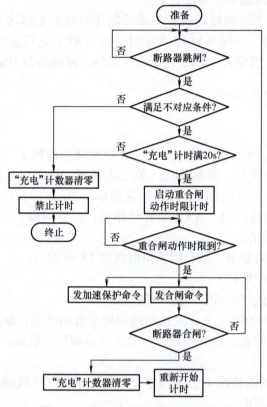

图 3-2　三相一次重合闸的程序流程图

重合闸起动后，并不立即发合闸命令（合闸脉冲），而是当重合闸动作时限的延时结束后才发合闸命令。在发合闸命令的同时，还要发加速保护命令。

当断路器合闸后，重合闸"充电"计数器重新开始计时。如果是线路发生瞬时性故障引起的跳闸或断路器误跳闸，合闸命令发出后，重合成功，重合闸"充电"计数器重新从零开始计时，20s 后计时结束，准备下一次动作。如果是线路永久性故障引起的跳闸，则断路器会被线路保护再次跳开，程序将循环执行。当程序开始检测重合闸是否准备就绪时，由于重合闸"充电"计数器的计时未满 20s（这是由于在断路器重合后，重合闸"充电"计数器是从零重新开始计时的，虽然经过线路保护动作时间和断路器跳闸时间，但由于保护已被加速，所以它们的动作时间总和很短，故"充电"计数器计时不足 20s），程序将"充电"计数器清零，并禁止重合。

在微机保护测控装置中，常常兼用两种重合闸启动方式（**注意**：在有些保护装置中这两种方式不能同时投入，只能经控制字选择一种起动方式）。图 3-2 中仅画出了不对应起动方式的起动过程。

　　当微机保护测控装置检测到断路器跳闸时，先判断是否符合不对应起动条件，即检测控制开关是否在合闸位置。如果控制开关在跳闸位置，那么就不满足不对应条件（即控制开关在跳闸位置，断路器也在跳闸位置，它们的位置对应），程序将"充电"计数器计时清零，并退出运行。如果没有手动跳闸信号，那么说明不对应条件满足（即控制开关在合闸位置，而断路器在跳闸位置，它们的位置不对应），程序开始检测重合闸是否准备就绪，即"充电"计数器计时是否满 20s。如果"充电"计数器计时不满 20s，程序将"充电"计数器清零，并禁止重合；如果计时满 20s，则立即起动重合闸动作时限计时。

3. 软件重合闸的动作逻辑

　　三相一次重合闸有 3 种方式，包括无条件重合闸、检定同步重合闸、检定无电压重合闸。无条件重合闸适用于单侧电源线路，检定同步和检定无电压重合闸适用于双侧电源线路（其原理见 3.3 节）。

　　为了保证重合闸的可靠性和稳定性，程序中设置了充电条件，只有充电条件满足后，才可能起动重合闸。

　　充电完成的动作逻辑如图 3-3 所示，重合闸保护元件的动作逻辑如图 3-4 所示。

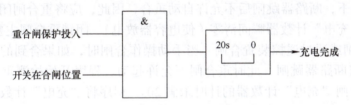

图 3-3　重合闸充电完成的动作逻辑

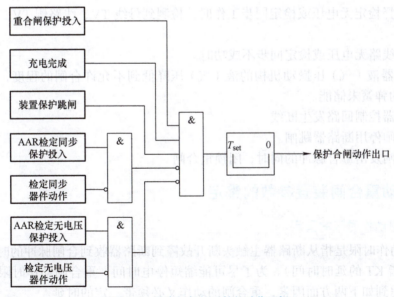

图 3-4　重合闸保护元件的动作逻辑

　　图 3-4 中，T_{set} 为重合闸动作时限整定值。

　　重合闸检定同步元件的动作判据：线路抽取线电压（U_{XAB}）和母线电压的相位差在允

许范围内。

重合闸检定无电压元件的动作判据：$U_{\text{XAB}} \leq U_{\text{set}}$（检定无电压器件的电压定值）。

后加速保护元件的动作逻辑如图 3-5 所示。

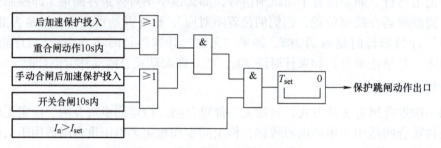

图 3-5　后加速保护元件的动作逻辑

图 3-5 中，I_{set} 为过电流保护定值；T_{set} 为后加速保护时限定值；I_{n} 为任一相保护电流。

4. 自动重合闸的闭锁

在某些情况下，断路器跳闸后不允许自动重合，因此，应将重合闸闭锁。重合闸闭锁就是将重合闸"充电"计数器瞬间清零（使电容器放电）。闭锁重合闸主要用于以下情况：

1）手动合闸或通过遥控装置合闸。当手动操作合闸时，如果合到的是故障线路，保护会立刻动作将断路器跳闸，此时重合闸不允许起动。程序开始检测重合闸是否准备就绪时，由于重合闸"充电"计数器的计时未满 20s，程序将"充电"计数器清零，并禁止重合。

2）AFL 动作跳闸、低电压保护动作跳闸、过负荷保护动作跳闸、母线保护动作跳闸。

3）当选择检定无电压或检定同步工作时，检测到母线 TV、线路侧 TV 二次回路断线失电压。

4）检定线路无电压或检定同步不成功时。

5）断路器液（气）压操动机构的液（气）压降低到不允许合闸的程度，或断路器弹簧操动机构的弹簧未储能。

6）断路器控制回路发生断线。

7）重合闸停用断路器跳闸。

8）重合闸发出重合脉冲的同时，闭锁重合闸。

3.2.3　自动重合闸装置参数的整定

1. 重合闸动作时限的整定

重合闸动作时限是指从断路器主触头断开故障到断路器收到合闸脉冲的时间（在电磁式重合闸中指 KT 的延时时间）。为了尽可能缩短停电时间，重合闸动作时限原则上越短越好。但考虑到如下两方面因素，重合闸的动作又必须带一定的时延。

1）故障点的灭弧时间（计及负荷侧电动机反馈对灭弧时间的影响）及周围介质的去游离时间。必须在这两个时间以后进行重合才有可能成功，否则，即使在发生瞬时性故障的情况下，重合也不能成功。当采用三相重合闸时，对于故障点的断电时间，

6 ～ 10kV 线路应大于 0.1s，35 ～ 66kV 线路应大于 0.2s，110 ～ 220kV 线路应大于 0.3s，330 ～ 500kV 线路应大于 0.4s。

2）断路器及操作机构准备好再次动作的时间。重合闸必须在这个时间以后才能向断路器发出合闸脉冲。

对单电源辐射状单回线路，重合闸动作时限 t_{op}^{AAR} 为

$$t_{op}^{AAR} = t_{dis} + t_{on} + \Delta t \tag{3-1}$$

式中，t_{dis} 是故障点的去游离时间；t_{on} 是断路器的合闸时间；Δt 是时间裕度，取 0.3 ～ 0.4s。

如果重合闸是利用继电保护跳闸出口起动，其动作时限还应该加上断路器的跳闸时间。根据我国一些电力系统的运行经验，重合闸动作时限的最小时间裕度为 0.3 ～ 0.4s。

2. 重合闸复归时间的整定

重合闸复归时间就是从一次重合结束到下一次允许重合之间所需的最短间隔时间（在图 3-1 中，就是指电容 C 上电压从 0 到 KM 电压线圈动作电压所需的时间）。复归时间的整定需考虑如下两方面因素。

1）保证当重合到永久性故障，由最长时限段的保护切除故障时，断路器不会再次重合。考虑到在最严重的情况下，断路器辅助触头可能先于主触头切换，提前的时间为断路器的合闸时间。于是重合闸复归时间 t_{re}^{AAR} 为

$$t_{re}^{AAR} = t_{op.max} + t_{on} + t_{op}^{AAR} + t_{off} + \Delta t \tag{3-2}$$

式中，$t_{op.max}$ 是保护最长动作时限；t_{on} 是断路器的合闸时间；t_{off} 是断路器的跳闸时间；Δt 是时间裕度。

2）保证断器切断能力的恢复。当重合闸动作成功后，复归时间不小于断路器第二个跳闸 – 合闸过程的间隔时间。

重合闸复归时间一般取 15 ～ 25s 即可满足以上要求。

3.3 双侧电源线路的三相自动重合闸

双侧电源线路是指两个或两个以上电源间的联络线路。在这种线路上实现重合闸时要考虑断路器跳闸后，电力系统可能分列为两个独立部分，有可能进入非同步运行状态，所以除了需要满足前述基本要求外，还应考虑以下两个问题。

1）故障点的断电时间问题。线路发生故障时，线路两侧的继电保护可能以不同的时限跳开两侧的断路器，这种情况下只有两侧的断路器都跳开后，故障点才完全断电。为提高重合成功的可能性，先跳闸一侧断路器的重合动作，应在故障点有足够断电时间的情况下进行。

2）同步问题。线路发生故障时，两侧断路器跳闸后，线路两侧电源之间的电动势夹角摆开，有可能失去同步。因此，后重合一侧的断路器在进行重合时应考虑是否允许非同

步合闸或是否进行同步检定的问题。

所以，双侧电源线路上的三相自动重合闸，应根据电网的不同接线方式和运行情况，采用不同的重合闸方式。

3.3.1 双侧电源线路的重合闸方式

双侧电源线路的重合闸方式很多，可归纳为如下两类：

1. 检定同步的重合闸

检定同步的重合闸包括检定无电压重合闸和检定同步重合闸。这类重合闸在故障线路跳闸后，其中一侧断路器可在检定线路无电压时先重合，另一侧断路器则在检定电压的幅值差、相位差和频率差处于允许范围内时重合。

2. 不检定同步的重合闸

不检定同步的重合闸包括非同步重合闸、三相快速重合闸及自同步重合闸等。

非同步重合闸是指双侧电源线路两侧断路器在事故跳闸后，只要两个解列系统的频率差、电压差在允许范围内，非同步合闸所产生的冲击电流不超过规定值，即可不检定同步，按"不对应"起动条件，将线路断路器重合。

三相快速重合闸是指在 110kV 及以上线路全线继电保护为速动保护，而且使用快速断路器，在 $0.6 \sim 0.7\text{s}$ 内完成跳闸的情况下，重合闸在两侧电动势的相位可能尚未摆开到危及电力系统稳定的程度时动作。

自同步重合闸是指在电站机组采用自同步并列方式，并以单回线路与电力系统连接的情况下，在线路故障跳闸后，电力系统侧先检定无电压重合，然后在电站侧实行自同步重合，即在未给励磁的发电机转速达 80% 时将断路器重合，联动加上励磁，将发电机拉入同步。

3.3.2 无电压检定和同步检定的三相自动重合闸

无电压检定和同步检定的三相自动重合闸是指线路两侧断路器跳闸后，先重合侧检定线路无电压后再进行重合，后重合侧检定同步后再进行重合。前者常被称为无电压侧，后者常被称为同步侧。因为这种重合闸方式不会产生危及电气设备安全的冲击电流，也不会引起系统振荡，重合后系统能很快进入同步运行状态，所以在没有条件或不允许采用三相快速重合闸、非同步自动重合闸的双电源联络线上，可以采用这种重合闸方式。

1. 工作原理

图 3-6 所示为双电源线路无电压检定和同步检定的三相自动重合闸示意图，图中 TV1、TV4 用来测量 M、N 侧母线电压，TV2、TV3 用来测量线路侧电压，V< 表示检定无电压元件，用来检定线路是否无电压；V–V 表示检定同步元件，用来检定线路侧电压与母线电压是否同步。

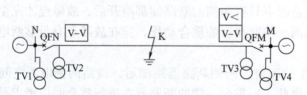

双电源线路三相自动重合闸

图 3-6　双电源线路无电压检定和同步检定的三相自动重合闸示意图

1）当线路 MN 上 K 点发生瞬时性故障时，线路两侧保护动作，两侧断路器 QFM、QFN 跳闸，故障点断电，电弧熄灭。因 M 侧（无电压侧）检定无电压器件检定线路无电压，AAR 装置动作将 QFM 合上。QFM 合上后，N 侧（同步侧）检定线路有电压，N 侧检定同步元件开始工作，待 QFN 两侧电压满足同步条件时，AAR 装置将断路器 QFN 合闸，线路恢复正常供电。若 QFN 两侧的电压不符合同步要求，N 侧的 AAR 装置不会起动，断路器 QFN 不能重合。

由此可见，当线路发生瞬时性故障而跳开两侧断路器后，总是无电压侧检定线路无电压后先重合，待无电压侧重合成功，同步侧检定线路两侧电压满足同步条件后再重合。

2）当线路上发生永久性故障时，两侧断路器 QFM、QFN 跳闸以后，由 M 侧检定线路无电压后先重合，由于是永久性故障，无电压侧的后加速保护装置立即动作，使断路器 QFM 再次跳闸，而同步侧断路器 QFN 始终不能重合。由此可见，无电压侧的断路器 QFM 连续两次切断短路电流，其工作条件比同步侧断路器恶劣。

3）当出现由于误碰或继电保护装置误动作造成断路器跳闸的情况时，若这种情况发生在 N 侧，则借助检定同步元件的工作，将断路器 QFN 重合，恢复同步运行；若这种情况发生在 M 侧，且该侧未设检定同步元件，则断路器 QFM 无法自动重合。因此，必须在无电压侧设置检定同步元件，保证在这种情况下无电压侧断路器也能自动重合，恢复同步运行。

由上述工作情况可知，在无电压检定和同步检定的三相重合闸中，线路两侧的检定同步元件一直是投入工作的，而检定无电压元件只能线路一侧投入。如果两侧均投入检定无电压元件，则线路两侧断路器跳闸后，两侧均检测到线路无电压，两侧断路器合上，造成不检同步合闸，容易产生冲击电流，甚至引起系统振荡。

为了使两侧断路器工作条件接近相同，N 侧也要设检定无电压元件。这样，线路两侧的检定无电压元件可以定期轮换投入。

但在运行中要注意，在作为同步侧时，该侧的检定无电压元件是不能投入工作的，只有切换为无电压侧时，该侧的检定无电压元件才能投入工作。当然，线路两侧的检定无电压元件是不允许同时切除的，否则会造成两侧重合闸拒动。

2. 检定同步的工作原理

在设置无电压检定和同步检定的三相自动重合闸的线路上，为了限制同步检定合闸的断路器闭合瞬间在系统中产生的冲击电流，同时为了避免在该断路器闭合后系统产生振荡，必须限制断路器闭合瞬间线路两侧电压的幅值差、相位差和频率差。这种重合方式中的同步条件检定就是检定断路器闭合瞬间线路两侧电压之间的幅值差、相位差和频率差是否都在允许的范围内。当同步条件满足时，才允许重合闸将断路器合上。否则，就不允许重合闸将断路器合上。

1）无电压检定和同步检定的逻辑原理图。在数字式 AAR 中，几乎所有的无电压检定和同步检定的逻辑原理图都是相同的。如图 3-7 所示，输入信号有 AAR 起动信号、AAR 充电完成信号（RDY）；U_L 为线路电压低值起动元件，U_H 为线路电压高值起动元件；SYN(φ) 为同步检定元件。

SW1 ～ SW4 为 AAR 的功能选择开关，由定值输入时写入，置"1"（相当于图 3-7

中相应选择开关接通）或置"0"的意义为：

SW1：置"1"表示 AAR 投入，置"0"表示 AAR 退出。

SW2：置"1"表示 AAR 不检定无电压、不检同步重合，即不检定重合；置"0"表示不检定重合功能退出。

SW3：置"1"表示 AAR 检定无电压重合，置"0"表示检定无电压功能退出。

SW4：置"1"表示 AAR 检定同步重合，置"0"表示检定同步功能退出。

通过控制字的设定，AAR 可设置不同的功能。

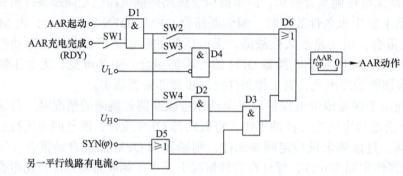

图 3-7　无电压检定和同步检定的逻辑原理图

在双侧电源单回线路上，若线路两侧的 SW1＝"1"、SW2＝"1"、SW3＝"0"、SW4＝"0"，则构成不检定重合闸。当在两侧电动势相位差较小（重合闸动作时限较短）时重合，即为三相快速重合闸；当在两侧电动势相位差较大时重合，即为非同步重合闸。三相快速重合闸、非同步重合闸的使用是有一定条件的，实际使用中并不能保证重合后同步成功。在单侧电源线路的电源侧，置 SW1＝"1"、SW2＝"1"、SW3＝"0"、SW4＝"0"（线路侧无 TV），就构成了单侧电源线路的三相自动重合闸。

2）同步检定的工作情况。在图 3-7 中，两侧的重合闸功能控制字见表 3-2。

表 3-2　线路两侧 AAR 控制字

控制字名称	SW1	SW2	SW3	SW4
N 侧（同步检定）	1	0	0	1
M 侧（无电压检定）	1	0	1	1

检定同步重合闸动作合上断路器后，两侧系统会很快进入同步运行状态。其同步条件为两侧电压的幅值差、相位差和频率差均在设定值内。

图 3-6 中 MN 线路发生瞬时性故障，两侧断路器跳闸后，M 侧检定线路无电压；图 3-7 中，AAR 起动信号经与门 D1、禁止门 D4、或门 D6，延时 t_{op}^{AAR}（重合闸动作时限）令 M 侧 QFM 合闸；如果 MN 线路还存在另一平行线路，而且该平行线路仍然处在工作状态，则 M、N 两侧电源不会失去同步，同步条件是满足的，此时因另一平行线路有电流，所以或门 D5 动作，N 侧 AAR 起动信号经与门 D1、与门 D2、与门 D3、或门 D6，延时 t_{op}^{AAR} 令 N 侧 QFN 合闸，恢复平行双回线路运行。这就是检定平行线路有电流的 AAR 装置。

当 MN 为单回线路时，N 侧在检定同步的过程中，若满足同步条件，则 $SYN(\varphi)$ 为"1"，如图 3-7 所示，当 $SYN(\varphi)$ 为"1"的时间大于 t_{op}^{AAR} 时，与门 D3 的输出信号"1"经或门 D6 可使时间元件动作，即 AAR 动作。

3. 有关参数的整定

对于无电压检定和同步检定的三相自动重合闸，除了按式（3-1）、式（3-2）整定的参数外，一般还需要整定如下两个参数：

（1）检定线路无电压的动作值　在无压侧，检定线路无电压，实际上是线路电压低于某一值，该电压值即检定线路无电压的动作值。根据运行经验一般整定该值为 50% 的额定电压。

（2）检定线路有电压的动作值　在同步侧，检定线路电压恢复，实际是检测到线路电压高于某一值（如 70% 的额定电压），该电压值即检定线路有电压的动作值。

3.4　自动重合闸与继电保护的配合

在电力系统中，自动重合闸与继电保护配合，可以加快切除故障，提高供电的可靠性，对保证系统安全可靠运行有着重要作用。

自动重合闸与继电保护配合，主要有重合闸后加速保护和重合闸前加速保护两种方式。

3.4.1　重合闸后加速保护

重合闸后加速保护就是当线路上发生故障时，保护首先按有选择性的方式动作跳闸，然后重合闸动作合上断路器，若重合于永久性故障，则加速保护动作，瞬时切除故障，与第一次切除故障是否带有时限无关。

图 3-8 所示为单电源辐射形电网，线路 AB、BC 均装设了阶段式电流保护和 AAR 装置，$t_1 > t_2 > t_4$。当线路 AB 或 BC 上发生故障时，线路保护 1 或保护 2 先按有选择性动作跳闸，将 QF1 或 QF2 断开，然后 AAR 装置将 QF1 或 QF2 重合。如故障为瞬时性故障，则重合成功，恢复供电；如故障为永久性故障，则加速 QF1 或 QF2 上的电流Ⅱ段保护动作，瞬时将故障切除。

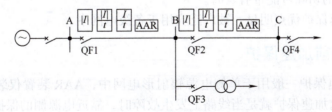

图 3-8　重合闸后加速保护动作原理说明图

被加速的保护对线路末端故障应有足够的灵敏度，一般加速第Ⅱ段，有时也可加速第Ⅲ段，这样对于全线的永久性故障，AAR 装置动作后均可快速切除。加速的保护可以是电流保护的第Ⅱ段，零序电流保护、接地距离保护、相间距离保护的第Ⅱ段或第Ⅲ段，或在数字保护中加速定值单独整定的零序电流加速段、电流加速段。

图 3-9 所示为重合闸后加速保护功能逻辑框图。KAZ 为被加速的零序电流继电器，KA 为被加速的电流继电器，KTP 为断路器跳闸位置继电器（KTP="0"表示断路器已合上）。SW1 为零序电流保护加速的控制字，SW2 为电流保护加速的控制字，SW3 为前加速保护的控制字。控制字为"1"，相应功能投入；控制字为"0"，相应功能退出。RAY="1"表示重合闸已充好电。手动合闸且断路器已合上时，加速保护的时间为 400ms，当手动合闸于故障线路时，保护加速可立即跳闸。为防止断路器三相触头不同时接通时产生零序电流而引起零序电流保护加速段误动，可增加延时 t_1，取 t_1 为 100ms；同样取 t_2 为 100ms 以避免合闸时线路电容充电电流的影响。

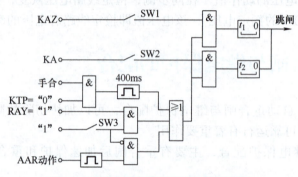

图 3-9　重合闸后加速保护功能逻辑框图

当图 3-9 中的 SW3 置"0"时，重合闸后加速保护投入，AAR 装置一动作，就将被加速的保护投入。零序电流加速段仍带 100ms 延时，保护加速的时间可取 3s。

重合闸后加速保护的优点是：

1）对于重合后短时间内发生的短路故障仍能快速切除，可提高系统的暂态稳定性。

2）重合于故障未消失的线路时，有足够的时间可靠跳闸。

3）重合时如有故障有再生演变延时，仍可快速切除。

重合闸后加速保护的缺点是：

1）每条线路的断路器上都需装设 AAR 装置（这对数字式保护来说并不会增加太多的复杂性）。

2）首次故障的切除可能带有延时。

重合闸后加速保护优点明显，被广泛应用于各级电网中。

3.4.2　重合闸前加速保护

重合闸前加速保护一般用于单侧电源辐射形电网中，AAR 装置仅装在靠近电源线路的一侧。重合闸前加速保护就是当线路上发生故障时，靠近电源侧的保护首先无选择性地瞬时动作跳闸，而后借助 AAR 装置来纠正这种无选择性的动作。当重合于故障上时，无选择性的保护自动解除，保护按原有选择性要求动作。

图 3-10 所示为单电源辐射形电网，线路 AB、BC、CD 均装设了按时限阶梯原则整定的过电流保护 2、4、5，$t_2 > t_4 > t_5$，同时线路 AB 靠电源侧还装有 AAR 装置 3、无选择性电

流速断保护 1。当线路 AB、BC 或 CD 上发生故障时，线路 AB 上的无选择性电流速断保护 1 瞬时将 QF1 断开，然后 AAR 装置将 QF1 重合。如故障为瞬时性故障，则重合成功，恢复供电；如故障为永久性故障，则将 QF1 上的无选择性电流速断保护 1 退出工作，由过电流保护有选择性地将故障切除。

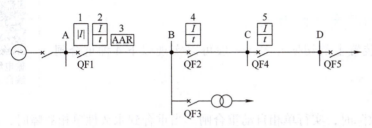

自动重合闸与继电保护的配合

图 3-10　重合闸前加速保护动作原理说明图

当图 3-9 中的 SW3 置"1"时，实现重合闸前加速保护，重合闸动作后，RAY 立即为"0"，重合闸前加速保护自动退出（SW3="0"时，重合闸前加速保护退出，重合闸后加速保护投入）。

采用重合闸前加速保护的优点是：

1）能快速切除线路上的瞬时性故障。

2）由于能快速切除瞬时性故障，故障点发展成永久性故障的可能性小，从而提高重合闸的成功率。

3）使用设备少，简单经济（在数字式保护中该优点不存在）。

4）能保证发电厂和重要变电站的负荷少受影响。

采用重合闸前加速保护的缺点是：

1）靠近电源一侧断路器的工作条件恶化，跳闸次数与合闸次数多。

2）当 AAR 拒动或断路器 QF1 拒绝合闸，将扩大停电范围。在最后一级线路上的故障，也能造成除 A 侧母线的用户外其他所有用户停电。

3）重合于永久性故障时，故障切除的时间可能较长。

4）在重合闸过程中，除 A 侧母线的用户外，其他用户都要暂时停电。

重合闸前加速保护主要用于 35kV 以下由发电厂或重要变电站引出的不太重要的直配线上。

3.5　输电线路的综合自动重合闸

根据运行经验，在 110kV 以上的大接地电流系统的高压架空线上，有 70% 以上的短路故障是单相接地短路。特别是 220 ～ 500kV 的架空线路，由于线间距离大，单相故障高达 90%。因此，如果线路上装有可分相操作的 3 个单相断路器，当发生单相接地短路时，只断开故障相断路器，而未发生故障的两相可继续运行。这样，可以提高供电的可靠性和系统并列运行的稳定性，还可以减少转换性故障的发生。采用这种重合闸方式，当线路发生相间故障时，仍应跳开三相，而且应根据系统具体情况，或进行三相重合，或不再重合。

在设计线路重合闸装置时，将单相重合闸和三相重合闸综合在一起考虑，即当发生单相接地短路时，采用单相重合闸方式；当发生相间短路时，采用三相重合闸方式。综合这两种重合闸方式的装置，称为综合重合闸装置，被广泛应用于 220kV 及以上电压等级的大接地电流系统中。

3.5.1 综合重合闸的重合闸方式

通过综合重合闸装置上的切换开关，一般可以实现以下 4 种重合闸方式。

输电线路的综合重合闸

1. 综合重合闸方式

线路上发生单相故障时，实行单相自动重合闸。当重合到永久性单相故障时，若不允许长期非全相运行，则应断开三相不再进行自动重合。线路上发生相间故障时，实行三相自动重合闸。当重合到永久性相间故障时，断开三相不再进行自动重合。

2. 单相重合闸方式

线路上发生单相故障时，实行单相自动重合闸。当重合到永久性单相故障时，一般也是断开三相不再进行自动重合。线路上发生相间故障时，则断开三相不再进行自动重合。

3. 三相重合闸方式

线路上发生任何形式的故障时，均实行三相自动重合闸。当重合到永久性故障时，断开三相不再进行自动重合。

4. 停用方式

线路上发生任何形式的故障时，保护动作断开三相不进行自动重合。

使用综合重合闸时线路会出现非全相运行的情况，因此会带来许多问题，所以，并非所有的超高压线路都使用综合重合闸。

3.5.2 综合重合闸的特殊问题

综合重合闸与一般的三相自动重合闸相比，只是增加了一个单相重合闸功能。因此，综合重合闸需要考虑的特殊问题是由单相重合闸方式引起的，主要有以下几个方面。

1. 需要设置故障选相元件

在单相重合闸方式中，当线路发生单相接地短路时，要求保护动作只跳开故障相断路器。但一般的继电保护只能判断故障是发生在保护区内还是保护区外，不能判断故障的相别。因此，为了实现单相重合闸，应设置有选择故障相的元件，即选相元件。对选相元件的基本要求是，首先应保证选择性，即选相元件与继电保护相配合只跳开发生故障的那一相，而接于另外两相的选相元件不应动作；其次，当故障相线路末端发生单相接地短路时，接于该相上的选相元件应保证足够的灵敏度。

根据单相、两相、两相接地短路的不同特点构成的选相元件，可分为以下几种。

1）相电流选相元件。在每相上都装设一个过电流继电器，当线路发生接地短路时，故障相电流增大，使该相上的过电流继电器动作，从而构成相电流选相元件。这种选相元件适合装在线路的电源端，其动作电流按大于最大负荷电流整定。线路末端短路电流不大的中长线路不能采用。由于相电流选相元件受系统运行方式的影响较大，故一般不作为独立的选相元件，仅作为消除阻抗选相元件出口短路死区的辅助选相元件。

2）相电压选相元件。在每相上都装设一个低电压继电器，利用故障时故障相电压降低来构成选相元件。其动作电压按小于正常运行及非全相运行时可能出现的最低电压来整定。这种选相元件适合装设在小电源或单侧电源线路的受电侧。由于低电压选相元件在长期运行中触头易抖动，可靠性较差，因而不能单独作为选相元件使用，只作为辅助选相元件。

3）阻抗选相元件。阻抗选相元件采用带零序电流补偿接线的阻抗继电器，能正确反映单相接地短路的情况，所以可在每相装设一个这种接线方式的阻抗继电器作为选相元件。阻抗继电器的测量阻抗与短路点到保护安装处之间的正序阻抗成正比，能正确反映故障点的位置。因而，阻抗选相元件较以上两种选相元件更灵敏、更有选择性，在电力系统中得到广泛应用。

4）相电流差突变量选相元件。这种选相元件是利用短路时电气量发生突变这一特点构成的。在我国电力系统中，最初用它作为非全相运行的振荡闭锁元件。近年来，在超高压网络中已被推荐作为综合重合闸装置的选相元件，微机型成套线路保护装置中均采用具有此类原理的选相元件。这种选相元件要求在线路的三相上各装设一个反映电流突变量的电流继电器，3 个电流继电器所反映的电流分别是

$$
\begin{aligned}
\mathrm{d}\dot{i}_{\mathrm{AB}} &= \mathrm{d}(\dot{I}_{\mathrm{A}} - \dot{I}_{\mathrm{B}}) \\
\mathrm{d}\dot{i}_{\mathrm{BC}} &= \mathrm{d}(\dot{I}_{\mathrm{B}} - \dot{I}_{\mathrm{C}}) \\
\mathrm{d}\dot{i}_{\mathrm{CA}} &= \mathrm{d}(\dot{I}_{\mathrm{C}} - \dot{I}_{\mathrm{A}})
\end{aligned}
\qquad (3\text{-}3)
$$

当发生单相接地短路时，非故障相电流之差不突变，故障相选相元件不动作，而在其他短路故障下，3 个选相元件都动作，其动作情况见表 3-3。

表 3-3 各种类型故障下相电流差突变量选相元件的动作情况

故障类型	故障相别	选相元件		
		$\mathrm{d}\dot{i}_{\mathrm{AB}}$	$\mathrm{d}\dot{i}_{\mathrm{BC}}$	$\mathrm{d}\dot{i}_{\mathrm{CA}}$
单相接地	A B C	+ + −	− + +	+ + +
两相短路或 两相接地短路	AB BC CA	+ + +	+ + +	+ + +
三相短路	ABC	+	+	+

注："+"表示动作；"−"表示不动作。

因此，当 3 个选相元件都动作时，表明发生了多相故障，其动作后跳开三相断路器；当两个选相元件动作时，表明发生了单相接地短路，可选出故障相。

2. 应考虑潜供电流对单相重合闸的影响

当发生单相接地故障时，线路故障相自两侧断开后，断开相与非故障相之间还存在电

和磁的联系（通过相间电容与相间互感）及故障相与大地之间仍有对地电容，如图 3-11 所示。这时虽然短路电流已被切断，但在故障点的弧光通道中，仍有以下电流：

1）非故障相 A 通过相间电容 C_{AC} 供给的电流 i_{CA}。

2）非故障相 B 通过相间电容 C_{BC} 供给的电流 i_{CB}。

3）继续运行的两相中，由于流过负荷电流会在断开的 C 相中产生互感电动势 $\dot{E}_M$，此电动势通过故障点和该相对地电容 C_0 而产生电流 i_M。

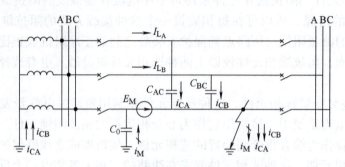

图 3-11　C 相单相接地时潜供电流的示意图

上述这些电流的总和（$i_{CA} + i_{CB} + i_M$）称为潜供电流。潜供电流使故障点弧光通道的去游离受到严重阻碍，而自动重合闸只有在故障点电弧熄灭且绝缘强度恢复以后才有可能成功。因此，单相重合闸动作时限必须考虑潜供电流的影响。潜供电流的持续时间与很多因素有关，通常由实测来确定熄弧时间，以便正确整定单相重合闸动作时限。

3. 应考虑非全相运行对继电保护的影响

采用综合重合闸以后，当发生单相接地短路时只断开故障相，在单相重合闸过程中，系统出现了三相不对称的非全相运行状态，将产生负序分量和零序分量的电流和电压，这就可能引起本线路保护或系统中的其他保护误动作。对于可能误动作的保护，应在单相重合闸过程中予以闭锁，或整定保护的动作时限大于单相重合闸的动作时限。

1）零序电流保护。在单相重合闸过程中，当两侧电动势相位摆开角度不大时，所产生的零序电流较小，一般只能引起零序过电流保护的误动作。但在非全相运行状态下系统发生振荡时，将产生很大的零序电流，会引起零序电流速断和零序电流限时速断的误动作。

对于零序过电流保护，采用延长动作时限来躲过单相重合闸周期；对于零序电流速断和零序电流限时速断，当动作电流值不能躲过非全相运行的振荡电流时，应由单相重合闸实行闭锁，使其在单相重合闸过程中退出工作，并增加不灵敏 I 段保护。

2）距离保护。在非全相运行时，接于未断开两相上的阻抗继电器能够正确动作，但在非全相运行又发生系统振荡时可能会误动作。

3）相差动高频保护。在非全相运行时不会误动作，外部故障时也不动作，而内部发生故障时却有可能拒动。

4）反映负序功率方向和零序功率方向的高频保护。当零序电压或负序电压取自线路侧电压互感器时，在非全相运行时不会误动作。

4. 单相重合不成功时的影响

根据系统运行的需要，若单相重合闸不成功，线路需转入长期非全相运行时，则应考虑下列问题：

1）长期出现负序电流对发电机的影响。

2）长期出现负序电流和零序电流对继电保护的影响。

3）长期出现零序电流对通信线路的干扰。

若单相重合闸不成功，线路将转入非全相运行，长期出现负序分量或零序分量将对电力系统中的设备、继电保护产生影响并对通信设施造成干扰，必须做相应的考虑，以消除这些影响所带来的不良后果。

综合自动重合
闸构成原则及
要求

3.5.3 综合重合闸构成的原则及要求

综合重合闸的构成除满足一般三相自动重合闸的原则要求外，还需满足以下原则及要求。

1. 综合重合闸的起动方式

综合重合闸一般有两种起动方式：一种是由保护起动；另一种是由断路器位置不对应起动。微机保护装置内的各保护是直接驱动操作三跳和单跳继电器出口动作的，因此由微机保护装置起动综合重合闸是利用各 CPU 起动开出的电源，依靠三跳固定继电器和单跳固定继电器的触点闭合，经光电隔离后接入综合重合闸的三跳和单跳起动开入端，装置内部自己构成保护起动重合闸回路。为了保证重合闸动作的正确性，还设置有断路器三跳和单跳位置开入端，这是断路器位置不对应起动。采用断路器位置不对应的起动方式，还可以在单相轻载误跳闸时完成重合闸功能。所谓单相轻载误跳闸是指选相为单相故障，而故障相又无电流，显然这是空载时误碰或其他原因使单相断路器误跳闸，这时可以在收到断路器位置不对应开入信号后起动重合闸。

综合重合闸起动时，无论是三跳和单跳保护起动，还是断路器位置不对应起动，都要对三跳和单跳或断路器位置不对应确认后才能起动重合。确认条件是计数器经过循环计数累计 20 次，其本质仍然是延时确认。

2. 三相重合闸的同步方式

在三相重合闸循环计数确认过程中，设置同步检定，在不满足同步条件时"放电"，即清零计数器，重合闸就不会被起动。同步方式可通过控制字选择，有以下几种方式：

1）非同步重合。不检定同步，也不检定电压。

2）检定同步。要求线路侧必须有电压且母线与线路电压之差在设定值内。

3）检定无电压。线路电压低于检定线路无电压整定值或检定线路有电压且与母线电压同步，后者是为了检定无电压侧断路器误跳闸时能进行重合。

3. 应具有分相跳闸回路

发生单相故障时，通过该回路保护动作信号经选相元件切除故障相断路器；发生相间故障时，则分相跳闸回路可以作为三相跳闸回路的后备。

4. 应具有分相后加速回路

在非全相运行过程中，因一部分保护被闭锁，有的保护性能变差，为能尽快切除永久性故障，应设置分相后加速回路。

实现分相后加速，最主要的是正确判断线路是否恢复了全相运行。实践证明：采用分相固定的方式，只在故障相采用通过整定值躲开空载线路电容电流的相电流元件，来区别有无故障和是否恢复全相运行的方法是有效的。另外，分相后加速应有适当的延时，以躲过由非全相运行转入全相运行时的暂态过程，并保证非全相运行中误动的保护来得及返回，也有利于避免三相重合闸时断路器三相不同时合闸所产生的暂态电流的影响。

5. 应具有故障判别及三相跳闸回路

重合闸除应具有故障判别回路，以判别接地与相间故障外，还应具有用于相间故障的相对独立的三相跳闸回路。当发生转换性故障、非全相运行中健全相又发生故障、单相接地时选相元件或分相跳闸元件拒动，或不使用重合闸、手动合闸于故障线路以及操作断路器的液（气）压降到不允许重合闸的压力等情况下，均应接通三相跳闸回路，即跳开三相断路器。

在分相跳闸回路以外增设三相跳闸回路，发生多相故障时可使两者互为备用，以提高可靠性。

6. 应具有适应不同保护性能的接入回路

在装设综合重合闸的线路上，保护动作后一般都经过综合重合闸才能使断路器跳闸（有选相能力的保护除外）。考虑到本线路和相邻线路非全相运行时保护的性能以及为适应保护要求进行三相重合闸，所以综合重合闸设有下列端子以适应不同保护性能的接入要求。

N 端子：接本线路和相邻线路非全相运行时不会误动作的保护。

M 端子：接本线路非全相运行时会误动作，而相邻线路非全相运行时不会误动作的保护。

P 端子：接相邻线路非全相运行时会误动作的保护。

Q 端子：接起动三相重合闸的保护。

R 端子：接三相跳闸后不进行重合闸的保护。

7. 应适应断路器动作性能的要求

除与三相重合闸的要求相同外，当非全相运行中健全相又发生故障时，为保证断路器的安全，重合闸的动作时间应从第二次切除故障开始重新计时。

8. 应有能输出保护和安全自动装置信号的相关回路

3.6 输电线路重合闸方式的选定

自动重合闸方式应根据电网结构、系统稳定要求、电力设备承受能力和继电保护可靠性等原则进行合理选定。

3.6.1　110kV 及以下单侧电源线路的自动重合闸

1）采用三相一次重合闸。

2）当断路器断流容量允许时，对于无经常值班人员的变电站引出的无遥控单回线路以及给重要负荷供电且无备用电源的单回线路，可采用三相二次重合闸。

3）由几段串联线路构成的电力网，为加快切除短路故障，可采用带前加速保护的重合闸。

3.6.2　110kV 及以下双侧电源线路的自动重合闸

1）采用无电压检定和同步检定的三相重合闸。

2）双侧电源单回线路可采用以下重合闸方式：

① 可采用解列重合闸，即将一侧电源解列，另一侧装设检定无电压重合闸。

② 当水电厂条件许可时，可采用自同步重合闸。

③ 为避免非同步重合及两侧电源均重合于故障上，可在一侧采用检定无电压重合闸，在另一侧采用检定同步重合闸。

3）并列运行的发电厂或电力系统之间具有两条联系（同杆架设双回线除外）的线路或 3 条联系不紧密的线路，可采用以下重合闸方式：

① 当非同步重合闸的最大冲击电流超过允许值时，可采用无电压检定和同步检定的三相重合闸。

② 当非同步重合闸的最大冲击电流小于允许值时，可采用不检定同步的三相重合闸；当出现单回线运行的情况时，可将重合闸停用。

③ 没有其他联系的并列运行双回线，当不能采用非同步重合闸时，可采用检定平行线路有电流的自动重合闸。

4）当符合下列条件且有必要时，可采用非同步重合闸：

① 非同步重合闸时，流过发电机、同步调相机或电力变压器的冲击电流不超过规定值。

② 非同步重合闸引起的系统振荡对重要负荷的影响较小，或者可以采取措施减小其影响。

③ 重合后，电力系统可以迅速恢复同步运行。

5）根据电力系统运行的需要，在 110kV 电力网的某些重要线路上，也可装设综合重合闸。对于 220～500kV 线路，应考虑电力网结构和线路特点（如电力网联系的紧密程度、电力系统稳定要求、线路的长度及负荷的大小和重要程度等），同时满足上述 1）～3）中有关装设三相重合闸的规定时，可采用三相重合闸，否则装设综合重合闸。

3.6.3　220～500kV 线路的自动重合闸

1）220kV 单侧电源线路，采用不检定同步的三相重合闸，也可选用单相重合闸或综合重合闸。

2）对于 220kV 线路，当同一送电截面的同级电压及高一级电压的并联回路等于或大于 4 回时，采用一侧检定线路无电压、另一侧检定线路与母线电压同步的三相重合闸。对于三相重合闸时间，无电压侧整定为 1s 左右，同步侧整定为 0.8s。

3）220kV 弱联系的双回线路，可选用单相重合闸或综合重合闸。

4）220kV 大环网线路，可采用三相快速重合闸，因为重合成功可保持系统的稳定性。

5）330kV、500kV 及并联回路数等于或小于 3 回的 220kV 线路，采用单相重合闸。

6）带地区电源的主网络终端线路，一般采用解列三相重合闸，也可采用综合重合闸。

7）对可能发生跨线故障的 330～500kV 同杆并架双回线路，如输送容量较大，且为了提高电力系统的安全稳定水平，可考虑采用按相自动重合闸。

3.6.4　大型机组高压配出线的自动重合闸

为避免重合于高压配电线出口三相永久性故障对发电机轴寿命造成影响，重合闸方式的选定如下：

1）高压配电线出口电厂侧宜采用单相重合闸。

2）高压配电线出口采用三相重合闸时，宜在系统侧检定线路无电压先重合，电厂侧检定同步后重合。

3.6.5　带有分支的线路重合闸

当带有分支的线路上采用单相重合闸时，分支侧的自动重合闸可采用下列方式：

1）分支侧无电源时。①分支处变压器中性点接地时，采用零序电流起动的低电压选相的单相重合闸，重合后不再跳闸。②分支处变压器中性点不接地时，若所带负荷较大，则采用零序电压起动的低电压选相的单相重合闸，重合后不再跳闸；若跳分支变压器低压侧三相断路器，也可采用零序电压起动的单相重合闸，重合后不再跳闸。当分支侧的负荷很小时，分支侧不跳闸，不设重合闸。

2）分支侧有电源时。①分支侧电源不大时，可用简单保护将分支侧电源解列，然后按分支侧无电源方式处理。②分支侧电源较大时，则在分支侧装设单相重合闸。

超高压输电是指用 500～1000kV 电压等级输送电能，这是发电容量和用电负荷增长、输电距离延长的必然要求。超高压输电是电力工业发展水平的重要标志之一。随着电能利用的广泛发展，许多国家都在兴建大容量水电站、火电厂、核电站以及电站群，而动力资源往往远离负荷中心，只有采用超高压输电才能有效而经济地实现输电任务。超高压输电可以增大输送容量和传输距离，降低单位功率电力传输的工程造价，减少线路损耗，节省线路走廊占地面积，具有显著的综合经济效益和社会效益。另外，大电力系统之间的互联也需要通过超高压输电来完成。若以 220kV 输电指标为 100%，超高压输电每公里的相对投资、每千瓦时电输送百公里的相对成本以及金属材料消耗量等，均有大幅度降低，线路走廊利用率则有明显提高。

经过 20 多年的技术攻坚之后，我国第一条特高压交流输电线路晋东南—南阳—荆门全线贯通，我国成为了世界上第一个全面掌握该技术和第一个将其投入商业运营的国家。特别是地处西部的金沙江中下游干流总装机规模近 6000 万 kW，长江上游干流超过 3000 万 kW，雅砻江、大渡河、黄河上游、澜沧江、怒江的规模均超过 2000 万 kW，乌江、南盘江红水河的规模均超过 1000 万 kW。这些河水力资源集中，有利于实现流域梯级滚动开发，有利于建成大型的水电能源基地。借用特高压技术有利于充分发挥水力资源的规模效益，实施"西电东送"，也体现了中国工程师们追求卓越、精求技能的大国工匠精神。

目前，我国在特高压技术方面处于遥遥领先的位置，我国的特高压标准成为这个领域世界通用的行业标准，168 个国家已经跟我国国家电网签订了该技术领域的战略合作协议。特高压技术的发展为我国发达的东部地区生产生活用电提供了保障，也使我国位于该领域的技术前列，能够靠该技术赢来世界各国的电力合作，进一步推动社会经济的发展，更为将我国尽快建成能源节约型、生态文明型国家提供了核心动力。

3.7　重合器与分段器

重合器与分段器

有关资料表明，配电网中 95% 的故障在起始时是暂时性的，主要是由于雷电、风、雨、雪以及树或导线的摆动造成的。采用具有多次自动重合闸功能的线路设备，既可有选择地、有效地消除瞬时性故障，使其不致发展成永久性故障，又可切除永久性故障，故而能够极大地提高供电可靠性。

自动重合器和自动分段器（简称重合器、分段器）是比较完善的、具有高可靠性的自动化设备，它不仅能可靠及时地消除瞬时故障，而且能将由永久性故障引起的停电范围限制到最小。由于重合器、分段器适用于配电网络，在有些国家的配电网络中已得到广泛应用。

3.7.1　重合器的功能与特点

重合器是一种具有保护、检测、控制功能的自动化设备，具有不同时限的安 – 秒特性曲线和多次重合闸功能，是一种集断路器、继电保护、操作机构为一体的机电一体化新型电器。它可以自动检测通过重合器主回路的电流，当确认是故障电流后，持续一定时间按反时限保护自动开断故障电流，并根据要求多次自动地重合，向线路恢复供电。如果故障是瞬时性故障，合闸成功，线路恢复供电；如果故障是永久性故障，重合器在完成预先整定的重合闸次数（通常为 3 次）后，确认线路故障为永久性故障，则自动闭锁，不再对故障线路送电，直至人为排除故障后，将重合闸闭锁解除，恢复正常状态。

重合器的功能与特点主要有以下几个方面：

1）重合器在开断性能上具有开断短路电流、多次重合闸操作、保护特性的顺序操作、保护系统的复位等功能。

2）重合器由灭弧室、操作机构、控制系统合闸线圈等部分组成。

3）重合器是本体控制设备，在保护控制特性方面，具有自身故障检测、判断电流性质、执行开合等功能，并能恢复初始状态、记忆动作次数、完成合闸闭锁等操作顺序的选择等。用在线路上的重合器，无附加操作装置，其操作电源直接取自高压线路。

4）重合器适用于户外柱上各种安装方式，既可安装在变电站内，也可安装在配电线路上。

5）不同类型重合器的闭锁操作次数、分闸快慢动作、重合间隔时间等特性一般都不同，其典型的 4 次分断 3 次重合的操作顺序为：分→合分→合分→合分，不同产品可以根据运行中的需要调整重合次数及重合间隔时间。

6）重合器的相间故障开断都采用反时限特性，以便与熔断器的安－秒特性相配合（但电子控制重合器的接地故障开断一般采用定时限）。重合器有快、慢两种安－秒特性曲线。通常它的第一次开断都整定在快速曲线，使其在 0.03 ～ 0.04s 内即可切断额定短路开断电流，以后各次开断，可配合保护的需要，选择不同的安－秒特性曲线。

3.7.2 分段器的功能与特点

分段器是配电系统中用来隔离故障线路区段的自动保护装置，通常与自动重合器或断路器配合使用。分段器没有安－秒特性曲线，不需要像重合器那样进行特性曲线的配合。它必须与电源侧前级主保护开关（断路器或重合器）配合，在无电压或无电流的情况下自动分闸。

当发生永久性故障时，分段器的后备保护重合器重合或断路器动作，分段器的计数功能开始累计重合器的跳闸次数。当分段器达到预定的记录次数后，在后备装置跳开的瞬间分段器自动跳闸，分断故障线路段。重合器再次重合，恢复其他线路供电。若重合器跳闸次数未达到分段器预定的记录次数就已消除了故障，分段器的累计计数在经过一段时间后自动消失，恢复初始状态。

分段器按相数分为单相式与三相式，按控制方式分为液压控制式和电子控制式。液压控制式的分段器采用液压控制计数，而电子控制式的分段器采用电子控制计数。

分段器的功能与特点主要有以下几个方面：

1）分段器具有自动对上一级保护装置跳闸次数进行计数的功能。

2）分段器可开断负荷电流、关合短路电流，但不能开断短路电流，因此不能单独作为主保护开关使用，可作为手动操作的负荷开关使用。

3）分段器可进行自动跳闸和手动跳闸，但合闸必须是手动的。分段器跳闸后呈闭锁状态，只能通过手动合闸恢复供电。

4）分段器有串接于主电路的跳闸线圈，更换线圈即可改变最小动作电流。

5）分段器与重合器之间无机械和电气的联系，其安装地点不受限制。

6）分段器没有安－秒特性，故在使用上有特殊的优点。例如，它能用在两个保护装置的保护特性曲线很接近的场合，从而弥补了在多级保护系统中增加步骤也无法实现配合的缺点。

3.7.3 重合器与分段器的配合

重合器和分段器配合动作可实现排除瞬时性故障、隔离永久性故障区域、保证非故障线路的正常供电，其典型结构如图 3-12 所示。

理论上讲，线路上的每一个分支点都应作为一个分断点考虑，这样，即使在较短分支线路上出现永久性故障时，也可有选择地予以分段，保持其他区段的正常供电。但出于经济原因和运行条件的限制，往往不可能做到这点，因而需从实际出发，因地制宜。重合器、分段器均是智能化设备，具有自动化程度高等诸多优点，但是只有正确配合使用时才能发挥其作用，因此应遵守以下配合原则：

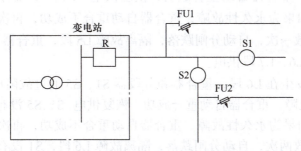

图 3-12 重合器与分段器配合的典型结构

R—重合器 S1、S2—分段器 FU1、FU2—跌开式熔断器

1）分段器必须与重合器一起使用，并装在重合器的负荷侧。

2）后备重合器必须能检测到并作用于分段器保护范围内的最小故障电流。

3）分段器的起动电流必须小于其保护范围内的最小故障电流。

4）分段器的热稳定额定值和动稳定额定值必须满足要求。

5）分断期的起动电流必须小于后备保护最小分闸电流的 80%，大于预期最大负荷电流的峰值。

6）分段器的记录次数至少比后备保护闭锁前的分闸次数少一次。

7）分段器的记忆时间必须大于后备保护的累积故障开断时间。后备保护动作的总累积时间，为后备保护顺序中的各次故障涌流时间与重合间隔之和。

由于分段器没有安 – 秒特性，所以重合器与分段器的配合不要求研究保护曲线。后备保护重合器整定为 4 次跳闸后闭锁，这些操作可以是任何快速和慢速（或延时）操作方式的组合；分段器的整定次数为 3 次。如果分段器负荷侧线路发生永久性故障，分段器将在重合器第 3 次重合前分开并隔离故障，然后重合器再对非故障线路供电。

如为串联配制的分段器，它们整定的闭锁次数应一级比一级小。最末级分段器负荷侧线路故障时，重合器动作，串联的分段器记录重合器的开断电流次数，在最末级达到动作次数后分闸，隔离故障，重合器再重合接通非故障线路，恢复正常供电。未达到计数次数的分段器在规定的复位时间过后复位到初始状态。下面举例说明重合器与分段器的配合问题。

如图 3-13 所示，变电站出口选用重合器，整定为"一快三慢"。分支线路用六组跌落式自动分段器 S1、S2、S3、S4、S5、S6 分成 L1（主线路）、L2、L3、L4、L5、L6、L7 段。分段器的额定起动电流值与重合器起动电流值相配合，S1 计数次数为三次，S2、S3、S5 计数次数为两次，S4、S6 计数次数为一次。

1）若故障 K1 发生在 L5 段，重合器和分段器 S1、S3、S4 通过故障电流，重合器自动分闸。

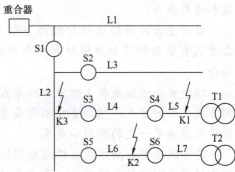

图 3-13 变电站出口选用重合器与分段器配合的示意图

如果为瞬时性故障，重合器自动重合成功，恢复供电。S1、S3 没有达到整定计数次数，应处于合闸状态。如果为永久性故障，重合器自动重合不成功，再次分闸，线路失电压，S4 达到整定计数次数一次，自动分闸跌落，隔离故障 L5 段，重合器自动重合后恢复线路 L1、L2、L3、L4、L6、L7 段供电。

2）若故障 K2 发生在 L6 段，重合器和分段器 S1、S5 通过故障电流，重合器自动分闸。如果为瞬时性故障，重合器自动重合成功，恢复供电。S1、S5 没有达到整定计数次数，应处于合闸状态。如果为永久性故障，重合器自动重合不成功，再次分闸，线路失电压，S5 达到整定计数次数两次，自动分闸跌落，隔离故障 L6 段，S1 没有达到整定计数次数，处于合闸状态。重合器自动重合后恢复线路 L1、L2、L3、L4、L5 段供电。

3）若故障 K3 发生在 L2 段，重合器和分段器 S1 通过故障电流，重合器自动分闸。如果为瞬时性故障，重合器自动重合成功，恢复供电。S1 没有达到整定计数次数，处于合闸状态。如果为永久性故障，重合器重合不成功，再次分闸，再次重合不成功，再次分闸，线路失电压，S1 达到整定计数次数三次，自动分闸跌落，隔离故障 L2 段，重合器重合后恢复线路 L1 段供电。

选择跌落式自动分段器，一般在用户入口处选择计数次数为一次。因变电站故障大多数是永久性故障，架空线路故障 80% 是瞬时性故障，故架空线路分支应选择计数次数为两次或三次，便于分段器之间的配合和优化。

小 结

自动重合闸广泛应用于 3kV 及以上的架空线路及电缆与架空混合线路中。采用自动重合闸是提高输电线路供电可靠性的有力措施。

单侧电源线路广泛采用三相一次自动重合闸。重合闸的实现可通过电气式 AAR 装置或软件。在使用三相自动重合闸的中、低压线路上，自动重合闸是由该线路微机保护测控装置中的一段程序来完成的。

双侧电源线路的自动重合闸，在单侧电源线路重合闸的基础上要多考虑同步和时间的配合问题，主要介绍了无电压检定和同步检定的三相自动重合闸，理解它的定义、工作原理和适用条件。

自动重合闸与继电保护的适当配合，可加速切除故障。自动重合闸与继电保护的配合方式有重合闸前加速保护和重合闸后加速保护，区分两者的工作方式、优缺点及适用场合。

综合重合闸装置有 4 种重合闸方式，即综合重合闸方式、单相重合闸方式、三相重合闸方式、停用方式。综合重合闸需要考虑由单相重合闸方式引起的特殊问题，综合重合闸的构成应满足一定的原则和要求。

输电线路重合闸方式应根据电网结构、系统稳定要求、电力设备承受能力和继电保护可靠性等原则进行合理选定。本章分析了自动重合器、自动分段器的功能、特点及配合使用的原则。

习　题

一、填空题

1. 三相一次重合闸用_____来保证重合闸只动作一次；手动断开线路断路器时，重合闸应_____。

2. 当母线差动保护动作时，应_____线路 AAR 装置。

3. 继电保护与自动重合闸的配合方式有_____和_____两种。

4. _____起动方式不能对断路器误跳闸进行重合，_____起动方式能纠正断路器误跳闸。

5. 检定无电压、检定同步自动重合闸，为使两端断路器工作条件均等，应采取_____方式。

6. 双侧电源线路的自动重合闸应考虑的问题是_____。

7. 综合重合闸的重合闸方式选定：线路发生单相故障时，实行_____；线路发生两相故障时，实行_____；线路发生三相故障时，实行_____。

8. 在单相重合闸期间，出现潜供电流影响的原因是非故障相与断开的故障相之间存在_____和_____联系。

二、判断题

1. 防跳继电器 KCF 用于防止合闸于故障线路时因 AAR 装置中 KM 触头粘住造成 QF 多次跳合闸。　　　　　　　　　　　　　　　（　　）

2. 重合闸前加速保护比重合闸后加速保护的重合成功率高。　（　　）

3. 检定线路无电压和检定同步重合闸，在线路发生永久性故障跳闸时，检定同步重合侧重合闸不会动作。　　　　　　　　　　　　　（　　）

4. 为了使输电线路尽快恢复供电，AAR 装置动作可以不带时限。　（　　）

5. 全敷设电缆线路不应装设重合闸。　　　　　　　　　　　（　　）

6. 普通重合闸的复归时间取决于重合闸中电容的充电时间。　（　　）

三、选择题

1. 要保证重合闸只动作一次，装置的准备动作时间应取（　　）。

（A）0.8 ～ 1s　　　　　　　　　　（B）10 ～ 15s

（C）15 ～ 20s　　　　　　　　　　（D）1 ～ 10s

2. AAR 装置本身的元件损坏以及继电器触头粘住或拒动时，一次重合闸应动作（　　）次。

（A）1　　　　　　　　　　　　　　（B）2

（C）多　　　　　　　　　　　　　　（D）任意

3. 若重合闸返回时间太短，可能出现（　　）。

（A）多次重合　　　　　　　　　　（B）拒绝合闸

（C）非同步重合　　　　　　　　　　（D）同步重合

4. 为了防止断路器多次重合于故障线路，AAR 装置中装设了防跳继电器，在（　　）过程中能防止断路器跳跃。

（A）手动合闸　　　　　　　　　　（B）自动重合闸

（C）试送电　　　　　　　　　　　（D）手动和自动合闸

5. 自动重合闸可按控制开关与断路器位置不对应的原理起动，即（　　　）时起动自动重合闸。

（A）控制开关在跳闸位置而断路器实际在合闸位置

（B）控制开关在跳闸后位置而断路器实际在合闸位置

（C）控制开关在合闸位置而断路器实际在跳闸位置

（D）控制开关在合闸后位置而断路器实际在跳闸位置

6. 在（　　　）情况下，AAR 装置不应动作。

（A）用控制开关或通过遥控装置将断路器跳开

（B）主保护动作将断路器跳开

（C）后备保护动作将断路器跳开

（D）某种原因造成断路器误跳闸

7. AAR 装置的动作次数，（　　　）。

（A）当装置元件损坏时可以变化

（B）当装置内部继电器触头粘住时可以变化

（C）在任何情况下均应符合预先的规定

（D）在有些情况下应符合预先的规定

8. 检定线路无电压三相自动重合闸的低电压元件动作电压应整定为（　　　）。

（A）额定电压的 50%　　　　　　　（B）额定电压的 25%

（C）额定电压的 70%　　　　　　　（D）不应低于额定电压的 70%

9. 双侧电源线路的非同步重合闸是指当线路断路器因故障跳开后，即使两侧电源已经失去同步，也自动将断路器合闸，（　　　）。

（A）不存在同步问题　　　　　　　（B）允许非同步运行

（C）期待系统自动拉入同步　　　　（D）合闸瞬间两侧电源可能同步

10. 具有几段串联的辐射形线路，若采用重合闸前加速保护动作的配合关系，则 AAR 装置（　　　）。

（A）仅装在靠近电源一侧线路的供电侧　（B）装在最末一段线路的供电侧

（C）装在每一段线路的供电侧　　　（D）装在任意一段线路的供电侧

11. 具有几段串联的辐射形线路，若采用重合闸后加速保护动作的配合关系，则 AAR 装置（　　　）。

（A）仅装在靠近电源一段线路的供电侧　（B）装在最末一段线路的供电侧

（C）装在每一段线路的供电侧　　　（D）装在任意一段线路的供电侧

12. 输电线路装有综合重合闸，（　　　）可以用作选相元件。

（A）阻抗继电器和相电流差突变量元件

（B）阻抗继电器和零序电流继电器

（C）相电流差突变量元件和零序电压继电器

（D）零序电压继电器和和零序电流继电器

13. 综合重合闸采用相电流差突变量选相元件，当线路故障时，如果 3 个元件中有两个动作，表示（　　　）。

（A）发生了三相短路

（B）发生了与两个元件有关的单相接地短路

（C）发生了两相接地短路

（D）发生了两相相间短路

14. 综合重合闸的起动方式是（　　　）。

（A）不对应起动　　　　　　　　　　（B）继电保护起动

（C）不对应起动和继电保护起动　　　　（D）完全与三相自动重合闸相同

15. 单相重合闸动作时间应该比三相重合闸动作时间长，原因是（　　　）。

（A）单相重合闸需要判别接地故障　　　（B）单相重合闸需要进行故障选相

（C）单相跳闸的断路器动作时间长　　　（D）潜供电流使故障点消弧时间加长

四、问答题

1. 输电线路采用自动重合闸的作用是什么？

2. 自动重合闸有哪些类型？其使用条件和优缺点分别是什么？

3. 当线路发生永久性故障时，为什么三相一次重合闸只重合一次？

4. 双侧电源线路的三相自动重合闸有哪些方式？

5. 对双侧电源线路 AAR 装置要考虑哪些特殊问题？

6. 什么叫重合闸后加速？什么叫重合闸前加速？试比较重合闸后加速与前加速的优缺点及使用场合。

7. 对检定无电压和检定同步重合闸，为什么在无电压侧还要投入检定同步元件？为什么两侧要定期切换？若两侧无电压检定连接片都投入或都不投入，运行中会有什么问题？

五、原理分析题

1. 试分析图 3-1 中三相一次自动重合闸装置接线是如何满足重合闸基本要求的。

2. 试画出检定无电压和检定同步的重合闸示意图，分析双侧电源线路两侧为什么都要装设检定同步和检定无电压的重合闸装置。

3. 若采用相电流差突变量选相元件，分析 B 相单相接地时，3 个选相元件的动作行为。

六、计算题

图 3-14 所示单电源供电的网络图中，采用重合闸后加速保护，它是利用电流速断保护来实现重合闸后加速保护动作的。该电流速断保护的动作时间为 0.1s，变电站 A、B、C 保护的动作时间分别为 1.5s、1s、0.5s；所有断路器的合闸时间均为 0.35s，跳闸时间均为 0.07s；三相一次自动重合闸装置的准备动作时间为 15s，自动重合闸整定时间为 0.8s。试问：

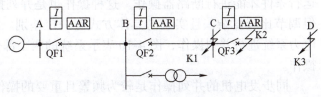

图 3-14　单电源供电的网络图

1）如果 K1 点发生永久性故障，QF2 拒动，经多少时间后才能由 QF1 切除故障？

2）如果 K2 点发生瞬时性故障 14.6s 后，K3 点又发生永久性故障，在 K3 点故障几秒后才由 QF3 切除故障？

第4章

同步发电机自动并列装置

教学要求： 了解并列操作的基本概念，并列操作的方法及特点，同期点的设置；理解准同期并列条件；简介模拟式自动准同期装置构成；分析自动准同期装置的工作原理、特点，并介绍 SID-2V 型自动准同期装置的硬件框图、软件流程、二次接线等；培养学生科学严谨的工作态度和精益求精的工匠精神。

知识点： 并列操作、准同期并列、自同期并列、同期点、恒定导前时间、恒定导前相位、准同期并列条件、自动准同期装置的工作原理。

技能点： 能根据电气主接线，分析同期点及准同期方式；能读懂同期电压引入的接线；能熟练分析微机型自动准同期装置的构成原理；能进行微机型自动准同期装置的参数整定。

4.1 并列操作概述

4.1.1 电力系统并列操作的意义

并列运行的同步发电机，其转子以相同的电角速度旋转，每台发电机转子的相对电角速度都在允许的极限值以内，称为同步运行。一般来说，发电机在没有并入电力系统之前，与系统中的其他发电机是不同步的。

电力系统中的负荷是随机变化的，为保证电能质量并满足安全和经济运行的要求，需要经常将发电机投入和退出运行。将同步发电机投入电力系统并列运行的操作称为并列操作。在某些情况下，还要求将已解列为两部分运行的系统进行并列，同样也要满足并列运行条件才能进行断路器操作。这种操作也是并列操作，其基本原理与发电机并列相同，但调节比较复杂，且实现的具体方式有一定差别。图 4-1a 表示发电机通过断路器 QF 与电力系统进行并列操作，图 4-1b 表示系统的两个部分 S1 和 S2 通过断路器 QF3 进行并列操作。

同步发电机的并列操作是较为频繁且重要的操作，不但在正常运行时需要这项操作，在系统发生某些事故时，也经常需要将备用发电机组迅速投入电力系统运行，从而恢复整个系统的安全供电。在发电机并列瞬间，往往伴随着冲击电流和冲击功率，这些冲击将使系统电压瞬间下降。如果并列操作不当，将产生过大的冲击电流，还可能导致机组大轴发生机械损伤，或者导致机组绕组电气损伤。特别是随着电力系统容量的不断增大，同步发电机的单机容量也越来越大，大型机组不恰当的并列操作将导致更加严重的后果。因此，对同步发电机的并列操作进行研究，提高并列操作的准确性和可靠性，对系统的可靠安全运行具有重大的现实意义。

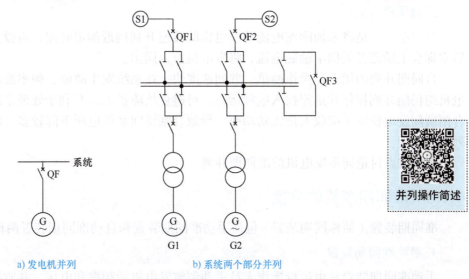

a) 发电机并列　　　　　　　　b) 系统两个部分并列

图 4-1　电力系统并列操作的基本方式

为了避免因并列操作不当而影响电力系统的安全运行，同步发电机的并列操作应满足以下要求：

1）发电机组并列瞬间，冲击电流应尽可能小，其瞬时最大值不应超过规定的允许值（一般为 1 ～ 2 倍的额定电流）。

2）发电机组并入电力系统后，应能迅速进入同步运行状态，其暂态过程要短，以减小对电力系统的扰动。

采用自动并列装置进行并列操作，不仅能减轻运行人员的劳动强度，也能提高系统运行的可靠性和稳定性。

从三峡水电站的单机容量 70 万 kW，到金沙江领域的白鹤滩水电站的自主研发单机容量 100 万 kW 机组，位居世界第一，我国在国际水电站建设方面处于遥遥领先的地位。更值得一提的是，白鹤滩水电站的机组全部为我国自主研发设计制造的。100 万 kW 机组精确并列操作投入电网运行，也是中国工程师们追求卓越、精求技能的大国工匠精神的体现。

4.1.2　同步发电机并列操作的方法

在电力系统中，并列操作的方法主要有准同期并列和自同期并列两种。

1. 准同期并列

先给待并发电机加励磁，使发电机建压，再调整发电机的电压和频率，当与系统电压和频率接近相等时，选择合适的时机，在发电机电压与系统电压之间的相位差接近 0° 时合上并列断路器，将发电机并入电网。这种并列方式称为准同期并列。

准同期并列的优点是并列时产生的冲击电流较小，不会使系统电压降低，并列后容易拉入同期；缺点是在并列操作过程中需要对发电机电压和频率进行调整，捕捉合适的合闸时机，所需并列时间较长。

2. 自同期并列

自同期并列是将未加励磁电流的发电机的转速升到接近额定转速，再投入断路器，然后立即合上励磁开关供给励磁电流，将发电机拉入同步。

自同期并列的优点是操作简单、并列速度快，在系统发生故障、频率波动较大时，发电机组仍能并列操作并迅速投入电网运行，可避免故障扩大，有利于处理系统事故。但因合闸瞬间发电机定子吸收大量无功功率，导致合闸瞬间系统电压下降较多，所以自同期并列很少应用。

本章重点讨论同步发电机的准同期并列。

4.1.3 准同期装置的分类

准同期装置（简称同期装置）包括手动准同期装置和自动准同期装置两种。

1. 手动准同期装置

手动准同期装置是由运行操作人员手动调整发电机的频率和电压，并监视频率差、电压差和同步指示器，靠经验判断合闸时间，操作断路器合闸。

手动准同期装置主要存在以下问题：

1）存在重大的安全隐患。由于操作人员技术不娴熟，加之紧张，经常会出现在较大相位差时并列的情况，不仅给机组带来冲击，更为严重的是会诱发扭振。

2）延误并网时间。手动同期操作复杂，而且由于误并列所带来的严重后果是众所周知的，因而操作人员存在恐惧感，导致紧张、犹豫，以致延误并网时间。

3）接线较复杂。手动准同期装置一般是几台机组共用一套，各机组的控制电缆较多，接线较复杂。

因此在控制回路中装设了非同期合闸闭锁装置，即同期检查继电器，允许在相位差不超过整定值条件下操作合上断路器，用于防止操作人员误发合闸脉冲所造成的非同期合闸。

2. 自动准同期装置

自动准同期装置分为半自动准同期装置和自动准同期装置。

半自动准同期装置不设转速调节、电压调节单元，发电机频率和电压的调节由手动进行，只设置合闸命令控制单元，半自动准同期装置能自动检查频率差、电压差，满足要求时选择合适的时间发出合闸脉冲，将断路器合闸。

自动准同期装置是专用的自动装置，自动监视频率差、电压差及选择合适的时间发出合闸脉冲，使断路器在相位差为零时合闸。同时设置了自动调节频率和电压的单元，在频率差和电压差不满足条件时发出控制脉冲。若频率差不满足要求，则通过控制原动机的调速器，调节原动机的转速，增加或减小频率；若电压差不满足要求，则通过控制发电机励磁调节装置调节发电机的电压使其接近系统的电压。

自动准同期装置具有均压控制、均频控制和自动合闸控制的全部功能，待并发电机和运行系统经电压互感器的二次电压接入自动装置后，由它监视、调节并发出合闸脉冲，完成同期并列操作的全过程。

4.1.4　同期并列的类型

图 4-1a 中发电机通过断路器 QF 与系统实现准同期并列，同期对象是发电机，属于机组型同期。在机组型同期中，当频率差超出设定范围时，自动准同期装置应发出增速或减速脉冲，使发电机频率尽快跟踪系统频率，频率差尽快进入设定范围内；当频率差过小时，自动准同期装置应发出增速脉冲，打破这种近似同频不同相的局面，缩短同期并列的时间。当电压差超出设定范围时，自动准同期装置应发出升电压或降电压脉冲，使发电机电压尽快跟踪系统电压，电压差尽快进入设定范围内。如果频率差、电压差均在设定范围内，则自动准同期装置自动发出合闸脉冲，在相位差为零时并列断路器主触头正好闭合，完成自动准同期并列。

发电厂与系统或两个系统间一般通过线路联系，所以这种情况下的同期属于线路型同期。图 4-1b 表示系统的两个部分并列，在线路型同期中，自动准同期装置不发出调速、调压脉冲，因为脉冲的发出是无效的。

线路型同期可以实现自动准同期并列，但自动准同期装置不发出调速、调压脉冲，只能等待频率差、电压差满足要求后，再实现自动准同期并列。因此，线路型同期实质上是等待同期，处于被动状态——满足并列条件，就在相位差为零时实现两个系统间的并列；不满足并列条件，只能处于等待状态。等待同期也称捕捉同期。机组型同期时是不会出现等待同期状态的。

4.2　准同期并列条件分析

4.2.1　同期电压及同期点

目前同期装置均采用单相同期接线，交流电压多为 100V 或 $100/\sqrt{3}$ V。下面分析同期点的电压取得方式及要求。

1. 中性点直接接地系统的同期点电压取得方式

110kV 及以上的中性点直接接地系统，电压互感器通常采用 3 个单相式组成，一次侧相电压为 $U_A = U_{AB}/\sqrt{3} = 110/\sqrt{3}$ kV。该电压互感器有多个二次绕组，其中主二次绕组的相电压为 $100/\sqrt{3}$ V，辅助二次绕组的相电压为 100V，同期系统接入主二次绕组或辅助二次绕组，接线及电压相量如图 4-2 所示。

2. 中性点不接地系统的同期点电压取得方式

以 35kV 系统为例，如果该系统要获得三相电压，电压互感器通常采用三相式或 3 个单相式组成，一次侧相电压为 $U_A = U_{AB}/\sqrt{3} = 35/\sqrt{3}$ kV。该电压互感器有两个二次绕组，主二次绕组的相电压为$100/\sqrt{3}$ V，辅助二次绕组的相电压为$100/3$V。因为中性点不接地系统发生接地时，中性点电压会产生位移，所以同期系统不能用相电压，必须用线电压。为简化接线，电压互感器主二次绕组通常采用 b 相接地方式，同期系统接入主二次绕组的线电压，接线及电压相量如图 4-3 所示。

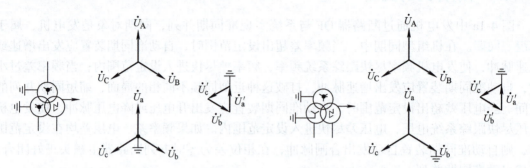

图 4-2 中性点直接接地系统的电压互感器   图 4-3 中性点不接地系统的电压互感器

3. 变压器高、低压侧同期电压的取得方式

因主变压器多采用 Yd11 接线，变压器高压侧相电压滞后于低压侧相电压 30°，为使两侧同期电压的相位和数值相同，应根据同期装置的需要进行接线。如果同期装置需要接入的电压为 100V，高压侧电压互感器二次辅助绕组可接入相电压 $\dot{U}_c$，低压侧则应接入电压互感器主二次绕组的相间电压 $\dot{U}'_{cb}$，如图 4-4 所示。如果高压侧也用主二次绕组的相间电压，则需经过转角变压器接入。

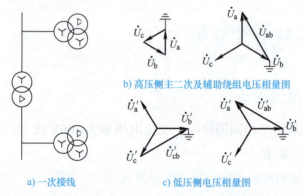

b) 高压侧主二次及辅助绕组电压相量图

a) 一次接线   c) 低压侧电压相量图

图 4-4 Yd11 变压器两侧电压相量图

目前有些自动准同期装置输入电压可为 $100/\sqrt{3}$V，中性点直接接地系统母线之间、线路断路器的并列可利用电压互感器主二次绕组相电压。

4. 同期点及同期方式

在发电厂内，凡可以进行并列操作的断路器，都称为电厂的同期点（也称为同步点）。中、小型发电厂在主控制室装设带同期闭锁功能的同期装置。中、小型发电厂的同期点及同期方式如图 4-5 所示，图中 1 表示装设手动准同期装置，2 表示装设自动准同期装置。

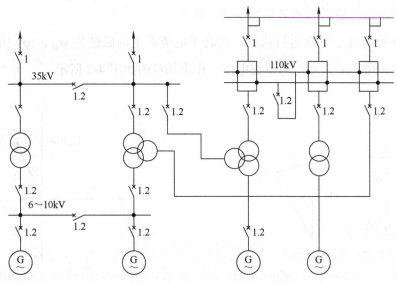

图 4-5　中、小型发电厂的同期点及同期方式

通常发电机的出口断路器都是同期点；三绕组变压器的任一侧断路器断开后，为了减少倒换母线的操作，保证迅速可靠地恢复供电，三侧断路器都应设为同期点；双绕组变压器可只设低压侧断路器为同期点，但合闸时要保证高压侧先投入，低压侧再进行同期并列；各级母联断路器及 6 ～ 10kV 分段断路器均考虑装设准同期装置，以提高母线倒换操作的灵活性；35kV 线路断路器可作为同期点，但需在线路断路器外侧装设一个单相式电压互感器；110kV 及以下线路，对于接在双母线上的线路，可利用母联断路器的同期装置，线路不单独设同期点；对于带有旁路母线的线路，旁路母线上装有单相式电压互感器，当需要同期操作的线路不多时，可只在旁路断路器上设同期点，线路上不设同期点；220kV 及以上双母线系统的线路，可按 110kV 线路的同期方式选定原则设计，如果线路重要，为减少同期操作的复杂性，可将线路断路器作为同期点。

4.2.2　准同期并列条件分析

要使一台发电机以准同期方式并入系统，进行并列操作最理想的状态是在并列断路器主触头闭合的瞬间，断路器两侧电压大小相等，频率相等，相位差为零，即

1）待并发电机频率与系统频率相等。

2）待并发电机电压与系统电压相等。

3）并列断路器主触头闭合瞬间，待并发电机电压与系统电压间的相位差为零。

符合上述 3 个理想条件，并列断路器主触头闭合瞬间，冲击电流为零，待并发电机不会受到任何冲击，并列后发电机立即与系统同期运行。但是，在实际运行中，同时满足以上 3 个条件几乎是不可能的，也没有必要。只要并列时冲击电流小，不会危及设备安全，发电机并入系统拉入同期过程中，对待并发电机和系统影响小，不致引起不良后果，是允许并列操作的。因此，在实际运行中，上述 3 个理想条件允许有一定的偏差，但偏差值要控制在允许范围内。

现引用如图 4-6 所示的电路来讨论非理想条件下并列操作的情况。

1. 发电机并入系统时的冲击电流和冲击功率

发电机并列前处于空载运行状态。设转子电流产生的磁链为 ψ_{fd}，ψ_{fd} 所产生的电动势即为发电机端电压 U_G，U_S 为系统电压，作出相量图如图 4-7 所示。

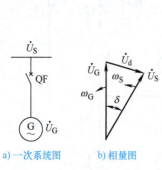

a) 一次系统图　　b) 相量图

图 4-6　发电机并列示意图

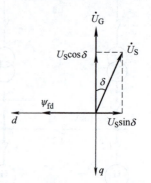

图 4-7　冲击电流的产生相量图

在合闸瞬间，如 $\dot{U}_S$ 与 $\dot{U}_G$ 的相位差为 δ，则在交轴 q 方向上的电压差为 $|U_G-U_S\cos\delta|$，相应的磁链作用在直轴 d 上，发电机的电抗为 X_d''（假设系统容量为无穷大），所以产生的冲击电流周期分量的有效值为 $\dfrac{|U_G-U_S\cos\delta|}{X_d''}$；在直轴 d 方向上的电压差为 $|0-U_S\sin\delta|$，相应的磁链作用在交轴方向，发电机的电抗为 X_q''，所以产生的冲击电流周期分量的有效值为 $\dfrac{|0-U_S\sin\delta|}{X_q''}$。流过发电机的冲击电流为上述两部分的相量和，则冲击电流周期分量的有效值为

$$I_{ip}=\sqrt{\left(\dfrac{U_G-U_S\cos\delta}{X_d''}\right)^2+\left(\dfrac{U_S\sin\delta}{X_q''}\right)^2} \tag{4-1}$$

由式（4-1）可见，在并列瞬间，只要相位差 $\delta\neq0°$ 或 $U_G\neq U_S$，就会产生冲击电流。

并列时若相位差 $\delta\neq0°$，还会产生冲击电磁力矩，相应的冲击功率（隐极电机）为

$$P_{ip}=\dfrac{U_GU_S}{X_d}\sin\delta \tag{4-2}$$

式中，X_d 是发电机直轴同期电抗。

当 $\dot{U}_G$ 超前 $\dot{U}_S$ 时，$\delta>0°$，发电机发出电功率 P_{ip}，对发电机起制动作用；当 $\dot{U}_G$ 滞后 $\dot{U}_S$ 时，$\delta<0°$，发电机吸收电功率 P_{ip}，对发电机起加速作用。

作为自动准同期装置，并列时 $\delta\neq0°$ 的主要原因是设定的导前时间与并列断路器合闸总时间不相等，或误发合闸脉冲时 δ 变大。冲击电磁力矩过大必然危害发电机。

2. 频率差的影响

当发电机并列时发电机电压和系统电压的有效值（幅值）相等，即 $U_G = U_S$，而发电机频率和系统频率不相等，即 $f_G \neq f_S$，此时必然会导致合闸瞬间相位差 $\delta_d \neq 0°$，滑差电压 u_d 做周期性变化，如图 4-8 所示。

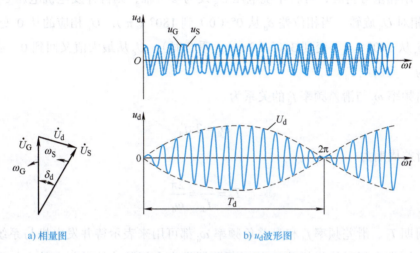

a) 相量图　　　　　　　　b) u_d 波形图

图 4-8　准同期时频率差条件分析

并列断路器两侧间的滑差电压 u_d 可表示为

$$u_d = U_G \sin(\omega_G t + \varphi_{G0}) - U_S \sin(\omega_S t + \varphi_{S0})$$
（4-3）

式中，U_G 是待并发电机的电压幅值；U_S 是系统侧的电压幅值；ω_G 是待并发电机电压的角频率；ω_S 是系统侧电压的角频率；φ_{G0} 是待并发电机电压的初相位；φ_{S0} 是系统侧电压的初相位。

假设初相位 $\varphi_{G0} = \varphi_{S0} = 0°$，而 $U_G = U_S$，则

$$u_d = 2U_G \sin\left(\frac{\omega_G - \omega_S}{2}t\right)\cos\left(\frac{\omega_G + \omega_S}{2}t\right)$$
（4-4）

令滑差电压的幅值 $U_d = 2U_G \sin\left(\frac{\omega_G - \omega_S}{2}t\right)$，则

$$u_d = U_d \cos\left(\frac{\omega_G + \omega_S}{2}t\right)$$
（4-5）

由式（4-4）可知，滑差电压 u_d 的波形是幅值为 U_d、频率接近于工频的交流电压波形。滑差角频率 $\omega_d = \omega_G - \omega_S$，图 4-8 所示的两电压相量间的相位差为

$$\delta_d = \omega_d t$$
（4-6）

于是滑差电压的幅值可表示为

$$U_d = 2U_G \sin\frac{\omega_d}{2}t = 2U_G \sin\frac{\delta_d}{2} = 2U_S \sin\frac{\delta_d}{2} \tag{4-7}$$

由分析可见，u_d 为正弦脉动波，其最大幅值为 $2U_G$(或$2U_S$)，所以滑差电压 u_d 又称为脉动电压。用相量分析时，可将系统电压 U_S 设为参考轴，则待并发电机电压 U_G 将以滑差角频率 ω_d 相对 U_S 旋转。当相位差 δ_d 从 0°（0）到 180°（π），U_d 相应的从 0 变到最大值；当相位差 δ_d 从 180°（π）变到 360°（2π）（重合时），U_d 从最大值又回到 0。旋转一周所用的时间为滑差周期 T_d。

滑差角频率 ω_d 与滑差频率 f_d 的关系为

$$\omega_d = 2\pi f_d \tag{4-8}$$

所以滑差周期为

$$T_d = \frac{1}{f_d} = \frac{2\pi}{\omega_d} \tag{4-9}$$

滑差周期 T_d、滑差频率 f_d 和滑差角频率 ω_d 都可用来表示待并发电机与系统间频率相差的程度。同期合闸时的相位差 δ_d 与对断路器发出合闸脉冲的时刻有关。如果发出合闸脉冲的时刻不恰当，就有可能在相位差较大时合闸，从而引起较大的冲击电流。此外，如果在频率差较大时并列，频率较高的一侧在合闸瞬间将多余的动能传递给频率低的一侧，所以即使合闸时的相位差不大，但传递能量过大时，待并发电机仍需经历一个暂态过程才能拉入同期运行，严重时甚至导致失步。因此，从并列后迅速进入同期运行的角度出发，应控制合闸瞬间的频率差，一般控制在 0.25Hz 以内。

3. 电压幅值差的影响

电压幅值差对并列操作的影响主要表现为对冲击电流数值的影响。如果发电机并列时发电机频率和系统频率相等，即 $f_G = f_S$，且合闸瞬间相位差 $\delta = 0°$，而发电机电压和系统电压的有效值（或幅值）不相等，即 $U_G \neq U_S$，则滑差电压 $\dot{U}_d = \dot{U}_G - \dot{U}_S$，产生的冲击电流的有效值为

$$I_{ip} = \frac{|U_G - U_S|}{X_d''} \tag{4-10}$$

可见，冲击电流在数值上与电压幅值差 $|U_G - U_S|$ 成正比。

当 $U_G > U_S$ 时，$\dot{I}_{ip}$ 滞后 $\dot{U}_G$ 的相位为 90°，如图 4-9a 所示，$\dot{I}_{ip}$ 为感性电流，起去磁作用，发电机发出感性无功功率；当 $U_G < U_S$ 时，$\dot{I}_{ip}$ 超前 $\dot{U}_G$ 的相位为 90°，如图 4-9b 所示，$\dot{I}_{ip}$ 为容性电流，起助磁作用，发电机发出容性无功功率（吸收感性无功功率）。可见，$\dot{I}_{ip}$

不产生电磁力矩，所以 $\dot{I}_{ip}$ 只要不超过安全值，就不会对发电机造成危害。

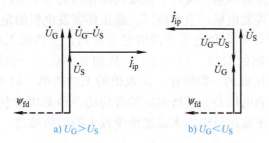

a) $U_G > U_S$　　　　b) $U_G < U_S$

图 4-9　电压差引起的冲击电流性质

　　为防止冲击电流过大危及定子绕组，应限制电压幅值差的大小，一般情况下电压幅值差限制在额定电压的 10% 以下，可取额定电压的 5% 左右。

4. 相位差的影响

　　发电机并列合闸时存在相位差，对并列操作的影响主要表现在冲击电流和冲击电磁力矩两方面。假设发电机并列时发电机频率和系统频率相等，即 $f_G = f_S$，且发电机电压和系统电压有效值（或幅值）相等，即 $U_G = U_S$，而合闸瞬间存在相位差，即 $\delta \neq 0°$，如图 4-10 所示。由于此时相当于发电机空载运行，电动势即为端电压，且与系统侧电压幅值相等，则产生的冲击电流的有效值为

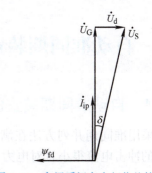

图 4-10　合闸瞬间存在相位差的相量

$$I_{ip} = \frac{2U_G}{X_q'' + X_S} \sin\frac{\delta}{2} \qquad (4\text{-}11)$$

式中，X_q'' 是待并发电机交轴次暂态电抗；X_S 是系统等值电抗。

　　冲击电流的最大瞬时值为

$$I_{ip.max} = \frac{1.9 \times \sqrt{2} \times 2U_G}{X_q'' + X_S} \sin\frac{\delta}{2} \qquad (4\text{-}12)$$

当 δ 很小时，$2\sin\frac{\delta}{2} \approx \sin\delta$，则冲击电流的最大瞬时值可表示为

$$I_{ip.max} = \frac{2.69U_G}{X_q'' + X_S} \sin\frac{\delta}{2} \qquad (4\text{-}13)$$

　　当相位差较小时，冲击电流主要为有功电流分量，说明合闸后发电机突然与系统有功率交换，即有输出，使发电机联轴受到突然冲击，这对机组和系统运行都是非常不利的。为了保证机组的安全运行，应将冲击电流限制为较小数值。通常要求冲击电流不超过发电机出口三相短路电流的 10%，并列合闸时相位差不超过 10°。

由以上分析可知，在发电机同期并列时，频率差、电压差和相位差都是直接影响发电机运行、寿命及系统稳定的因素。实际上在准同期并网的 3 个条件中，频率差和电压差不像人们想象的那样是伤害发电机的重要原因，真正伤害发电机的是相位差。

在两电源间存在着频率差和电压差的情况下并列，会造成无功功率和有功功率的冲击，也就是在断路器合闸的瞬间，频率高的一侧向频率低的一侧输送一定数值的有功功率。电压高的一侧向电压低的一侧输送一定数值的无功功率。但在发电机空载的情况下，即使存在较大的频率差和电压差，其所对应的有功功率和无功功率也是有限的，不会伤害发电机。因为发电机在正常运行中本来就能承受较大的负荷波动，例如线路的跳闸或线路的重合闸。

但是，在具有相位差的情况下并列，后果就完全不同了。当合闸瞬间存在相位差时，将对发电机转子轴系绕组及机械体系运行产生巨大的伤害，有时还可能造成次同步谐振，此种情况后果最为严重。因此，在准同期并列时，严格控制相位差是并列条件中最重要的一环。

4.3　自动准同期装置的基本构成

自动准同步装置的基本构成

4.3.1　自动准同期装置的功能

采用准同期并列方法在满足并列条件的情况下，将待并发电机组投入电力系统运行，产生的冲击电流很小且对电力系统扰动甚微，所以准同期并列是电力系统运行的主要并列方式。

自动准同期装置具有以下功能：

1）自动检测待并发电机与运行系统之间的频率差、电压差是否符合并列条件，并在满足这两个条件时，自动发出合闸脉冲，使并列断路器主触头在相位差为零的瞬间闭合。

2）当频率差、电压差不满足并列条件时，能对待并发电机自动进行调速、调压，以加快进行自动并列的过程。

典型的模拟式自动准同期装置是阿城继电器厂（现为哈尔滨电气集团阿城继电器有限公司）生产的 ZZQ-3 自动准同期装置和许昌继电器厂（现为许继电气股份有限公司）生产的 ZZQ-5 自动准同期装置，都曾广泛用于电力系统中。自动准同期装置具有均频控制、均压控制和合闸控制的功能，将待并发电机和运行系统的电压互感器（TV）二次电压接入装置后，由它实现监视、调节并发出合闸脉冲，完成并列操作的全过程。

4.3.2　自动准同期装置的组成

图 4-11 为典型自动准同期装置构成原理图，自动准同期装置主要由频率差控制单元、电压差控制单元、合闸信号控制单元和电源 4 部分组成。

频率差控制单元的任务是自动检测待并发电机和运行系统间的滑差角频率，并自动调节发电机转速，使发电机的频率接近于系统频率。

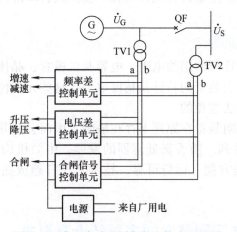

图 4-11　典型自动准同期装置构成原理图

电压差控制单元的任务是自动检测待并发电机和运行系统间的电压差，并自动调节发电机电压，使发电机电压与系统电压间的电压差小于规定允许值。

合闸信号控制单元的任务是自动检测待并发电机和运行系统间频率差、电压差是否满足并列要求。当频率差和电压差均满足时，在发电机电压和系统电压相位重合前提前一个时间发合闸脉冲，当频率差和电压差有一个条件不满足时，则闭锁合闸脉冲。

在准同期并列操作中，合闸信号控制单元是准同期并列装置的核心部件，其控制原则是当频率和电压都满足并列条件时，在 $\dot{U}_G$ 与 $\dot{U}_S$ 重合之前发出合闸信号。$\dot{U}_G$ 与 $\dot{U}_S$ 重合之前发出的信号被称为提前量信号。

按提前量信号的不同，自动准同期装置按照原理不同可分为恒定导前相位式和恒定导前时间式两种。

4.3.3　模拟式自动准同期装置存在的问题

1. 导前时间不恒定

导前时间脉冲是利用线性整步电压获得的，由于低通滤波器出现误差及二极管、晶体管及小集成块的参数不稳定等原因，使最后输出的三角波电压波形和理想的三角波电压有差异，导致导前时间不恒定。频率差控制回路通过微分运算电阻、电容来实现，由于阻容电路的时间常数不准确，造成导前时间不准确且在较大频率差下工作会产生很大的冲击。

2. 同期操作速度慢

模拟式自动准同期装置受电路原理限制，既无法做到精确同期并列，也无法做到快速同期并列。如果并列时间过长，不能及时满足系统增加出力的需求，特别是在系统出现事故需要快速投入备用发电容量时更为明显，同时也增加了发电成本。

为了优化自动准同期装置在并列过程中的均频及均压控制品质，自动准同期装置所用的数学模型必须计及原动机运动规律，捕获第一次出现的同期时机，同时也要按严格的自动控制准则，使均频和均压控制过程既快又稳。模拟式自动准同期装置仅靠电子电路是无法实现精确计算的。

3. 受元器件参数变化的影响

模拟式自动准同期装置所使用的电阻、电容及二极管、晶体管等元器件，其参数都与温度、湿度和时间有关，而装置的特性及精度取决于这些元器件的参数，显然模拟式自动准同期装置出现误差是无法避免的。

由于模拟式自动准同期装置在原理上存在缺陷，因而会使并列时间延长，有时甚至出现危及发电机安全的误并列。随着微处理器的发展，由微机构成的微机型自动准同期装置，由于硬件简单、编程方便、运行可靠，技术上已日趋成熟，成为准同期装置的发展方向。

4.3.4 微机型自动准同期装置的主要特点及要求

1）高可靠性。微机型自动准同期装置的原理和判据正确，采用先进、可靠的微机装置，在硬件和软件上具备很大的冗余度，确保没有误动的可能。

2）高精度。装置的高精度是发电机和系统安全运行的保障。微机型自动准同期装置应确保在相位差为零时完成并列操作，同时能自动测量合闸回路的合闸时间。捕捉零相位差要有严格的数学模型，考虑到并列过程中影响机组运行的各种因素，如蒸汽温度、水汽压、水头变化及调速器的扰动等。

3）高速度。微机型自动准同期装置的并列速度关系到系统的运行稳定性及电能质量，还关系到电厂的运行经济性。并列操作是基于系统的需求尽快接入发电机，有利于系统的功率平衡，而且能节约可观的空载损耗。

提高同期并列速度的途径有：以优化的控制算法确保同期装置能既快速又平稳地将发电机的频率和电压调整到整定值；以精确的预测算法确保在频率差和电压差满足要求后，能捕捉到第一次出现的零相位差时刻并将发电机并入运行系统。

4）能融入集散控制系统（DCS）。微机型自动准同期装置应是 DCS 的一个智能终端，是通过与上位机的通信完成开机过程的全盘自动化装置。上位机也需获得微机型自动准同期装置的静态定值、动态参数及并列过程状况等信息。

5）操作简单、方便，有清晰的人机界面。微机型自动准同期装置的面板应能提供并列过程中运行人员所需的全部信息，如定值、频率差、电压差及相位差的动态显示等。这些信息也可通过现场总线传送到上位机，制造商应提供装置的通信协议。

6）二次接线设计简单清晰。微机型自动准同期装置接入电压互感器二次电压、断路器操作机构合闸线圈、调速器、励磁调节回路等的接线应简单、清晰。

7）调试及整定方便。微机型自动准周期装置调试简单，引出线方便，频率差、电压差、相位差、合闸时间的整定在面板上进行，均有明显的标识。

目前，国内研制的微机型自动准同期装置有 SID-2 系列、MAS 型、MCF2051-1 型、WX 型和 WZQ-3 型等。

4.4　自动准同期装置的工作原理

4.4.1　频率差及频率差方向测量

在发电机的同期并列过程中，如果频率差不满足要求，则自动准同期装置应能自动检测频率差方向，检测出发电机频率较高还是系统频率较高。当发电机频率较高时，应发出减速脉冲；当系统频率较高时，应发出增速脉冲。并列操作要求发电机频率跟踪系统频率，尽快使频率差进入设定范围内，以缩短发电机同期并列的时间。

自动准同期装置发调速脉冲时，脉冲宽度应与频率差成正比，可设定比例系数或直接设定脉冲宽度。调速脉冲的周期也可设定。这样可适应不同机组的调速器特性。在同期并列过程中，当出现频率差过小的情况时，自动准同期装置应自动发出增速脉冲，以缩短同期并列的时间。

1. 频率的测量

频率差、相位差鉴别电路用以提取外界输入装置两侧的电压互感器二次电压中与相位差有关的量，进而实现对准同期三要素中频率差、相位差的检查，以确定是否符合并列条件。此外，电压差和频率差的测量也作为机组电压调整和调速器调节转速的依据。

来自同期点断路器两侧系统侧电压互感器 TV_S 和发电机侧电压互感器 TV_G 的二次电压经过隔离电路隔离后，通过相敏电路将正弦波转换为相同周期的矩形波，通过矩形波电压的过零点检测，即可从频率差、相位差鉴别电路中获取计算待并发电机频率 f_G 及运行系统频率 f_S 的信息，获取滑差频率 f_d、滑差角频率 ω_d。这些信息可以在每一个工频信号周期获取一次，在随机存储器中始终保留一个时段。

数字电路测量频率的基本方法是测量交流信号波形的周期 T。测频原理框图如图 4-12 所示。

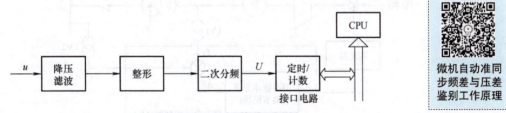

图 4-12　测频原理框图

交流电压正弦信号经过降压、滤波、整形后转换成方波信号，经二次分频后，它的半波时间即为交流电压的周期 T。利用正半周高电平作为可编程定时器 / 计数器开始计数的控制信号，至下降沿即停止计数并作为中断申请信号，由 CPU 读取计数值 N，并使计数器复位，以便为下一周期计数做好准备。

假设可编程定时器 / 计数器的计时脉冲频率为 f_c，则交流电压的周期 $T = N / f_\text{c}$，交流电压的频率 $f = f_\text{c} / N$。

2. 频率差大小的测量

发电机频率和系统频率分别由可编程定时器/计数器计数，主机读取计数脉冲 N_G、N_S 后，求取 f_G、f_S 及 $\Delta f = f_G - f_S$，将其绝对值与设定的允许频率偏差整定值 Δf_{set} 进行比较，做出是否允许并列的判断。

当 $|f_G - f_S| \leq \Delta f_{set}$ 时，说明频率差已经满足要求；当 $|f_G - f_S| > \Delta f_{set}$ 时，说明频率差不满足要求，检测出频率差的大小。

3. 频率差方向的测量

频率差方向指的是发电机频率高于还是低于系统频率，以此来确定调速脉冲的性质。

自动准同期装置测量频率差可通过软件实现，根据 $T = N / f_c$ 可测出频率差方向。当 $f_G > f_S$ 时，判断发电机频率高于系统频率；当 $f_G = f_S$ 时，判断发电机频率与系统频率相等；当 $f_G < f_S$ 时，判断发电机频率低于系统频率。

4. 关于调速脉冲

发电机在同期并列过程中，频率差越限就应发出调速脉冲，使发电机频率跟踪系统频率，以最快的速度使频率差进入设定范围内。当频率差越限并且发电机频率低于系统频率时，应发增速脉冲；当频率差越限并且发电机频率高于系统频率时，应发减速脉冲。

调速脉冲宽度应与频率差成正比，或根据发电机调速系统特性直接设置脉冲宽度。调速周期可设定为一定范围（如 2～5s），或者为一定值。

自动准同期装置在发电机同期并列过程中对发电机进行调频时，不断测量发电机的频率，并与系统频率比较，然后形成调速脉冲，通过调速器改变汽轮发电机组进汽量（水轮发电机组进水量），实现对发电机频率的调整。实际上，整个调频系统是一个闭环负反馈自动调节系统，被调量为发电机频率，目标频率为系统频率，如图 4-13 所示。

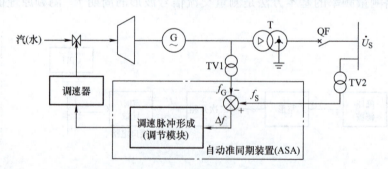

图 4-13 自动准同期装置构成的闭环自动调频系统

图 4-14 所示为频率调节程序示意框图。由图可知，只要频率差不满足要求就对发电机进行调频；当频率差满足要求但频率差甚小（如 0.05Hz）时发出增速脉冲。调速脉冲经输出电路通过继电器触头作用于调速回路实现调速。按发电机频率高于或低于系统频率来选择输出减速或增速脉冲信号，选择相位差 δ 在 $0° \sim 180°$ 之间发出调速脉冲，调节量与频率差整定值 Δf_{set} 成正比。

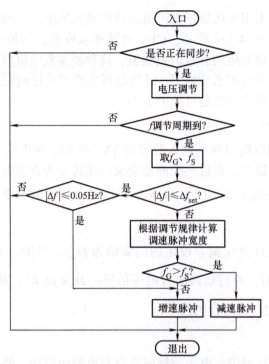

图 4-14　频率调节程序示意框图

4.4.2　电压差及电压差方向测量

在发电机同期并列过程中，如果电压差不满足要求，则自动准同期装置应能自动检测电压差方向，将发电机电压与系统电压进行幅值比较。当发电机电压较高时，应发出降电压脉冲；当系统电压较高时，应发出升电压脉冲。并列操作要求发电机电压自动跟踪系统电压，尽快使电压差进入设定范围内，以缩短发电机同期并列的时间。

自动准同期装置发出调压脉冲时，脉冲宽度应与电压差成正比，可设定比例系数或直接设定脉冲宽度；调压周期可设定为一定范围，或者为一定值。

1. 交流电压幅值测量

交流电压幅值的测量有两种方法：一种是电量变送器法，另一种是交流采样法。

（1）电量变送器法　把交流电压转换成直流电压，输出的直流量与其输入的交流量，经 A/D 转换接口电路进入主机，其原理图如图 4-15a 所示。CPU 读得的数值直接反映了 U_S 和 U_G。这种方法简单、易实现，也可保证足够的精度。但是变送器把交流量转换成直流量时往往需要滤波，所以还要设计相应的滤波电路。

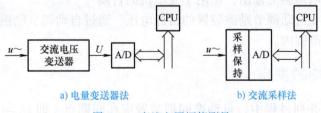

a) 电量变送器法　　　　　　　b) 交流采样法

图 4-15　交流电压幅值测量

（2）交流采样法　不用变送器把交流电压转换成直流电压，而是直接对交流电压信号进行采样，其原理图如图 4-15b 所示。CPU 对这些采样值，用傅里叶算法算出电压的实部和虚部，进一步可求得电压的有效值或幅值。这种测量发电机电压的方法不仅所用硬件少，时间常数也较小，由可编程定时器 / 计数器可实现对采样间隔的控制。在计算机运算能力允许的条件下，交流采样法是可取的方案。

2. 电压差的大小检测和方向控制

电压差鉴别电路用以提取外部输入装置的 TV_S 和 TV_G 两电压互感器二次侧电压差超出整定值的数值及极性信号。微机系统能把交流电压转变为直流电压，其输出的直流电压大小与输入的交流电压成正比。CPU 从 A/D 转换接口读取的数字电压量 D_S、D_G 分别代表 U_S、U_G 的有效值。

设机组并列时，允许电压偏差设定的门槛值为 $D_{\Delta U}$。当 $|D_S - D_G| > D_{\Delta U}$ 时，不允许输出合闸信号；$D_S > D_G$ 时，并行口输出升电压信号；$D_S < D_G$ 时，并行口输出降电压信号。当 $|D_S - D_G| \leq D_{\Delta U}$ 时，允许输出合闸信号。

3. 关于调压脉冲

发电机在同期并列过程中，电压差越限就应发出调压脉冲，使发电机电压跟踪系统电压，以最快的速度使电压差进入设定范围内。当电压差越限并且发电机电压低于系统电压时，应发升电压脉冲；当电压差越限并且发电机电压高于系统电压时，应发降电压脉冲。

调压脉冲宽度应与电压差成正比，可设定比例系数或直接设定脉冲宽度。调压周期可设定为一定范围（如 3 ～ 8s）或者为一定值。

自动准同期装置输出的调压脉冲，作用于发电机的自动调节励磁装置（AER），改变励磁电压，达到调节发电机电压的目的。实际上，自动准同期装置输出的调压脉冲，改变的是自动调节励磁装置的目标电压。发电机同期并列过程中的调压系统同样是一个闭环负反馈自动调节系统，与图 4-13 类似。调压系统的被调量为发电机电压，目标电压为系统电压。

图 4-16 所示为电压调节程序示意框图。调压脉冲经输出电路通过继电器触头输出，作用于发电机的自动调节励磁装置，改变自动调节励磁装置的目标电压，通过自动调节励磁装置的调节，使电压差快速进入设定范围内。

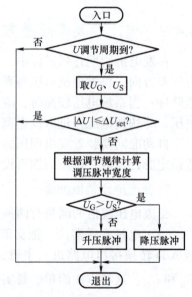

图 4-16　电压调节程序示意框图

4.4.3　合闸脉冲的发出

发电机在同期并列过程中，自动准同期装置应在同期点（即 $\dot{U}_S$ 与 $\dot{U}_G$ 重合的同相点）

导前一个时间发出命令脉冲（即导前时间脉冲 $U_{d,t}$），导前时间 t_d 等于并列断路器总的合闸时间，这样才能保证同期电压同相时刻并列断路器主触头正好接通。当频率差或电压差不满足要求时，导前时间脉冲被闭锁；当频率差、电压差均满足要求时，输出导前时间脉冲，即自动准同期装置发出合闸脉冲。

1. 同期电压间的相位差测量

导前时间脉冲是通过测量同期电压间的相位差变化确定的，因而需测量同期电压间的相位差。

相位差测量框图如图 4-17 所示，发电机电压和系统电压通过电压变换后被整形为方波，将这两个方波加至异或门的相敏电路，当两个方波的输入电平不同时，异或门输出为高电平。

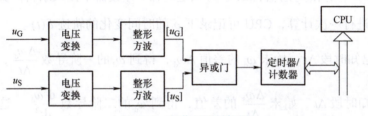

图 4-17　相位差测量框图

u_G 和 u_S 两个方波加到异或门后，在异或门的输出端产生一系列宽度不等的矩形波。图 4-18 所示为相位差 δ_d 的变化。通过定时器 / 计数器和 CPU 可读取方波宽度，求得两电压间的相位差 δ_d 的变化轨迹。为了叙述方便，设系统频率为 50Hz，待并发电机的频率低

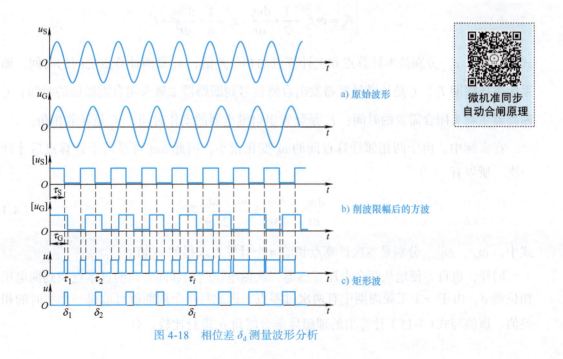

图 4-18　相位差 δ_d 测量波形分析

于 50Hz。从电压互感器二次侧来的电压 u_G、u_S 的波形如图 4-18a 所示，经削波限幅后得到图 4-18b 所示的方波，两方波取异或就得到图 4-18c 所示的一系列宽度不等的矩形波。显然，这一系列矩形波的宽度 τ_i 与相位差 δ_i 相对应。

系统电压方波的宽度 τ_S 为已知，它等于 $T_S/2$（或 180°）。因此可求得

$$\delta_i = \begin{cases} \dfrac{\tau_i}{\tau_S}\pi & (\tau_i \geqslant \tau_{i-1}, 0 < \delta < \pi, \text{矩形波逐渐变宽}) \\ \left(2\pi - \dfrac{\tau_i}{\tau_S}\pi\right) = \left(2 - \dfrac{\tau_i}{\tau_S}\right)\pi & (\tau_i < \tau_{i-1}, \pi < \delta < 2\pi, \text{矩形波逐渐变窄, 图中未画出}) \end{cases} \tag{4-14}$$

对式（4-14）中 τ_i 和 τ_S 的值，CPU 可从定时器/计数器中读入求得。如每一个工频周期（约 20ms）进行一次计算，CPU 可记录下 δ_i 随时间变化的轨迹 $\delta(t)$。

通过计算已知时段 Δt、始末 ω_d 的差值 $\Delta \omega_d$，得到 ω_d 的一阶导数 $\dfrac{\Delta \omega_d}{\Delta t}$，即 $\dfrac{d\omega_d}{dt}$。同样也可计算出已知时段 Δt、始末 $\dfrac{\Delta \omega_d}{\Delta t}$ 的差值，得到 ω_d 的二阶导数 $\dfrac{d^2\omega_d}{dt^2}$。这样就为计算理想导前合闸角创造了条件。有

$$\begin{cases} t_y = t_o + t_{op} \\ \omega_d = \dfrac{\Delta \delta}{\Delta t} = \dfrac{\delta_i - \delta_{i-1}}{2\tau_S} \\ \delta_y = \omega_d t_y + \dfrac{1}{2} \cdot \dfrac{d\omega_d}{dt} \cdot t_y^2 + \dfrac{1}{6} \cdot \dfrac{d^2\omega_d}{dt^2} \cdot t_y^3 \end{cases} \tag{4-15}$$

式中，δ_i、δ_{i-1} 分别是本计算点和上计算点的相位差值；τ_S 是两计算点之间的时间，即为系统电压周期 T_S；t_y 是从微处理器发出合闸信号到断路器主触头闭合需经历的时间；t_o 是断路器主触头闭合需要的时间；t_{op} 是装置出口继电器的动作时间；δ_y 是导前相角。

在实际中，由于两相邻计算点间的 ω_d 变化很小，因此 $\Delta \omega_d$ 可经若干计算点后才计算一次，所以有

$$\frac{d\omega_d}{dt} \approx \frac{\Delta \omega_d}{\Delta t} = \frac{\omega_{di} - \omega_{d(i-n)}}{2\tau_S n} \tag{4-16}$$

式中，ω_{di}、$\omega_{d(i-n)}$ 分别是本次计算点和前 n 个计算点求得的 ω_d 值。

同样，也可方便地从两个电压互感器二次侧电压间相邻同方向的过零点找到两电压的相位差 δ，由于一个工频周期中有两次过零点，因此每半个周期就可取得一个实时的相位差值。该值与式（4-15）计算出的理想导前合闸角 δ_y 进行比较，有

$$\left|(2\pi - \delta_i) - \delta_y\right| \le \varepsilon \qquad (4-17)$$

式中，ε 是计算允许误差。

若式（4-17）成立，则表明相位差符合要求，允许发出合闸信号。若 $\left|(2\pi - \delta_i) - \delta_y\right| > \varepsilon$ 且 $(2\pi - \delta_i) > \delta_y$ 时，则继续进行下一点的计算，直至 δ_i 逐渐逼近 δ_y，符合式（4-17）为止。

在实际装置中，有了每一个工频周期计算出来的理想导前合闸角 δ_y，又有了每半个工频周期测量出来的实时相位差 δ，只要不断搜索 $\delta = \delta_y$ 的时机，一旦出现，自动准同期装置即可发出合闸脉冲，使待并发电机恰好在 $\delta = 0°$ 时并入系统。

ω_d 和 $\dfrac{\mathrm{d}\omega_d}{\mathrm{d}t}$ 也是自动准同期装置按模糊控制原理实施均频率控制的依据，装置在调频过程中不断检测这两个量，进而改变调频脉冲宽度及间隔，以期用快速而又平稳的力度使待并发电机达到并列条件。

2. 导前时间脉冲的形成条件

1）不论频率差方向如何，导前时间脉冲应在 $180° < \delta < 360°$ 区间内形成，即在 $\dot{U}_S$ 与 $\dot{U}_G$ 相量即将重合的半个周期内形成。

2）在相位差的限值区间内形成。

3）频率差满足要求。

4）电压差满足要求。

3. 并列断路器合闸时间测量

并列断路器总的合闸时间是自动准同期装置设置的一个重要参数，所以必须正确测量并列断路器总的合闸时间。并列断路器在停电检修状态下测量总的合闸时间比较容易，如要带电测量，则可采用自动准同期装置发出合闸脉冲时开始计时、并列断路器常开触头闭合时停止计时的方法。这种测量方法要求断路器主触头与常开辅助触头之间要同期，时差不能太大，此外，常开辅助触头可通过控制电缆引至自动准同期装置。

4.5　微机型自动准同期装置

用微机实现同期可以采用两种方式：一种是设置独立的微机型自动准同期装置；另一种是将同期并列功能附设在机组控制中，把机组的起动、同期并列操作合为一个完整的过程。

4.5.1　硬件原理框图

微机型自动准同期装置形式较多，但其功能及装置原理是相似的，逻辑框图如图 4-19 所示。微机型自动准同期装置的组成为：由 TV_G、TV_S、隔离电路构成的同期电压输入回路、由微处理器、存储器及输入接口、输出接口构成的 CPU 系统、电压差鉴别、频率差及相位差鉴别、输入电路（开关量输入、键盘）、输出电路（显示部件、继电器组）、通信及 GPS 对时、电源、试验模块等组成。

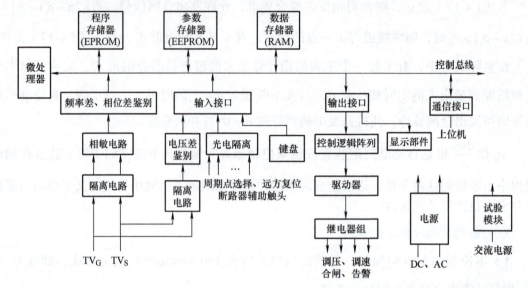

图 4-19　微机型自动准同期装置逻辑框图

1. 同期电压输入回路

按发电机并列条件，要采集发电机和系统的电压幅值、频率和相位差 3 种信号，作为并列操作的依据。

同期电压输入回路由电压形成和同期电压变换电路组成。同期电压经隔离、变换及有关抗干扰回路变换成较低的适合工作的电压，再经整形电路、A/D 转换电路，将同期电压的幅值、相位转换成数字量，供 CPU 系统识别，以便 CPU 系统判断同期条件。

2. CPU 系统

CPU 系统由微处理器、存储器及相应的输入、输出接口组成。微机型自动准同期装置的运行程序存放在程序存储器［可擦可编程只读存储器（EPROM）］中，同期参数整定值存放在参数存储器［电擦除可编程只读存储器（EEPROM）］中，运行过程中的采集数据、计算中间结果及最终结果存放在数据存储器［随机存储器（RAM）］中。输入/输出接口电路为可编程并行接口，用以采集同期点选择信号、远方复位信号、断路器辅助触头信号、面板按键和开关等开关量，并控制输出继电器实现调压、调速、合闸、告警等功能。

3. 开关量输入回路

微机型自动准同期装置的输入信号除同期点两侧的电压互感器二次电压外，还要采集如下开关量信号。

（1）同期点选择信号　装置的参数存储器中预先存放好各台发电机的同期参数整定值，如导前时间、允许频率差、均频控制系数、均压控制系数等。在确定同期点后，从微机型自动准同期装置的同期点选择输入端输入一个开关量信号，将调出相应的整定值，进行并列条件检测。

（2）远方复位信号 复位是使微机重新执行程序的一项操作。微机型自动准同期装置在自检或工作过程中出现硬件、软件问题或受到干扰都可能导致出错或死机，此时可按一下装置面板上的复位按钮或设在控制台上的远方复位按钮使装置复位，复位后装置可能恢复正常工作，也可能仍旧显示出错或死机。前者说明装置只是受短暂的干扰而本身无故障，后者则说明装置有故障需要检查。

复位的另一个作用是，若装置处于带电工作状态，此时要求其再起动，则需通过复位操作实现。因为装置在一次并列操作完成后，程序会进入循环显示断路器合闸时间的状态，直至接到命令才能开始新一轮的并列操作。

（3）断路器辅助触头信号 同期点的断路器辅助触头是用来实时测量断路器合闸时间（含中间继电器动作时间）的，微机型自动准同期装置的导前时间整定值越是接近断路器的实际合闸时间，并列时的相位差就越小。应该注意断路器辅助触头与主触头不一定同期，若采用装置发出合闸脉冲时起动计时，断路器辅助触头变位后停止计时的测量方法，将出现误差。

（4）面板按键和开关 微机型自动准同期装置面板上装有若干按键和开关，这些按键和开关的通断状态也是开关量形式的输入量，由装置面板直接输入到并行接口电路，分别实现均压功能、均频功能、同期点选择、参数整定、频率显示以及外接信号源等功能。

4. 开关量输出回路

微机型自动准同期装置通过输出回路实现对发电机组的均压、均频和合闸控制，装置异常或电源消失时告警，提供反映同期过程的电量并进行录波，提供运行人员监视装置工况、实时参数、整定值及异常情况等信息。

控制命令由加速、减速、升电压、降电压、合闸、同期闭锁等继电器执行。装置出现任何软件和硬件故障时都将起动告警继电器，触发中央音响信号，故障类型同时显示在显示器上。

5. 定值输入及显示

微机型自动准同期装置每个同期对象的定值输入都通过面板上的按键实现，或者通过面板上的专用串口由笔记本计算机输入实现。前者可通过按键修改定值，后者通过按键不能修改定值，只能查看定值，这可以防止其他工作人员修改定值。定值一经输入不受装置掉电的影响。显示屏除可以显示每个同期对象的定值参数外，还可显示同期过程中的实时信息、装置告警的具体内容、每次同期的同期信息等。

定值输入有以下内容：

1）同期对象的类型。确定是机组还是线路。

2）导前时间。导前时间等于从微机型自动准同期装置发出合闸脉冲到并列断路器主触头闭合的时间。

3）系统侧电压。需设置的内容如下：

① 系统侧电压上限值，如 115V。

② 系统侧电压下限值，如 80V。

③ 系统侧频率上限值，如 51Hz。

④ 系统侧频率下限值，如 49Hz。

应当指出，由于系统侧电压设置了下限值，在并列过程中一旦出现系统侧电压互感器二次回路断线的情况，则微机型自动准同期装置测到的系统侧电压必低于 80V，微机型自动准同期装置立即闭锁，发出告警信号并在显示屏上显示"系统侧电压过低"的信息。

4）待并侧电压。需设置的内容如下：

① 待并侧电压上限值，如 110V。

② 待并侧电压下限值，如 80V。

③ 待并侧频率上限值，如 50.5Hz。

④ 待并侧频率下限值，如 49Hz。

同样，在并列过程中若出现待并侧电压互感器二次回路断线的情况，则装置测到的待并侧电压必低于 80V，装置立即闭锁，发出告警信号并在显示屏上显示"待并侧电压过低"的信息。

5）频率差。如设定为 $-0.2\text{Hz} < \Delta f_{\text{set}} < 0.2\text{Hz}$。

6）电压差。当同期对象为机组时，电压差可设定为 $-4\text{V} < \Delta U < 4\text{V}$ 或 $-5\text{V} < \Delta U < 5\text{V}$；当同期对象为线路时，因电压不受微机型自动准同期装置控制，电压值变化可能较大，电压差设定值相对较大，如 $-7\text{V} < \Delta U < 7\text{V}$ 或 $-9\text{V} < \Delta U < 9\text{V}$，若在这种情况下电压差设定值过小，则会闭锁微机型自动准同期装置，使线路同期难以成功。

在显示屏上可查看定值情况以及定值是否有变化；同期过程中，显示屏上可显示同期实时信息，如同期频率值、电压值、相位差等实时信息；装置告警时，显示屏上显示告警的具体信息；同期成功或失败，均在显示屏上显示具体内容。此外，还可显示同期成功时并列断路器的实际合闸时间。

6. 通信及 GPS 对时

微机型自动准同期装置在工作过程中，通过装置上的通信口（RS485 或 RS232）将同期实时信息传送到监控计算机上（通过视频转换器，还可传送到 DCS 的画面上）。显示的实时信息有实时同期表（反映实时相位差）、增速或减速、升电压或降电压、系统侧频率和电压、待并侧频率和电压、合闸脉冲发出情况等。如装置告警，则显示告警的具体信息。

GPS 对时可使装置内部时钟或系统时钟同期，在装置显示屏上或传送的同期实时信息中显示具体的时间。

7. 电源

微机型自动准同期装置使用专门设计的交直流两用高频开关电源。电源可由 48～250V 交直流电源供电。装置内部因电路隔离的需要，使用了若干不共地的直流电源。选择同期点的外部同期开关触头（或继电器触头），用装置中的一个不与其他电源共地的直流电源作为驱动光电隔离的电源，以免产生干扰。

8. 试验模块

微机型自动准同期装置内设试验模块，提供两路变频、变幅的模拟量同期电压，可在任何时候对微机型自动准同期装置进行试验。

当试验开关置"试验"位置时，可对装置进行增速、减速、升电压、降电压试验；当两路同期电压调节的频率相同时，可以进行移相，对装置环并角进行试验；当两路同期电压满足同期条件时，装置会自动发出合闸脉冲，试验时同期过程中的实时信息，与真实同期完全相同，通过通信口可上传，在装置上也可同时显示。

试验模块的设置可及时发现微机型自动准同期装置的问题，不影响下次同期并列工作。试验模块处于试验位置时，微机型自动准同期装置出口自动断开，以免发出不必要的调速、调压、合闸命令。至于试验时装置是否正常，在面板上根据发出的指示灯信息完全可判断出来。

试验完毕，应将试验开关置于"运行"位置，实际上试验模块处于不工作状态。

4.5.2　软件原理

1. 主程序框图

图 4-20 所示为微机型自动准同期装置的主程序框图。微机型自动准同期装置未起动时，装置工作于自检、数据采集的循环中。当某一元件发生故障或程序出现问题，装置立即告警并闭锁。微机型自动准同期装置起动后，如果同期对象为机组，则对机组进行调频、调压，当频率差、电压差满足并列条件时，发出导前时间脉冲，将并列断路器合闸，合闸后在显示屏上显示同期成功时的同期信息；如果同期对象为线路，则不发出调频、调压脉冲，在频率差、电压差满足要求的情况下，进行捕捉（等待）同期合闸，完成同期并列。

在同期过程中，若出现同期电压参数超限、调速或调压脉冲发出后在一定时间内调速机构或调压机构不响应等情况，则闭锁装置同时发出告警信号；在装置起动后，如果因故要退出装置工作，则只要输入复位信号即可。

2. 模拟量采集

数据采集有模拟量采集和开关量采集两种。模拟量采集指的是同期电压 u_G、u_S 的频率、大小以及相位差 δ 的采集。

模拟量的采集是否准确对装置的工作十分重要。为了提高装置的安全性和可靠性，同期电压均要经同期电压输入回路后才能进行采集。因两路同期电压输入回路不可能有完全相同的电压传输系数和相位移动，所以在采集前必须对同期电压的大小及其相位差进行调整。调整的依据是同期电压输入回路的传输误差固定不变。

调整前先测量同期电压输入回路的电压调整系数和相位补偿值，测量是自动进行的。测量方法是将两同期电压并接，施加 100V、50Hz 的标准正弦波形电压，在显示屏主菜单中选取"自校"，确认后装置自动将两路同期电压输入回路的电压调整系数、相位补偿值测量出，并将其存储起来，用作调整补偿。

图 4-21 所示为模拟量采集功能性程序示意框图。图中，对同期电压 u_G、u_S 的大小进行两次调整，第一次调整是对同期电压输入回路引起的误差进行调整，第二次调整是由于主变压器电压比、电压互感器电压比引起的幅值调整。对相位差 δ 同样进行了两次调整，

第一次调整是对两个同期电压输入回路相位不同进行的调整，第二次调整是对主变压器连接组别引起的相位补偿的调整。经过上述的调整，使 CPU 系统采集到的同期电压的大小、相位差可完全反映同期点两侧电压的大小及相位差，达到了模拟量准确采集的目的。

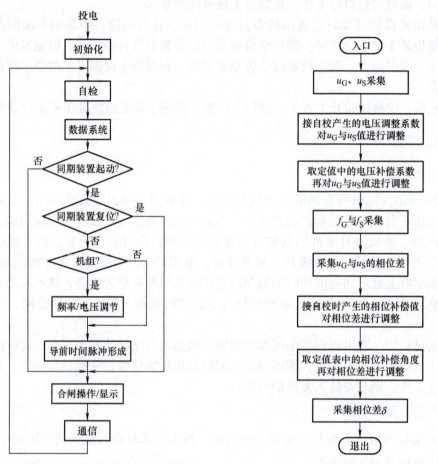

图 4-20 微机型自动准同期装置的主程序框图　　　图 4-21 模拟量采集功能性程序示意框图

3. 开关量采集

开关量采集指的是对同期起动、同期对象、无压同期等的采集。图 4-22 所示为开关量采集功能性程序示意框图。装置无告警信号且不在同期过程中才可采集开关量。装置一经起动，立即采集同期对象，并判断是否合理。当同期对象重选（选择两个及以上）或漏选（没有同期对象选择输入）时，显示同期对象重选或漏选的信息，装置发出告警信号；当仅有一个同期对象选择信号时，对象选择合理，此时提取选择对象号的整定参数，供同期并列时使用。

当同期点两侧均无电压或任一侧无电压时，在有无电压同期开入量的情况下，才能进入无电压同期状态完成并列合闸；无电压同期开关量信息不加入时，装置不会发出合闸脉冲。当同期点两侧有电压时，在无无电压同期开入量的情况下，才能起动同期程序；如果错误地加入无电压同期开入量，装置立即告警并退出工作。

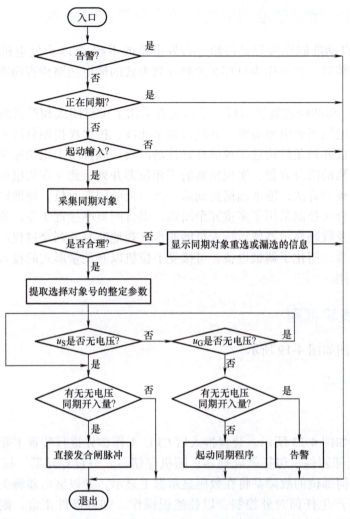

图 4-22　开关量采集功能性程序示意框图

由图 4-22 可知，无电压同期只有在无电压同期开入量信息存在的情况下才能实现，所以正常准同期过程中发生电压互感器二次回路断线失电压时，装置不可能发出合闸脉冲，此时装置自动闭锁并发出告警信号，显示断线侧同期电压过低的信息。因此，不会出现装置具有无电压同期功能后电压互感器二次回路断线失电压带来的误合闸问题。在图 4-22 中，无电压同期是不经同期程序判别后直接发合闸脉冲的。

4.6　典型的微机型自动准同期装置举例

微机型自动准同期装置由于硬件简单、编程方便、运行可靠，技术上已日趋成熟，成为当前自动并列装置的发展和应用的方向，在电力系统中得以广泛的应用。本节以 SID-2V 型自动准同期装置为例，介绍微机型自动准同期装置的接线、原理、技术、性能、二次接线配合及使用的有关问题。

4.6.1　SID-2V 型自动准同期装置的应用范围及特点

SID-2V 型自动准同期装置是供给一台发电机或不超过 15 台发电机复用进行全自动差频并列的同期装置，也可作为只存在差频并列方式的输电线路检查同期自动并列的装置使用。

SID-2V 型自动准同期装置的特点是：装置采用了全封闭式和严密的磁屏蔽措施；对输入信号采用光电隔离或电磁隔离，并进行数字滤波；按模糊控制算法实施自动均频及均压控制，具有促成并列条件快速实现的良好控制品质；软件上采用快速求解计算频率差及其一阶、二阶导数的微分方程，实现精确的零相位差并列；建立在机组运动方程基础上理想导前合闸角的预测算法，能准确捕捉到第一次出现的同期时机，使准同期并列速度达到自同期的水平；合闸控制采用了多重冗余闭锁，误合闸概率接近于零；装置面板提供的智能化同步指示器及数码显示器使运行人员能非常直观地监督并列全过程；装置内部自备可调频的工频信号源，简化了调试设备；可接受上位机以开关量形式的投入和切除命令；装置电源交直流两用。

4.6.2　硬件逻辑框图

硬件逻辑框图如图 4-19 所示。

4.6.3　软件流程

1. 主程序

软件流程图如图 4-23 所示。装置接入后 CPU 工作，先进行装置主要部件的自检。在自检过程中对全部硬件，包括微处理器、随机存储器、只读存储器、接口电路及继电器等进行自检，任何部位的故障都将在数码显示器上显示，并以继电器触头输出告警，将闭锁合闸回路，不产生任何对外控制，以杜绝误操作。如各部件正常，则检测工作 / 设置（W/T）开关的状态，若检测为工作状态（W），则检测外部各同期点同期开关（或由上位机控制的继电器）送来的同期点选择信号，如果无同期点选择信号或选择信号多于一个，则显示器显示出错信号并告警。若检测到一个特定的同期点信号，则打开定时中断程序，装置进入同期工作状态。

在自检后检测到 W/T 开关在设置（T）状态，则程序转向查 KG/KP 按键状态，KG 键每闭合一次，就自动调出下一个待整定参数，KP 键每闭合一次就将待整定参数值增加一个分度（即步距）值。

2. 定时中断子程序说明

由于装置在并列过程中必须在准同期的 3 个并列条件中的频率差及电压差达到允许值时才能去捕捉相位差为零的时机，因此装置需要及时地检测频率差及电压差，尽管在某时刻频率差及电压差已满足要求，程序已进入再重新检测频率差及电压差，以确保在 3 个并列条件都同时满足时才进行并列操作。所以，装置的并列程序采用定时中断的方式进行。

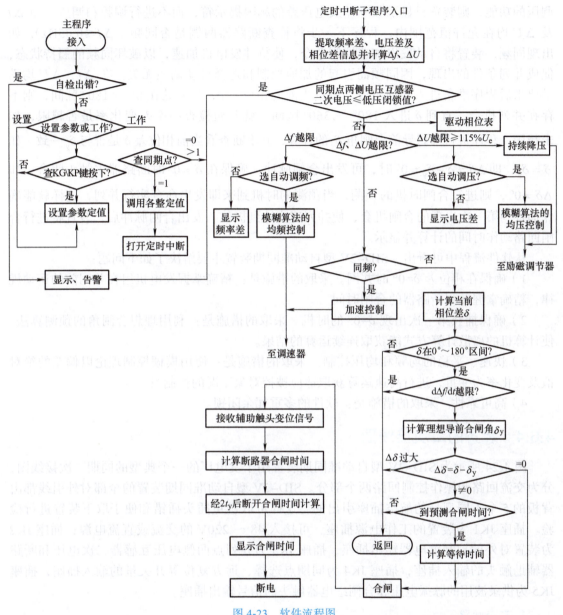

图 4-23　软件流程图

　　程序的起始部分是根据外部输入的电压互感器信号经转换后提取频率差、电压差及相位差信息，进而计算出 Δf、ΔU 及 δ。若同期点两侧的电压互感器二次电压低于整定的低压闭锁值，表明可能是电压互感器二次回路断线或熔断器熔断，或电压互感器一次电压本身就很低，这都不适于发电机并列，因此装置将告警并停止执行并列程序。若同期点两侧的电压互感器二次电压均高于整定的低压闭锁值，则装置面板上由软件驱动相位表将按滑差角频率偏转指针，且进入检查 Δf 和 ΔU 是否越限的程序段。如任一项或两项都越限，且整定时已选择了需要装置具备自动调频和自动调压的功能，则装置将依据原整定的均频控制系数和均压控制系数按模糊控制算法进行调频和调压。如未选择自动调频和调压的功能，则装置只显示频率差及电压差的越限提示符，而不进行调频和调压。如 Δf 及 ΔU 均在允许值范围内，程序下一步将检查断路器两侧是否同频（$\Delta f \leqslant 0.05\text{Hz}$），如出现同频，装置将自动发出加速控制命令，使待并发电机加速，以破坏同频的僵持状态，促成并列条件的出现，因同频而引起的加速控制和选择自动调频无关。在 Δf、ΔU 均满足要求后程序准备进入并列阶段，测量当前的相位差 δ，如 δ 处在 $0° \sim 180°$ 区间，则不存在并列机会，直到 δ 进入 $180° \sim 360°$ 区间，就开始检查频率差变化率是否越限，如未越限，程序进行理想导前合闸角 δ_y 的计算，并不断查看当前相位差 δ 是否与 δ_y 一致。如 $\delta = \delta_y$，即 $\Delta\delta = \delta - \delta_y = 0°$ 时，可发出合闸脉冲，确保在 $\delta = 0°$ 时断路器主触头闭合；如 $\Delta\delta \neq 0°$，则进行合闸时机的预测，当预测的时机到来即发出命令实行并列，这样就能确保捕捉到第一次出现的合闸机会，使并列速度达到极值。发出合闸脉冲后，装置将进行合闸回路动作时间的计算并显示。

从软件流程中可看出，SID-2V 型自动准同期装置主要解决了如下问题：

1）确保在相位差 $\delta = 0°$ 时并网。采取的措施是：精确掌握发电机组在并网前的运动规律，精确掌握并列断路器的合闸时间。

2）确保捕获第一次出现 $\delta = 0°$ 的时机。采取的措施是：利用理想合闸角的预测算法，使计算机的离散计算方式能获取连续运算的结果。

3）快速、平稳的均频和均压控制。采取的措施是：使用模糊控制理论以偏差的绝对值及变化率为变量，进行高速运算获取适应被控对象工况的控制量。

4）高可靠性。采取的措施是：软件的多重冗余闭锁。

4.6.4 装置的二次接线图

图 4-24 所示为 SID-2V 型自动准同期装置用于发电厂的一个典型的同期二次接线图，分为交流回路和操作控制回路两个部分。SID-2V 型自动准同期装置的全部对外引线都由背板的 5 个不同型号的航空插座引出的，这样可以避免插头插错和便于取下装置进行检验。插座 JK1 为装置的工作电源插座，可接入 $48 \sim 220\text{V}$ 的交流或直流电源；插座 JK2 为装置对外的控制继电器输出插座，插座 JK3 为并列点两侧电压互感器二次电压和断路器辅助触头的输入插座，插座 JK4 为同期点选择、远方复位等开关量的输入插座，插座 JK5 为供录波用的脉振电压和合闸继电器触头的信号输出插座。

1. 交流回路

交流回路主要是同期点断路器两侧的电压互感器二次电压输入回路，两个电压可以有公共端（JK3-5 与 JK3-6 连通），也可没有。图 4-24 中的开关 SSA 可以是手动同期开关，也可以是由上位机控制的继电器组，如装置为多个同期点共用，则手动同期开关 SSA 或由上位机控制的继电器组的数量等于同期点数量，编号为 SSA1，SSA2，…，SSA15。

2. 操作控制回路

操作控制回路可分为供电回路、输出控制回路、同期点选择回路及断路器辅助触头输入回路、信号回路、上位机远方复位控制回路。

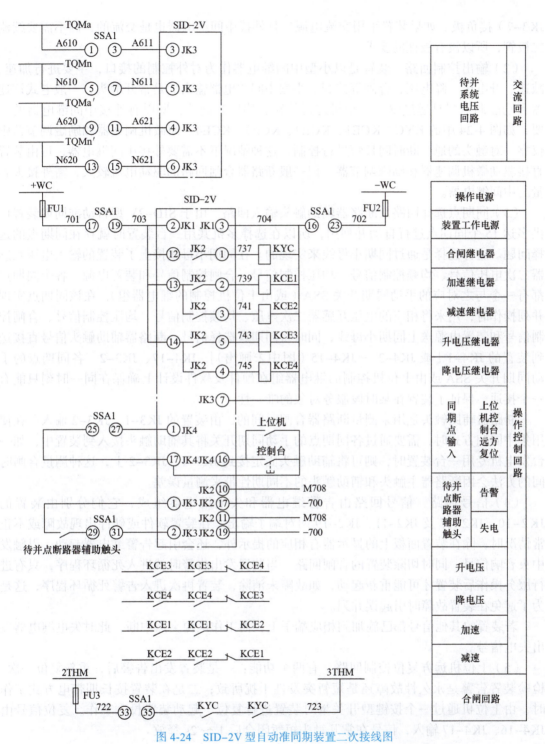

图 4-24　SID–2V 型自动准同期装置二次接线图

注：对于多机型 SID–2V 控制器，此部分共有 15 个相似回路，本图只列其一。

（1）供电回路　装置可使用直流或交流电源供电。图 4-24 采用直流电源供电，JK1-2 接正极，由于装置内有为外接电磁中间继电器线圈所用的续流二极管，要求 JK1-3（或

JK3-7）接负极。如果装置采用交流电源，且外接中间继电器也是交流的，因不需要续流二极管，所以没有极性的要求。

（2）输出控制回路　装置是以小型中间继电器作为对外控制的接口，主要进行加速、减速、升电压、降电压、合闸等控制。小型中间继电器输出的是常开触头，一般老式调速器和励磁调节器是通过驱动电动机进行均频、均压控制的，所以有外接中间继电器的必要，如图 4-24 中的 KYC、KCE1、KCE2、KCE3、KCE4。而微机调速器和励磁调节器则仅靠一对触头的通、断时间长短进行控制，这种情况下不需要外接中间继电器，可由装置直接驱动微机调速器和励磁调节器。但一般断路器合闸回路的驱动电流较大，需外接大容量的中间继电器。

（3）同期点选择回路及断路器辅助触头输入回路　由于 SID-2V 型自动准同期装置可供多达 15 个同期点进行自动并列用，所以在选择多机共用一台装置时就存在同期点的选择问题。这种选择是通过同期小母线来实现的。在同期小母线接上了装置的输入电压互感器二次电压信号、均频控制信号、均压控制信号、合闸控制信号和装置电源。各个同期点都有一个与之对应的手动同期开关 SSA（或由上位机控制的继电器组），在该同期点实现并列操作时，用来将相应的电压互感器二次电压、均频控制信号、均压控制信号、合闸控制信号和装置电源送上同期小母线，同时将同期点选择信号、断路器辅助触头信号直接送到装置的 JK4-1 [或 JK4-2 ～ JK4-15（图中未画出）]、JK4-17、JK3-2。各同期点的手动同期开关 SSA 或由上位机控制的继电器组在硬件及软件设计上确保在同一时刻只能有一个接通，保证了装置在某时段服务对象的唯一性。

断路器辅助触头是用来测量断路器合闸时间的，由装置的 JK3-1、JK3-2 输入。在使用集中同期方式时，需要通过各同期点的手动同期开关将其辅助触头接入到装置中，如一台发电机专用一台装置时，则可将辅助触头固定接到 JK3-1、JK3-2 上，这种测量合闸时间的方法会因断路器主触头和辅助触头的不同期性带来测量误差。

（4）信号回路　信号回路由告警继电器和失电继电器组成，它们分别由装置的 JK2-10、JK2-17 及 JK2-11、JK2-19 两对端子输出。在装置软件或硬件出现故障或不正常情况时，除在装置面板上的显示器有相应的提示外，还会引起告警继电器起动，以触发中央音响信号，同时切除装置的合闸回路。当装置发出告警时就进入死循环程序，只有进行服务操作后装置才可能重新起动，如故障未消除，装置再次进入告警死循环程序，这是为了避免在装置故障时引起误并列。

若装置的其他信号都已施加到相应端子上，而工作电源突然中断，此时失电继电器发出失电信号。

（5）上位机远方复位控制回路　有两个功能：一是装置发出告警后，重新复位一次，检验装置告警是永久性故障还是短暂突发性干扰所致；二是在装置按长期带电方式工作时，由上位机通过一个按键型开关量对装置进行复位，起动装置投入工作。复位信号由 JK4-16、JK4-17 输入，信号在常开触头短暂闭合后 1 ～ 2s 释放。

4.6.5　SID-2V 型自动准同期装置的电压参数整定

SID-2V 型自动准同期装置的允许电压差值及发电机过电压保护定值的整定是通过部分硬件来完成的，这是因为装置电压定值的改变很容易实现，要求无须太精确，从而大大简化了装置的硬件电路。装置内的输入电路上方设置了 4 个精密多圈电位器（RP1、RP2、RP3、RP4），通过如下步骤可以分步实现发电机过电压保护定值、正向允许电压差值、负向允许电压差值 3 个定值的整定，可使用专配的 SID-2DS 准同期开发试验装置或两个调压器完成整定工作。

1. 整定发电机过电压保护定值

调节输入装置的发电机电压为 1.15 倍额定电压，用电压表监视输入电路板上方的"TTV-4"测点对 5V 电源地端的电压，然后调节电位器 RP3 直到电压表指示从低电平变为高电平为止，整定完毕。

2. 调节发电机及系统侧电压互感器二次电压差值的基准点

由于发电机及系统侧电压互感器二次电压不一定是 100V（或 $100/\sqrt{3}$ V）时正好对应一次额定电压，所以必须以对应一次额定电压的实际二次电压为基准才能整定出合理的允许电压差值。为此就是找出作为整定正、负允许电压差值的基准点，其办法是先将送入装置系统侧的电压调到实际电压互感器二次侧额定值 U_{SN}，再将送入装置发电机侧的电压调到实际电压互感器二次侧额定值 U_{GN}，接着用电压表监视输入电路板上方的"TTV-1"与"TTV-7"两测点的电压，调节电位器 RP1 使该电压向减小方向变化，直到电压为零停止，基准点整定完毕。

3. 整定负向允许电压差值

保持系统侧输入电压为额定值 U_{SN}，将发电机侧电压降到 80% U_{GN} 以下，然后逐步将发电机侧电压升到最低允许电压值，此值应是以发电机侧额定电压 U_{GN} 为基准的百分值，如 –8% U_{GN}；再调节电位器 RP2 直到数码显示器的最右一位刚好稳定地显示"U"为止，整定完毕。

4. 整定正向允许电压差值

保持系统侧输入电压为额定值 U_{Se}，将发电机侧电压升到最高允许电压值，此值应是以发电机侧额定电压 U_{Ge} 为基准的百分值，如 +7% U_{Ge}；然后调节电位器 RP4 直到数码显示器的最右两位刚好稳定地显示"-U"为止，整定完毕。

小　结

并列操作是指将同步发电机投入电力系统并列运行的操作，并列操作方法主要有准同期并列和自同期并列两种。准同期并列时产生的冲击电流较小，不会使系统电压降低，并列后容易拉入同期，但并列操作过程较长；自同期并列操作简单，并列速度快，但冲击电流较大。凡断开后两侧均有可能存在电压差的断路器，都应视为同期点。对同期点的同期电压引入，目前常采用单相同期接线，注意同期电压取得方式，对某些同期点需要考虑电压的相位补偿问题，准同期并列可采用手动准同期并列和自动准同期并列。

考虑实际同步发电机并列难以同时满足3个理想并列条件，即会存在频率差或电压差或相位差，所以并列瞬间有冲击电流，且影响并列后发电机进入同期运行的过程。频率差会产生周期性变化的冲击电流，影响发电机进入同期的过程；电压的幅值差会产生无功性质的冲击电流，引起定子绕组发热和在定子端部产生冲击力矩；电压的相位差会产生有功性质的冲击电流，在发电机的大轴上产生冲击力矩。

自动准同期装置由频率差控制单元、电压差控制单元、合闸信号控制单元和电源4部分组成。模拟式自动准同期装置存在导前时间不恒定、同期操作速度慢、受元件参数变化的影响，会使并列时间延长，已逐渐被微机型自动准同期装置所替代。

本章分析了自动准同期装置的工作原理；微机型自动准同期装置由同期电压输入回路、CPU系统、电压差鉴别、频率差及相位差鉴别、开关量输入/输出回路、定值输入及显示、电源、试验装置等组成，介绍其硬件原理框图和软件原理。

本章以SID-2V型自动准同期装置为例，介绍了装置的硬件框图、软件流程及二次接线等。

习 题

一、填空题

1. 同步发电机并列方式有_____和_____两种，这两种并列方式的最大区别是_____。这两种并列操作方法可以是_____，也可以是_____。

2. 自动准同期装置的主要功能有_____。

3. 自动准同期装置按合闸脉冲发出形式不同分为_____和_____两种。

4. 恒定导前时间式自动准同期装置是指待并发电机电压与运行系统电压两相量重合之前_____发出合闸信号。

5. 恒定导前相位式自动准同期装置是指待并发电机电压与运行系统电压两相量重合之前_____发出合闸信号。

6. 发电机采用微机型准同期装置时，通过直接比较_____鉴别频率差方向。

二、判断题

1. 电站里装设了自动准同期装置后，可不必再设手动准同期装置。（   ）

2. 为防止发电机在准同期并列时可能失去同期，因此并列时，频率差不应超过0.1～0.25Hz。（   ）

3. 恒定导前时间式自动准同期装置和恒定导前相位式自动准同期装置在原理上都能保证满足准同期并列条件。（   ）

4. 当发电机电压与系统侧电压间频率差很小时，将出现同期不同相的现象，为加快并列过程，应自动发减速脉冲。（   ）

5. 为使发电机并列时不产生过大的冲击电流，应在相位差接近于0°时将断路器主触头接通，通常控制相位差不大于20°时就认为符合要求了。（   ）

6. 为防止非同期并列，应装设同期装置及非同期闭锁回路。（   ）

7. 自动准同期装置的调速脉冲应作用于机组调速器，其宽度应与机组调速器特性

配合。　　　　　　　　　　　　　　　　　　　　　　　　　　　　　（　　　）

8. 不论手动或自动准同期，都应考虑合闸脉冲在待并发电机电压与运行系统电压重合之前一个适当的时间发出。　　　　　　　　　　　　　　　　　　（　　　）

9. 自动准同期装置的合闸部分是在频率差满足要求时导前一个时间发出合闸脉冲。　　　　　　　　　　　　　　　　　　　　　　　　　　　　（　　　）

三、选择题

1. 自同期并列操作的合闸条件是（　　　）。
（A）发电机已加励磁、接近同期转速　　（B）发电机未加励磁、接近同期转速
（C）发电机已加励磁、任意转速　　　　（D）发电机未加励磁、任意转速

2. 准同期并列就是发电机在并列前_____，当_____时，将发电机断路器合闸完成并列操作。（　　　）
（A）未加励磁　　发电机电压与同期点系统侧电压的幅值、频率、相位接近相等
（B）未加励磁　　发电机转速接近同期转速
（C）已加励磁　　发电机电压与并列点系统侧电压的幅值、频率、相位接近相等
（D）已加励磁　　发电机转速接近同期转速

3. 同期点待并发电机的电压与电力系统的电压基本相等，其误差不应超过（　　　）额定电压。
（A）2%～5%　　　　　　　　　　　（B）5%～10%
（C）10%～15%　　　　　　　　　　（D）15%～20%

4. 同期点待并发电机与电力系统的频率误差要求不超过（　　　）Hz。
（A）0.2～0.5　　　　　　　　　　（B）0.2～0.25
（C）0.1～0.25　　　　　　　　　　（D）0.15～0.25

5. 手动准同期并列操作时，若同期表指针在零位不稳定地来回晃动，（　　　）。
（A）不能进行并列合闸　　　　　　（B）应立即进行并列合闸
（C）应慎重进行并列合闸　　　　　（D）可手动合闸

6. 发电机准同期并列后立即带上了无功负荷（向系统发出无功功率），说明合闸瞬间发电机与系统之间存在（　　　）。
（A）电压幅值差，且发电机电压高于系统电压
（B）电压幅值差，且发电机电压低于系统电压
（C）电压相位差，且发电机电压超前系统电压
（D）电压相位差，且发电机电压滞后系统电压

7. 发电机并列后立即从系统吸收有功功率，说明合闸瞬间发电机与系统之间存在（　　　）。
（A）电压幅值差，且发电机电压高于系统电压
（B）电压幅值差，且发电机电压低于系统电压
（C）电压相位差，且发电机电压超前系统电压
（D）电压相位差，且发电机电压滞后系统电压

8. 发电机准同期并列后，经过了一定时间的振荡才进入同期状态运行，这是由于合闸瞬间（　　　）造成的。

（A）发电机与系统之间存在电压幅值差　　　（B）发电机与系统之间存在频率差

（C）发电机与系统之间存在电压相位差　　　（D）发电机的冲击电流超过了允许值

四、问答题

1. 电力系统中，同步发电机并列操作应满足什么要求？为什么？

2. 电力系统中，同步发电机并列操作可以采用什么方法？

3. 什么是同步发电机准同期并列？有什么特点？适用什么场合？为什么？

4. 什么是同步发电机自同期并列？有什么特点？适用什么场合？为什么？

5. 在发电厂，哪些断路器可以作为同期点？

6. 自动准同期装置一般由哪几部分组成？各部分的主要作用是什么？

7. 微机型自动准同期装置是如何检查频率差大小的？

8. 微机型自动准同期装置，鉴别频率差方向用什么方法？试说明其工作原理。

9. 微机型自动准同期装置，鉴别电压差方向用什么方法？试说明其工作原理。

10. 简述微机型自动准同期装置的优点。

第5章

同步发电机自动调节励磁装置

教学要求： 熟悉励磁系统的任务、基本要求、励磁方式；掌握可控整流电路原理；熟悉自动调节励磁装置的构成原理；理解强行励磁的概念及衡量强励能力的指标；理解灭磁的概念、基本要求、方法；理解并列运行发电机间无功功率分配原则；熟悉微机型 AER 的特点、硬件组成，掌握软件原理；培养学生团结协作精神、诚实守信品格；树立精益求精的工匠精神和爱岗敬业的劳动态度；养成正确应用国家和行业标准、严谨分析和解决专业问题的职业素养。

知识点： 励磁系统、励磁方式、强行励磁、强行减磁、强励倍数、励磁电压响应比、灭磁、调差系数、正调差特性、负调差特性、可控整流电路原理、并列运行发电机间无功功率的分配原则，微机型 AER 的原理。

技能点： 能根据同步发电机的结构，分析励磁方式；能掌握可控整流电路的原理；能熟练掌握励磁调节装置的接线。

同步发电机是将旋转形式的机械功率转换成三相交流电功率的特定机械设备。为了实现这一转换，它本身需要在发电机的转子绕组（又称励磁绕组）中通以直流电流，把这一产生旋转磁场的直流电流称为同步发电机的励磁电流（或称转子电流），与励磁有关的元器件和设备，统称为励磁系统。

5.1 同步发电机励磁系统的任务、基本要求

运行中的同步发电机无论在正常或事故情况下，要维持发电机端电压都需要调节发电机的励磁电流。一般现代发电机上都装有自动励磁调节装置（简称 AER），使同步发电机的励磁电流按预定要求进行自动调整。

同步发电机的励磁系统通常由励磁功率单元和励磁调节装置两部分组成。励磁功率单元向同步发电机的励磁绕组提供可靠的励磁电流；励磁调节装置是励磁调节器按照同步发电机及电力系统运行的要求，根据输入信号和给定的调节准则自动调节控制励磁功率单元输出的励磁电流。

5.1.1 励磁系统的任务

励磁系统的主要任务是向同步发电机的励磁绕组提供一个可调的直流电流（或电压），

以满足同步发电机正常发电和电力系统安全运行的需要。无论在稳态运行还是在暂态过程中，同步发电机的运行状态在很大程度上都与励磁有关。对同步发电机的励磁进行调节和控制，不仅可以保证同步发电机及电力系统的可靠性、安全性和稳定性，而且可以提高同步发电机及电力系统的技术经济指标。

1. 在电力系统正常运行时，维持发电机端电压或系统中某点的电压水平

电力系统正常运行时，负荷是经常波动的，随着负荷的变化，电压也会发生变化。为了使电压在某一允许范围内，需要对励磁电流进行调节以维持发电机端或系统中某点电压在给定的水平，励磁系统必须承担维持电压水平的任务。

为便于分析，可用单机运行系统来进行分析。图 5-1a 所示为同步发电机的一次系统原理图，图中 WE 为同步发电机的励磁绕组。图 5-1b 所示为同步发电机的等效电路图，图中，发电机的感应电动势 $\dot{E}_q$ 与端电压 $\dot{U}_G$ 的关系为

$$\dot{E}_q = \dot{U}_G + j\dot{I}_G X_d \tag{5-1}$$

式中，$\dot{I}_G$ 是发电机定子电流；X_d 是发电机直轴同步电抗。

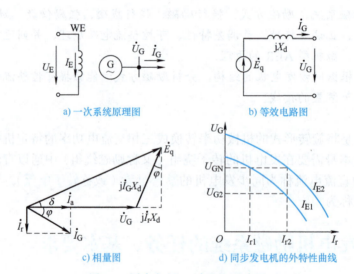

a) 一次系统原理图　　　　　b) 等效电路图

c) 相量图　　　　　d) 同步发电机的外特性曲线

图 5-1　同步发电机运行原理示意图

图 5-1c 所示为发电机的相量图，由此可知 $\dot{E}_q$ 与 $\dot{U}_G$ 的幅值关系为

$$E_q \cos\delta = U_G + I_r X_d \tag{5-2}$$

式中，δ 是发电机的感应电动势 $\dot{E}_q$ 与端电压 $\dot{U}_G$ 间的相位差，即发电机的功角；I_r 是发电机的无功电流。

由于 δ 值一般很小，可近似认为 $\cos\delta = 1$，则式（5-2）可简化为

$$E_q \approx U_G + I_r X_d \tag{5-3}$$

式（5-3）表明，在励磁电流 I_E 一定、感应电动势 E_q 一定的条件下，无功负荷的变化

是造成端电压偏移的主要原因。由式（5-3）可作出发电机的外特性曲线，如图 5-1d 所示。当无功电流 I_{r1} 增加到 I_{r2} 时，若励磁电流维持 I_{E1} 不变，则相应端电压 U_G 从 U_{GN} 降到 U_{G2}，此时若要保持端电压为 U_{GN}，则应使励磁电流 I_{E1} 增加到 I_{E2}，即使外特性曲线上移。同样，当无功电流减小时，为保持端电压为额定电压 U_{GN}，励磁电流应相应减小，即外特性曲线下移。同步发电机的自动调节励磁就是通过不断地调整励磁电流来维持发电机端或系统中某点的电压为给定水平。

2. 对并列运行机组间的无功功率进行合理分配

电力系统中有许多发电机并列运行，为了保证电力系统的电压水平和无功功率的合理分配，要求发电机输出的无功功率应合理，同时要求当电力系统电压发生变化时，发电机输出的无功功率也要随之进行自动调节，并能满足运行的要求。

为便于分析，假设同步发电机与无限大容量母线并列运行，也就是发电机端电压不随负荷变化而变，为一恒定值，如图 5-2a 所示。由于发电机输出的有功功率只受调速器控制，发电机的输出功率由原动机输入功率决定，与发电机的励磁电流大小无关，当原动机输入功率不变时，发电机的输出功率为常数，即

$$P = U_G I_G \cos\varphi = 常数 \qquad (5\text{-}4)$$

式中，φ 是发电机的功率因数角。

对隐极式发电机而言，由其功角特性可得，发电机输出的有功功率还可表示为

$$P = \frac{E_G U_G}{X_d}\sin\delta = 常数 \qquad (5\text{-}5)$$

若计及 U_G 为常数，同步电抗 X_d 不变时，式（5-4）和式（5-5）可写成

$$I_G \cos\varphi = 常数 \qquad (5\text{-}6)$$

$$E_G \sin\delta = 常数 \qquad (5\text{-}7)$$

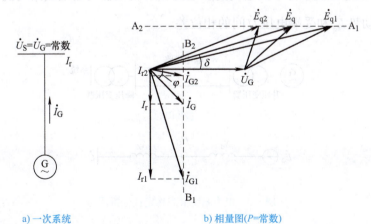

a) 一次系统　　　　　　　　b) 相量图(P=常数)

图 5-2　同步发电机与无限大母线并列运行

同步发电机的相量图如图 5-2b 所示。由图可见，当励磁电流变化时，$\dot{E}_q$ 终端变化轨迹 A_1A_2 平行于 $\dot{U}_G$，相应定子电流 $\dot{I}_G$ 的变化轨迹为 B_1B_2。当励磁电流增大，使 $\dot{E}_q$ 增大为 $\dot{E}_{q1}$ 时，相应定子电流 $\dot{I}_G$ 增大为 $\dot{I}_{G1}$，此时无功电流由 I_r 增大为 I_{r1}；当励磁电流减小，使 $\dot{E}_q$ 减小为 $\dot{E}_{q2}$ 时，相应定子电流 $\dot{I}_G$ 减小为 $\dot{I}_{G2}$，此时无功电流由 I_r 减小为 I_{r2}。可见，通过调节励磁电流的大小，可以控制发电机发出的无功功率（$I_r U_G$），使并列运行机组间的无功功率得到合理分配。

3. 提高电力系统运行的稳定性

同步发电机稳定运行是保证电力系统可靠供电的首要条件。电力系统在运行中随时都可能受到各种干扰，在受到各种干扰后，发电机组能够恢复到原来的运行状态，或者过渡到另一个新的稳定运行状态，则系统是稳定的。电力系统的稳定性可分为静态稳定性和暂态稳定性两类。

电力系统的静态稳定性是指在一个特定的稳定运行条件下的电力系统，遭受到任何一个小干扰后，经过一定时间，能够自动地恢复到或者靠近于小干扰前的稳定运行状态。电力系统具有静态稳定性，是系统能够正常运行的基本条件。

电力系统的暂态稳定性是指在一个特定的稳定运行条件下的电力系统，突然遭受到一个大干扰后，能够从原来的运行状态不失去同步地过渡到另一个允许的新稳定运行状态。显然，一个实际运行的电力系统应具有必要的静态稳定性和暂态稳定性，良好的励磁系统能提高电力系统的稳定性。

（1）提高电力系统的静态稳定性　如图 5-3 所示，同步发电机直接并列于无穷大系统，发电机向系统送出的有功功率可表示为

$$P_G = \frac{E_q U}{X_\Sigma} \sin \delta \qquad (5\text{-}8)$$

式中，X_Σ 是系统总阻抗，等于发电机同步电抗 X_d、变压器与输电线路电抗 X_Z 之和；δ 是发电机感应电动势 $\dot{E}_q$ 和受端电压 $\dot{U}$ 间的相位差。

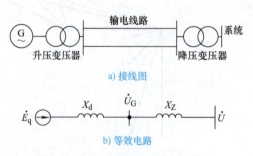

a) 接线图

b) 等效电路

图 5-3　电力系统静态稳定性分析图

在某一励磁电流下，对应于某一固定感应电动势 E_q 值时，发电机传输功率 P_G 是功角

δ 的正弦函数，$P(\delta)$ 关系曲线如图 5-4 所示，称为同步发电机的功角特性。在图 5-4 中功角特性曲线上可以看出，当发电机输出功率为 P_{G0} 时，则运行在图 5-4 中的 a 点是静态稳定的。当 $\delta < 90°$ 时，发电机能稳定运行；当 $\delta > 90°$，发电机不能稳定运行；$\delta = 90°$ 时，最大输出功率为 $P_{\max} = E_q U / X_\Sigma$。

但是随着负荷的变化，发电机端电压会发生变化，为了维持发电机端电压，励磁电流就需要不断地调节。励磁电流的改变，也会引起发电机感应电动势的改变，就形成了一簇不同的功角特性。将其不同的运行点连接起来，就得到励磁电流调节后的功角特性，如图 5-5 所示，极限输出功率增加、系统的静态储备增加、稳定区扩大。由此可见，增加励磁调节器后系统的静态稳定性得到了提高。

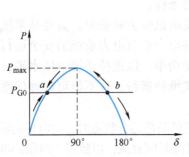

图 5-4　同步发电机的功角特性

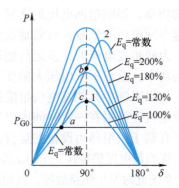

图 5-5　励磁电流调节后的功角特性

（2）改善电力系统暂态稳定性　当电力系统遭受大的扰动后，发电机组之间或电厂之间的联系立即减弱。只有当电力系统具有较强的暂态稳定性时，才能使系统中各机组保持同步运行。由于现代继电保护装置的快速切除故障、励磁自动控制系统对暂态稳定性的影响一般不如对静态稳定性的影响那样显著，但在一定条件下，仍然具有明显的作用，这可以用单机对无限大系统的例子来说明。

图 5-6 为发电机暂态稳定的等面积法则。假设在正常运行时，发电机输送功率为 P_{G0}，在功角特性曲线 1 的 a 点上运行，当突然受到扰动后，电压突降，系统运行点由 a 点突降到功角特性曲线 2 的 b 点。如果事故消除前，励磁调节装置保持原状态，则由于动力输入部分存在惯性，输入功率仍为 P_{G0}，于是发电机的转子轴上将出现过剩转矩，使转子加速，运行点由 b 点沿曲线 2 向 F 点移动。abF 包围的面积均表现为这种加速的区域，称为加速面积。过了 F 点，发电机输出功率大于 P_{G0}，转子轴上将出现制

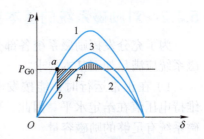

图 5-6　发电机暂态稳定的等面积法则

动转矩，使转子减速。曲线 2 与 P_{G0} 直线间所形成的上部阴影部分面积表示使转子制动的区域，称为减速面积。发电机能否稳定运行取决于这两块面积是否相等，即所谓等面积法则。若减速面积小于加速面积，则发电机将失去稳定。

若在刚受到扰动后，励磁调节装置就进行强励（指当发电机电压急剧下降时，将励磁迅速增加到最大值的措施，即强行励磁），则发电机组的运行点将移到功角特性曲线 3 上，这样不但减小了加速面积，还增大了减速面积，有利于发电机的暂态稳定性。

提高同步发电机的强励能力，即提高励磁顶值电压和励磁电压的上升速度，是提高电力系统暂态稳定性最经济、最有效的手段之一。

4. 改善电力系统的运行条件

当电力系统由于各种原因出现短时低电压时，励磁系统发挥其调节功能，即大幅度地增加励磁以提高系统电压。这在下述情况下可以改善系统的运行条件。

（1）改善异步电动机的自起动条件　电网发生短路等故障时，电网电压降低，必然使大多数用户的电动机处于制动状态。电力系统故障切除后，由于电动机自起动需要吸收较大的无功功率，影响电网电压的恢复。此时，如果系统中所有发电机都强行励磁，那么就可以加速电网电压的恢复，有效地改善电动机的运行条件。

（2）为同步发电机的异步运行创造条件　同步发电机失去励磁时，需要从系统中吸收大量无功功率，造成系统电压大幅度下降，严重时甚至会危及电力系统的安全运行。在此情况下，如果系统中其他发电机组能提供足够的无功功率，以维持系统电压水平，则失磁的同步发电机还可以在一定时间内以异步运行的方式维持运行，这不但可以确保系统安全运行而且有利于机组热力设备的运行。

（3）提高继电保护装置工作的正确性　当系统处于低负荷运行状态时，发电机的励磁电流不大，若系统此时发生短路故障，其短路电流较小，且随时间衰减，以致带有时限的继电保护不能正确工作。励磁系统就可以通过调节发电机励磁以增大短路电流，使继电保护正确工作。

（4）限制水轮发电机突然甩负荷时电压迅速上升　由于水轮发电机组转动惯量相当大，并且水轮机调节机构动作灵敏性不如汽轮机，因此水轮发电机组在运行过程中突然甩负荷之后，水轮机的机械功率大大超过了同步发电机的电功率，在此期间水轮发电机的转速就可能升高到额定值的 130% ~ 140%。这样就有可能达到同步发电机端电压上升至危害发电机绝缘的程度。在水轮发电机组上装设了 AER 之后，当同步发电机电压上升至某一预定的数值时，它将迅速地减小励磁电流，因此就能防止危险的过电压发生。

5.1.2　对励磁系统的基本要求

为了充分发挥励磁系统各部分的作用，完成励磁系统的各项任务，励磁系统应满足如下基本要求：

励磁系统的任务及要求

1）在正常运行时，能按发电机端电压的变化自动地改变励磁电流，维持电压值在给定水平。因此，要求励磁调节装置有足够的调节容量，励磁系统有足够的励磁容量。

2）对于并列运行的发电机，要求励磁调节装置能稳定合理分配机组间的无功功率。

3）当电力系统发生事故使电压降低时，励磁系统应有很快的励磁响应速度和足够大的励磁顶值电压，以实现强行励磁的作用。对于水轮发电机的励磁系统，还应具有快速强行减磁能力，或增设单独的强行减磁装置。

4）励磁调节装置要简单、可靠，动作要迅速，调节过程要稳定。励磁系统应无失灵区，以保证在稳定区内运行。

5.2　同步发电机励磁系统

在电力系统发展初期，同步发电机组容量不大，励磁电流由与发电机同轴的直流电机供给，即所谓的直流励磁机励磁系统。随着发电机组容量的增大，所需的励磁电流也相应增大，而直流励磁机却受到制造容量、调节速度的限制，以及存在换向器电刷维护困难、易发生故障等问题。随着大功率半导体整流元器件制造工艺的日益成熟，大容量机组的励磁功率单元就采用了交流发电机和半导体整流元器件组成的交流励磁机励磁系统。随着控制理论的发展和新技术、新器件的不断出现，数字式励磁调节器已广泛在新机组上投入使用。下面介绍几种常见的励磁方式。

5.2.1　同步发电机常见的励磁方式

1. 直流励磁机供电的励磁方式

直流励磁机供电的励磁方式是最早采用的励磁方式，直流励磁机与发电机同轴。其主要优点是：结构简单，运行可靠；当直流励磁机故障时，发电机转子仍可与直流励磁机形成闭合回路，不会产生感应过电压。其主要缺点是：因为直流励磁机为机械换向器换流，平时对换向器、电刷的维护工作量大，且当需要的励磁电流很大时换向困难，直流励磁机的容量受到限制，所以这种方式只能在 100MW 以下中小容量机组中采用。按直流励磁机励磁绕组供电方式的不同，可分为自励式与他励式两种。

（1）自励式直流励磁机供电的励磁方式　自励式直流励磁机供电的励磁方式如图 5-7 所示。发电机励磁绕组 WE 由与之并联的直流励磁机 GE 供电，而直流励磁机 GE 同时经过磁场变阻器 R 向自己的励磁绕组 WS 提供励磁电流，所以称为自励。改变励磁变阻器 R 的阻值，就可以改变直流励磁机的励磁电流，从而改变直流励磁机的端电压，达到人工调节励磁电流的目的。励磁调节器则通过电压互感器 TV 根据发电机端电压的变化做出响应，改变输出电流 I_A 的大小，达到自动调节励磁的目的。

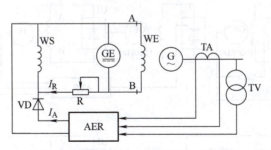

图 5-7　自励式直流励磁机供电的励磁方式（A、B 为集电环）

（2）他励式直流励磁机供电的励磁方式　他励式直流励磁机供电的励磁方式如图 5-8 所示。由图可见，他励式直流励磁机的励磁绕组是由另外一台副励磁机 GE2 供电的，所以称为他励。副励磁机 GE2 可通过调整励磁变阻器 R 的阻值来改变其励磁电流，副励磁机 GE2 与主励磁机 GE1 都与发电机同轴。AER 的输出直接对主励磁机 GE1 起作用。由于有了同轴的副励磁机 GE2，在励磁容量要求相同时，他励式的时间常数小，因而电压响应速度较快，发电机电压的稳定性也较自励式好，一般用于水轮发电机组。

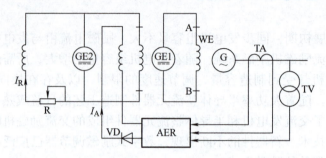

图 5-8　他励式直流励磁机供电的励磁方式（A、B 为集电环）

2. 交流励磁机经整流供电的励磁方式

这种励磁方式中所用的整流器可以是二极管或是晶闸管，整流设备可以是静止或旋转的，因此这种励磁方式有交流励磁机 – 静止二极管、交流励磁机 – 静止晶闸管、交流励磁机 – 旋转二极管、交流励磁机 – 旋转晶闸管等形式。

（1）交流励磁机 – 静止二极管励磁方式　图 5-9 所示为交流励磁机 – 静止二极管励磁方式的 3 种形式，其中 GE1 为主励磁机，GE2 为副励磁机，发电机的励磁电流经二极管整流桥 U1、集电环 A 和 B 取得。图 5-9a 中的副励磁机为永磁发电机，图 5-9b 中为副励磁机采用自励恒压方式保持 GE2 的端电压，图 5-9c 取消副励磁机，主励磁机的励磁电源

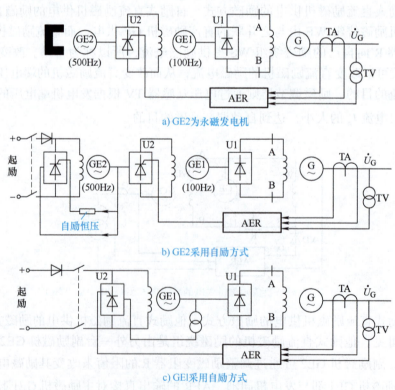

a) GE2为永磁发电机

b) GE2采用自励方式

c) GE1采用自励方式

图 5-9　交流励磁机 – 静止二极管励磁方式

采用自励方式。同步发电机的励磁调节是通过可控整流桥 U2（由 AER 控制）调节主励磁机的励磁电流来实现的。由于调节作用必须通过交流励磁机，而交流励磁机有较大的时滞，故这种励磁方式的励磁响应速度较慢。尽管如此，这种励磁方式仍然有较多的应用。应当指出，图 5-9c 的调节通道中接入了自励正反馈方式工作的交流励磁机 GE1，所以励磁响应速度慢于图 5-9a、b 的励磁方式。

为提高励磁响应速度和励磁系统运行的可靠性，一般主励磁机采用 100Hz、副励磁机采用 500Hz 的交流感应子发电机。交流感应子发电机的交流绕组、励磁绕组均置于定子侧，转子上无任何绕组，只有齿和槽，无电刷和集电环。转子转动时，借助磁阻变化使交流绕组内的磁通发生变化，从而感应出交变电动势。

（2）交流励磁机 – 静止晶闸管励磁方式　图 5-10 所示为交流励磁机 – 静止晶闸管励磁方式。交流励磁机 GE1 的励磁电源可采用如图 5-9a、b 所示的方式供电，即将图 5-9a、b 中 U2 换为二极管整流桥，U1 换为可控整流桥。此外，GE1 也可采用自励恒压的方式来保持 GE1 的端电压，如图 5-9b 中 GE2 的自励恒压方式。

由于这种励磁方式中 AER 直接控制同步发电机的励磁电压，所以可得到较高的励磁响应速度，当然晶闸管器件的容量要比图 5-9 中的大得多，同时交流励磁机容量也要求大一些。

因可控整流桥 U1 直接控制励磁电压，需要时可实现对同步发电机的逆变灭磁。

（3）交流励磁机 – 旋转二极管励磁方式　在图 5-9、图 5-10 所示的励磁方式中，给同步发电机供电经过的整流设备是静止的，必须通过转子集电环（A 和 B）才能引入转子绕组。而转子集电环的极限电流为 8000 ～ 10000A，当励磁电流超过极限电流时，可采取的措施有：①增加转子集电环的接触面积；②采用无刷励磁方式，即交流励磁机采用旋转电枢式结构，直流励磁绕组在定子侧，整流二极管安装在转子轴上，构成交流励磁机 – 旋转二极管励磁方式。

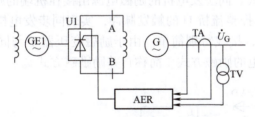

图 5-10　交流励磁机 – 静止晶闸管励磁方式

图 5-11 所示为交流励磁机 – 旋转二极管励磁方式。图中副励磁机 GE2 可采用图 5-9a、b 的励磁方式。虽然这种励磁方式取消了转子集电环，但同步发电机的励磁调节还是通过主励磁机 GE1 来实现，因此这种励磁方式的励磁响应速度与图 5-9 相当。此外，这种励磁方式还存在转子电压和电流的监测、转子绕组绝缘监视、旋转整流设备保护等问题，所以应用较少。

（4）交流励磁机 – 旋转晶闸管励磁方式　图 5-9、图 5-11 所示的励磁方式，除同步发电机励磁响应速度较慢外，还存在不能对同步发电机实行逆变灭磁的缺陷。为此在图 5-11 所示励磁方式的基础上，将旋转二极管改为旋转晶闸管，构成交流励磁机 – 旋转晶闸管励磁方式，如图 5-12 所示。

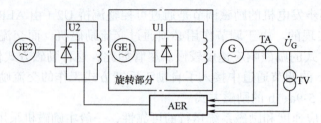

图 5-11　交流励磁机 – 旋转二极管励磁方式

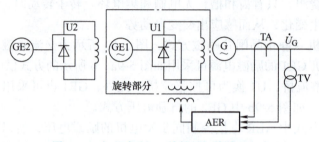

图 5-12　交流励磁机 – 旋转晶闸管励磁方式

　　这种励磁方式具有励磁响应速度快、无刷的特点，还可对发电机实现逆变灭磁。但这种励磁方式要将静止的 AER 的控制触发脉冲可靠、正确地传送到旋转晶闸管上，一般可通过旋转变压器或控制励磁机来实现，技术要求相比传送到静止晶闸管上要高。此外，这种励磁方式还存在与交流励磁机 – 旋转二极管励磁方式同样的问题，所以这种励磁方式在大型发电机组上尚未获得应用。

3. 自并励整流供电的励磁方式

　　自并励指的是同步发电机的励磁电源取自发电机本身，图 5-13 所示为同步发电机自并励整流供电的励磁方式。同步发电机的励磁电源由接在机端的励磁变压器 T、可控整流桥 U 供给；AER 控制可控整流桥 U 的触发脉冲，实现同步发电机的励磁调节。整个励磁调节装置没有转动部分，接线特别简单。由于励磁变压器 T 与同步发电机并列，故为同步发电机自并励整流供电的励磁方式（简称自并励励磁方式）。

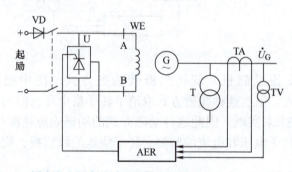

图 5-13　同步发电机自并励整流供电的励磁方式（A、B 为集电环）

　　（1）自并励励磁方式的优点

　　1）励磁系统设备少、接线简单且没有转动部分，所以运行可靠性高。

　　2）励磁响应速度快，可充分发挥 AER 的作用。

3）取消了励磁机，缩短了机组长度，降低了投资成本。由于机组长度缩短，所以运行安全性也可相应提高。

4）维护工作量小。

（2）自并励励磁方式存在的问题　自并励励磁方式由于其自身的特性，还存在以下问题：

① 发电机机端附近发生短路故障时能否强励。容量稍大的机组一般采用发电机变压器组接线，当发电机机端或变压器发生短路故障时，发电机并不要求有强励作用。实际上由于发电机励磁回路有较大的时间常数，在强励作用前继电保护已动作跳闸；高压配电线路的出口附近发生短路故障时，因为超高压线路上的保护采用双重化配置，切除故障不仅可靠而且快速，特别在保护装置中设有快速距离Ⅰ段保护，所以发电机在强励作用前继电保护已动作切除故障；如果出口的短路故障不是三相短路故障，发电机也未必不能强励；对于高压配电线电厂侧的重合闸，为保证发电机的安全，三相重合闸采用检定同期方式，不可能出现三相重合于永久性故障的情况。实际上，励磁回路存在的时滞使发电机的强励对提高系统暂态稳定的作用没有快速切除故障来得有效。

由以上分析可见，自并励发电机机端附近发生短路故障，不必担心发电机能否强励的问题，更不必担心发电机会失去励磁。

② 发电机继电保护能否可靠动作。根据对自并励发电机三相短路故障的分析得到，在短路故障发生后的 0.5s 内，即使故障在机端附近，发电机仍可提供较大的短路电流，因此对快速动作的保护不会产生影响。机端附近发生三相短路故障时，发电机提供的短路电流中可能没有稳态分量，因此对带时限的后备保护会产生影响。然而，现代继电保护技术已能很完善地解决这一问题。

随着系统容量的扩大，自并励励磁方式的优点更加明显。因此，同步发电机的自并励励磁方式，在中、大型同步发电机组上得到了广泛应用。

5.2.2　励磁电流的调节方法

在同步发电机运行过程中，为适应电力系统运行的要求，励磁系统应根据电力系统运行情况对励磁电流做相应的调节。通常的调节方法有如下 3 种。

（1）改变励磁机励磁回路的电阻　如图 5-7 所示，可通过改变励磁机励磁回路的励磁变阻器 R 来改变励磁机的励磁电流，从而改变励磁机的端电压，相应地调节了同步发电机的励磁电流。

（2）改变励磁机的附加励磁电流　如图 5-7 和图 5-8 所示，可通过改变励磁机附加励磁电流 I_A 来调节发电机的励磁电流。

AER 接入发电机端电压，它供给励磁机一个附加励磁电流 I_A。当发电机端电压发生变化时，AER 相应地改变这一附加电流 I_A 的数值，从而改变发电机的励磁电流。

（3）改变晶闸管的导通角　如图 5-10、图 5-12 和图 5-13 所示，励磁系统通过 AER 改变晶闸管的导通角调节发电机的励磁电流。

5.2.3　励磁电流的调节方式

励磁电流的调节方式按调节原理来区分，可分为按电压偏差的比例调节方式和按定子电流、功率因数的补偿调节方式两种。

1. 按电压偏差的比例调节方式

按电压偏差的比例调节方式实际是采用了以给定电压为被调量的负反馈控制系统进行调节，其原理框图如图 5-14 所示。为了调节同步发电机的端电压 U_G，必须测量端电压的变化值。测量机构的输出电压 kU_G 与 U_G 成正比，比较回路电压偏差 $\Delta U = U_{set} - kU_G$。当端电压偏高时，$\Delta U$ 为负；当端电压偏低时，ΔU 为正。放大机构按照 ΔU 的大小和方向进行放大，其输出 U_C 通过执行机构使励磁电流向相应方向调整，控制发电机的端电压值。被调量与整定值的偏差越大，调节作用越强，这就是按电压偏差的比例调节方式。

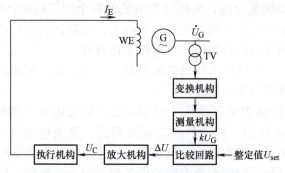

图 5-14　按电压偏差的比例调节原理框图

AER 按电压偏差的比例调节方式应用相当普遍。虽然实现的方式有多种，但基本原理是完全相同的。

2. 按定子电流、功率因数的补偿调节方式

由于同步发电机电枢反应的存在，在励磁电流保持不变的情况下，同步发电机的端电压受定子电流和功率因数变化的影响。在滞后功率因数下，端电压随定子电流的增大而下降；在同样的定子电流下，功率因数越低，端电压降得越多。

如果提供给发电机的励磁电流与定子电流、功率因数有关，则构成了按定子电流、功率因数的补偿调节。因为当定子电流增大、功率因数降低（滞后）时，励磁电流相应增大，补偿了端电压的降低。实际上，这种补偿调节方式提供的励磁电流与 $\left|\dot{U}_G + j\dot{I}_G X_d\right|$ 成正比，虽然在一定程度上补偿了定子电流、功率因数变化对端电压的影响，但对端电压来讲，这种补偿调节方式带有盲目性，因为补偿调节方式不能保证调节后端电压保持在给定值的基准上，因此，为了使端电压在给定值水平，还需要校正电压装置对端电压进行校正。

目前，按定子电流、功率因数的补偿调节方式几乎不采用了，本书不做阐述。

5.3　可控整流电路

随着大功率高电压硅整流器件的出现，在发电机励磁系统中，往往采用硅整流或可控

整流电路。可控整流电路的主要任务是将交流电压整流成直流电压供给发电机的励磁绕组或励磁机的励磁绕组。励磁系统所采用的可控整流电路通常是三相半控桥式整流电路或三相全控桥式整流电路。

5.3.1　三相半控桥式整流电路

图 5-15 所示为三相半控桥式整流电路，VTH1、VTH2、VTH3 为晶闸管，采用共阴极连接；VD1、VD2、VD3 为整流二极管，采用共阳极连接；VD4 为续流二极管，L 和 R 分别为励磁绕组的电阻和电感。A、B、C 3 个端子接三相对称电源电压，电压取自发电机端或励磁机（副励磁机）端，供电可靠。

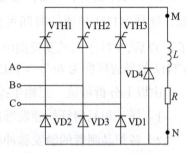

晶闸管的导通条件除了要求阳极电位高于阴极外，还必须在门极加入正触发脉冲。晶闸管的关断条件是通过电流小于维持电流，或在阳极加反向电压。

图 5-15　三相半控桥式整流电路

1. 控制触发脉冲的移相要求

若晶闸管具有最大的导通角，即晶闸管以二极管的方式工作，则三相半控桥式整流电路变为三相全波整流电路。此时图 5-15 中 A、B、C 三点中电位最高的那一相晶闸管导通，电位最低的那一相二极管导通。在任一时刻均有一个晶闸管和一个二极管导通，输出电压波形如图 5-16 所示。

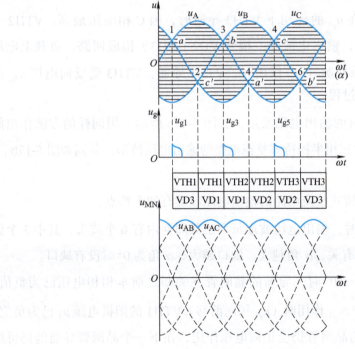

图 5-16　三相半控桥式整流电路的输出电压波形

由图 5-16 可见，晶闸管 VTH1、VTH2、VTH3 分别在 a、b、c 三点开始导通，二极管分别在 a'、b'、c' 三点开始导通，即在这些点上晶闸管的导通相别开始转换，故称 a、b、c 点为晶闸管的自然换相点。在这些自然换相点上，晶闸管有最小的触发延迟角，即是触发延迟角的起始点（触发延迟角 $\alpha = 0°$），分别滞后相应相电压 u_A、u_B、u_C 30°，所以晶闸管 VTH1、VTH2、VTH3 的触发脉冲应依次滞后 120°。

对 VTH1 而言，自 a 点导通后，若 VTH2 不加触发脉冲，则 VTH2 一直处于截止状态，这样 VTH1 导通的时间可到 a' 点。因为在这段区间内，VTH1 处在正向电压下，过了 a' 点后，VTH1 因承受反向电压（$u_{CA} > 0$）而关断，因此 VTH1 在 aa' 之间导通。同理，VTH2 的导通区间为 bb'，VTH3 在 cc' 之间导通，触发脉冲移相范围为 0° ～ 180°。

由以上分析可见，三相半控桥式整流电路触发脉冲的移相要求是：

1）任一相晶闸管的触发脉冲应在滞后本相相电压 30° ～ 210° 的区间内发出。

2）各相晶闸管的触发脉冲相位依次相差 120°。

3）移相触发电路的工作电源必须与加至晶闸管的正向电压同步。

2. 输出电压波形

在有符合上述要求的触发脉冲下，当触发延迟角 $\alpha = 30°$ 时，晶闸管 VTH1 在 u_{g1} 作用下导通，输出电流经二极管 VD3（VD1）构成回路，负载上电压 $u_{MN} = u_{AB}(u_{AC})$；当晶闸管 VTH2 的触发脉冲 u_{g3} 出现时，正遇 B 相电压最高，VTH2 因触发而导通，VTH1 受到反向电压 u_{BA} 的作用而关断，此时输出电流经二极管 VD1（VD2）构成回路，负载上电压 $u_{MN} = u_{BC}(u_{BA})$。同理，在 u_{g5} 的作用下 VTH3 导通时，因 C 相电压最高，VTH2 受到反向电压 u_{CB} 的作用而判断，输出电流经二极管 VD2（VD3）构成回路，负载上电压 $u_{MN} = u_{CA}(u_{CB})$。当 VTH1 的触发脉冲 u_{g1} 作用时，VTH1 导通，VTH3 受反向电压 u_{AC} 的作用而关断，之后就重复上述过程。

作出触发延迟角 $\alpha = 30°$ 时的输出电压波形，如图 5-17a 所示。用同样的方法作出触发延迟角 $\alpha = 60°$ 和 $\alpha = 120°$ 时三相半控桥式整流电路的输出电压波形，分别如图 5-17b、c 所示。

通过上述分析，三相半控桥式整流电路的输出电压波形有如下特点：

1）当触发延迟角 $\alpha < 30°$ 时，输出电压波形每个工频周期内有 6 个波头，其中 3 个波头带有缺口，缺口大小与 α 角有关，α 角越大，缺口越大，α 角为 0° 时没有缺口。

2）当触发延迟角 $30° < \alpha < 60°$ 时，导通的晶闸管在关断之前本相相电压已为负值，但仍比另一相高。如图 5-16 中，u_{g3} 作用时（u_{g3} 稍向前移），VTH1 的阳极电压 u_A 已为负值，但 u_{AC} 仍大于 0，故当前导通的晶闸管仍受正向电压作用，在下一个晶闸管导通前仍可继续导通，这种情况在一个工频周期内已有 3 个波头达不到最大值。

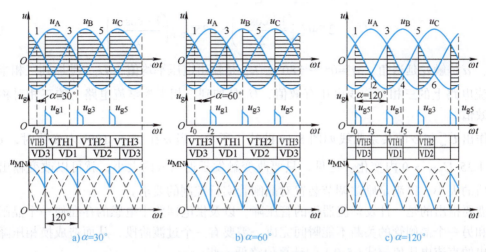

图 5-17　三相半控桥式整流电路在不同 α 角时的输出电压波形

3）当触发延迟角 $\alpha = 60°$ 时，导通的晶闸管在本相相电压降到与另一相最低的相电压相等时自行关断，此时输出电压波形在一个工频周期内只有 3 个波头，输出电压波形最低值已达到零值了。

4）当触发延迟角 $\alpha > 60°$ 时，输出电压波形不再连续，每个晶闸管自行关断后到另一相晶闸管触发导通前的区间出现间断，α 角越大，波形的间断区间也越大。

当触发延迟角 $\alpha \leqslant 60°$ 时，每个晶闸管的导通角为 120°；当触发延迟角 $\alpha > 60°$ 时，每个晶闸管的导通角为 $180° - \alpha$。

3. 续流管 VD4 的作用

当触发延迟角 $\alpha > 60°$ 时，三相半控桥式整流电路的输出电压波形不连续，而三相半控桥式整流电路的负载为电感性（转子绕组），因此，在输出电压出现间断时，将出现以下两种情况：

1）在晶闸管阳极电压过零时，由于感性负载在电流下降时产生自感电动势，使原来导通的晶闸管续流，无法关断。一直等到相邻器件触发导通，原来导通的晶闸管才受到反向电压的作用而关断换流。输出电压波形出现负的部分，将造成输出电压的平均值减少。

2）若触发延迟角 α 从较小值突增至 180°，因自感电动势的续流作用，会造成"失控"现象。

为了避免上述两种现象的出现，就在图 5-15 中加装一反向续流二极管 VD4，有了续流二极管 VD4 后，自感电动势将从两个支路通过：一是续流二极管 VD4 的支路；二是器件 VTH1、VTH2、VTH3 与 VD1、VD2、VD3 中形成回路的支路。由于续流二极管正向压降很小，使器件 VTH1、VTH2、VTH3 与 VD1、VD2、VD3 中形成回路的支路流过的电流小于维持电流，故器件 VTH1、VTH2、VTH3 中原来导通的一个就在阳极电压过零时自行关断。

4. 输出电压平均值 U_{av} 与触发延迟角 α 的关系

三相半控桥式整流电路的输出电压平均值 U_{av} 与 α 间的关系可表示为

$$U_{av} = 2.34U_P\left(\frac{1+\cos\alpha}{2}\right) = 1.35U_{P-P}\left(\frac{1+\cos\alpha}{2}\right) \quad\quad\quad (5\text{-}9)$$

式中，α 是触发延迟角，$\alpha = 0° \sim 180°$；U_{av} 是输出电压平均值；U_{P-P} 是加到三相半控桥式整流电路上的三相对称线电压有效值；U_P 是加到三相半控整流电路上的三相对称相电压有效值。

作出 U_{av} 与 α 的关系曲线如图 5-18 曲线 1 所示，当 α 在 $0° \sim 180°$ 内变化时，U_{av} 对应在 $1.35\ U_{P-P} \sim 0$ 内变化。可见，只要改变触发延迟角 α 的大小，就可以改变输出电压平均值的大小，以满足励磁调节装置对晶闸管实行控制的要求。

需要指出的是，计及整流器件的管压降，以及供电回路中电感的存在使一个晶闸管的导通和另一个晶闸管的关断不能瞬间完成，需要有一个过渡阶段，从而造成换相压降，因此输出的直流电压值较式（5-9）的计算值略低一些。

5.3.2 三相全控桥式整流电路

图 5-19 所示为三相全控桥式整流电路，它的 6 个整流器件全部采用晶闸管，VTH1、VTH3、VTH5 为共阴极连接，VTH2、VTH4、VTH6 为共阳极连接。它们有整流和逆变两种工作状态，为保证电路正常工作，对触发脉冲提出了较高的要求。

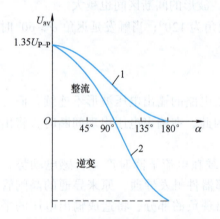
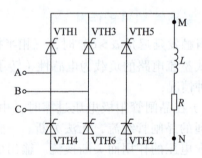

图 5-18　输出电压平均值 U_{av} 与 α 的关系曲线

1—半控桥　2—全控桥

图 5-19　三相全控桥式整流电路

1. 控制触发脉冲的移相要求

设三相全控桥式整流电路中的输入相电压为 u_A、u_B、u_C，当晶闸管具有最大的导通角（触发延迟角 $\alpha = 0°$），即以二极管的方式工作时，各晶闸管的触发脉冲在它们对应的自然换相点时刻发出，在自然换相点上相应晶闸管触发脉冲的触发延迟角 $\alpha = 0°$，即是触发延迟角 α 的起始点。如图 5-20 所示，三相全控桥式整流电路的输出电压波形与三相半控桥式整流电路触发延迟角 $\alpha = 0°$ 时的输出电压波形一样，各器件每个周期导通持续 $120°$。因此，三相全控桥式整流电路的触发脉冲应满足如下移相要求：

1）晶闸管 VTH1 ～ VTH6 触发脉冲的次序应为 VTH1 、 VTH2 、…、 VTH6 ，且触发脉冲的间隔为 60°。为保证后一个晶闸管触发导通时前一个晶闸管处于导通状态，在触发脉冲宽度小于 60° 时，在给后一晶闸管触发脉冲的同时，也给前一个晶闸管触发脉冲，形成双脉冲触发。

2）任一相的晶闸管触发脉冲均在滞后本相相电压 30° ～ 120° 的区间发出，最大移相范围为 180°。

3）移相触发电路的工作电源电压应与晶闸管阳极电压同步。

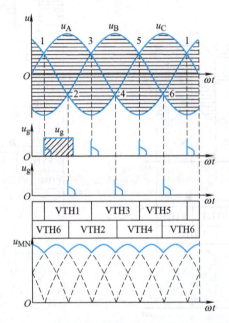

图 5-20　三相全控桥式整流电路的输出电压波形

2. 整流工作状态

整流工作状态就是将输入的交流电压转换为直流电压。三相全控桥式整流电路的触发延迟角 $\alpha = 0° ～ 90°$ 时为整流工作状态。下面具体分析：

1）当触发延迟角 $\alpha = 60°$ 时，在触发脉冲 u_{g1}、u_{g6} 作用下， VTH1 、 VTH6 导通，输出电压 $u_{MN} = u_{AB}$。经 60° 电角度后，在触发脉冲 u_{g2}、u_{g1} 作用下， VTH1 保持导通， VTH2 也导通，因此时 B 相电压高于 C 相电压， $u_{BC} > 0$ ， VTH6 在此反向电压的作用下关断，输出电压 $u_{MN} = u_{AC}$。再经 60° 电角度后，在触发脉冲 u_{g2}、u_{g3} 作用下， VTH2 、 VTH3 导通，因此时 B 相电压高于 A 相电压， VTH1 在反向电压 u_{BA} 作用下关断，输出电压 $u_{MN} = u_{BC}$。输出电压 u_{MN} 的波形如图 5-21a 所示。

由前面分析可知，当触发延迟角 $\alpha \leqslant 60°$ 时，共阴极组输出的阴极电位在每一瞬间都高于共阳极组的阳极电位，输出电压 u_{MN} 的瞬时值都大于零，波形是连续的。

2）当触发延迟角 $60° < \alpha < 90°$ 时，输出电压 u_{MN} 有正值和负值两部分，其中正值部分

的面积大于负值部分的面积，因而总的平均值仍是正值。触发延迟角 α 增大时，正值部分面积减小，负值部分面积增大，总的平均值降低。当触发延迟角 $\alpha = 90°$ 时，正值部分面积和负值部分面积相等，输出电压平均值降到零，即 $U_{av} = 0$，此时输出电压 u_{MN} 的波形如图 5-21b 所示。

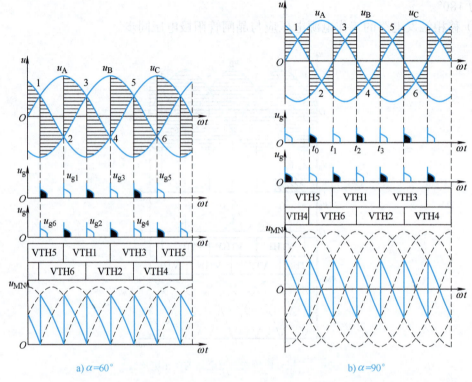

a) $\alpha = 60°$ b) $\alpha = 90°$

图 5-21 三相全控桥式整流电路在不同 α 角时的输出电压波形

3. 逆变工作状态

逆变工作状态就是当 $90° < \alpha < 180°$ 时，输出电压平均值 U_{av} 为负值，将直流电压转换为交流电压，其实质是将电感 L 中储存的能量向交流电源侧倒送，使电感 L 中磁场能量很快释放。

图 5-22 所示为 $\alpha = 120°$ 时的输出电压波形，ωt_3 时刻虽然 u_{AB} 过零变负，但电感 L 上阻止电流 i 减小的感应电动势 e_L 较大，使 $e_L - u_{AB}$ 仍为正值，VTH1 和 VTH6 仍因承受正向压降而导通。这时 e_L 与电流 i 的方向一致，直流侧发出功率，即将原来在整流状态下储存于磁场的能量释放出来送回到交流侧。交流侧电压瞬时值 u_{AB} 与电流 i 方向相反，交流侧吸收功率，将能量送回交流电网。

通过以上分析可知，三相全控桥式整流电路工作在逆变状态需要满足如下条件：

1）要实现逆变，应使输出电压平均值 U_{av} 为负值，$90° < \alpha < 180°$。

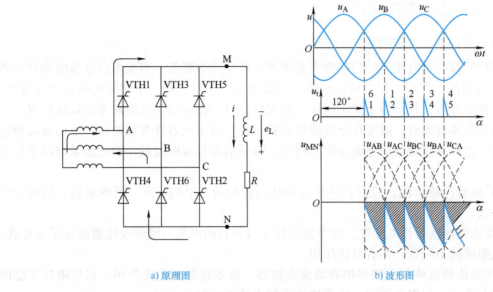

a) 原理图　　　　　　　　　　　　　　b) 波形图

图 5-22　逆变工作状态（ $\alpha = 120°$ ）

2）要实现逆变，负载必须为电感性（如发电机的励磁绕组），且三相全控桥式整流电路原来处于整流状态下工作，即励磁绕组已有储存的能量。显然，当负载为纯电阻时，三相全控桥式整流电路不能实现逆变。

3）要实现逆变，交流侧电源不能消失，因为逆变就是直流侧电感中储存的能量向交流电源反馈的过程。

4. 输出电压平均值 U_{av} 与触发延迟角 α 的关系

三相全控桥式整流电路在负载为电感性时，输出电压平均值 U_{av} 为

$$U_{av} = 1.35 U_{P-P} \cos \alpha = 2.34 U_P \cos \alpha \tag{5-10}$$

由式（5-10）可画出 U_{av} 与 α 的关系曲线，如图 5-18 中曲线 2 所示。

综上所述，三相全控桥式整流电路在 $0° < \alpha < 90°$ 时处于整流工作状态，改变 α，可以调节发电机的励磁电流；在 $90° < \alpha < 180°$ 时，电路处于逆变工作状态，可以实现对发电机的自动灭磁。逆变灭磁有如下特点：

1）从整流状态过渡到逆变状态，励磁电流方向不变，但励磁电压的方向反转。

2）逆变灭磁必须有足够高的电源电压才有效，由于三相全控桥式整流电路交流侧电压随停机过程衰减，故逆变灭磁是一个衰减的逆变过程，电压衰减后，灭磁效果变差，使灭磁时间拖长。

3）灭磁速度与逆变角 β 大小有关。所谓逆变角是指 $\alpha = 180°$ 作为 $\beta = 0°$ 的起点向后推算，即 $\beta = 180° - \alpha$。理论上 $\beta = 0°$ 时灭磁速度最快，但必须保证晶闸管能可靠换相。根据经验 β 取 30° 左右为宜，通常称为最小逆变角，用 β_{min} 表示。此时，$\alpha = 150°$ 左右，即最大触发延迟角 α 取 150°，用 α_{max} 表示。

5.3.3　可控整流电路保护

1. 过电流保护与均流措施

可控整流桥的过电流保护是指每个晶闸管串联快速熔断器，当发生过电流时快速熔断器熔断，起到保护作用。每个快速熔断器两端跨接一个指示器，正常时指示器上无电压，快速熔断器熔断后，指示器上显示电压，并发出信号，指示出快速熔断器的具体位置。

当励磁电流较大时，需要几个整流桥并联运行，由于元器件参数差异、主回路接触电阻的不同，造成并联整流桥电流分配不均匀，容易引起整流桥过载，因此需采取以下均流措施：

1）晶闸管严格选配，应使并联整流桥晶闸管的动态平均压降、斜率电阻、门极触发电流等一致。

2）交流侧电缆等长度配置，每个整流桥通过各自的电缆与励磁变压器的端子板相连，消除进线阻抗的不一致，并有电抗作用。

3）在整流桥直流侧主回路串联均流电抗器，这不仅起到均流作用，而且限制了晶闸管的电流上升率，起保护作用。要求均流系数不低于 0.85。

4）采用强触发方式，脉冲前沿不大于 $2\mu s$，充分保证晶闸管的开通速度，也减小了开通时间的离散性。

2. 交流侧过电压保护

励磁变压器一次系统的操作，会在励磁变压器二次侧产生过电压；励磁变压器高压侧拉闸也会在二次侧产生过电压。为避免整流桥受到过电压损坏，在整流桥交流侧需设置过电压保护。

整流桥交流侧过电压保护如图 5-23 所示，其中三角形联结的有足够能容的由氧化锌阀片组成的非线性电阻 RV，用于抑制过电压幅值；三角形联结的阻容元件吸收网络电路因吸收过电压产生的能量。

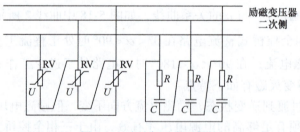

图 5-23　交流侧过电压保护

交流侧过电压保护通常分装在各整流柜中。

3. 直流侧过电压保护

励磁调节装置的直流侧负载突然断开，因交流输入回路有电感存在，也会在二次侧引起过电压；晶闸管工作因换相引起过电压。所以在每个晶闸管的阳极与阴极之间并联一组阻容元件，用以吸收过电压；整流桥的输出端并联由氧化锌阀片组成的非线性电阻，用于抑制过电压幅值。

5.4　同步发电机的强行励磁与灭磁

5.4.1　同步发电机的强行励磁

电力系统发生短路故障或其他原因引起发电机端电压急剧下降时，会影响电力系统的稳定运行，因此，当发电机端电压降低到 80% ～ 85% 额定值时，应迅速将发电机励磁增加到最大值，这对电力系统稳定运行具有重要的意义，通常将这种措施称为强行励磁，简称强励。此时如能使发电机的励磁迅速上升到顶值，将有助于电网稳定运行，提高继电保护动作的灵敏度，缩短故障切除后系统电压的恢复时间，并有利于改善用户电动机的自起动和自同步时电力系统的工作条件。

为使强励充分发挥作用，各种励磁调节装置都应满足强励顶值电压高、励磁响应速度快的基本要求。因此，在励磁系统中强励倍数和励磁电压响应比是衡量发电机强励能力的两项重要技术指标。

1. 强励倍数

强励时，实际能达到的励磁顶值电压 $U_{\mathrm{E\,max}}$ 与额定励磁电压 U_{EN} 的比值，称为强励倍数，用 K_{E} 表示，即

$$K_{\mathrm{E}} = \frac{U_{\mathrm{E\,max}}}{U_{\mathrm{EN}}} \qquad (5\text{-}11)$$

显然，K_{E} 值越大，强励效果越好。但 K_{E} 的大小受励磁系统结构和设备费用的限制，通常取 1.2 ～ 2。

2. 励磁电压响应比

励磁电压响应比又称励磁电压响应倍率，能反映出励磁响应速度的快慢。需要注意的是强励时励磁电压必须要通过转子磁场才能起作用，而转子回路具有较大的时间常数，所以转子磁场的增加将滞后励磁电压的增加。

就图 5-7 所示的直流励磁机系统而言，强励时，由于直流励磁机存在时滞，发电机的励磁电压起始时较慢上升，然后较快上升，最后又缓慢上升到顶值，励磁电压 U_{E} 变化曲线如图 5-24a 所示。就图 5-13 所示的自并励励磁方式而言，强励时发电机励磁电压几乎是瞬间上升的，励磁电压 U_{E} 变化曲线如图 5-24b 所示。

在时间相同的条件下，阴影部分面积越大，表示强励作用越显著。为描述励磁电压上升速度，并将不同励磁系统进行比较，通常将图 5-24 中阴影面积 S_{abd} 等面积变换成 S_{abc}。这样，励磁电压的上升速度等效变换成常数。定义 Δt 内励磁电压等速上升的数值与额定励磁电压之比为励磁电压响应比，即

$$励磁电压响应比 = \frac{bc\,/\,U_{\mathrm{EN}}}{\Delta t} \;（电压标幺值 /\mathrm{s}） \qquad (5\text{-}12)$$

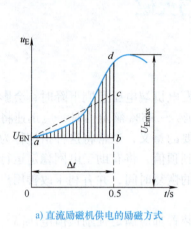
a) 直流励磁机供电的励磁方式

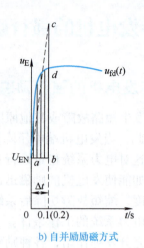
b) 自并励励磁方式

图 5-24　强励时发电机励磁电压变化曲线

对于直流励磁机供电的励磁方式，取 $\Delta t = 0.5\mathrm{s}$；对于自并励励磁方式，取 $\Delta t = 0.1\mathrm{s}$。励磁电压响应比随不同的励磁方式而有所不同。对于直流励磁机供电的励磁方式，该值一般为（$0.8 \sim 1.2$）U_{EN} /s；对于自并励励磁方式，该值在 3 U_{EN} /s 以上。

5.4.2　同步发电机的灭磁

运行中的同步发电机，如果出现内部故障或出口故障，继电保护装置应快速动作，将发电机从系统中切除，但发电机的感应电动势仍然存在，继续供给短路点故障电流，将会使发电设备或绝缘材料等受到严重损坏。因此当发电机内部或出口故障时，在跳开发电机出口断路器的同时，应迅速将发电机灭磁。

同步发电机的灭磁

所谓灭磁，就是把励磁绕组的磁场尽快减弱到最小程度。考虑到励磁绕组是一个大电感，突然断开励磁回路必将产生很高的过电压，危及励磁绕组绝缘，所以用断开励磁回路的方法来实现灭磁是不恰当的。为此，在断开励磁回路之前，应将励磁绕组自动接到放电电阻或其他装置中去，使磁场中储存的能量迅速消耗掉。因此，对灭磁的基本要求是：灭磁时间要短；灭磁过程中转子过电压不应超过允许值。以下分别介绍几种常用的灭磁方法。

1. 利用放电电阻灭磁

利用放电电阻灭磁，就是在励磁绕组中接入一个常数电阻 R_m，即将励磁绕组所储存的能量转变为热能而消耗掉。图 5-25 所示为励磁绕组对放电电阻放电灭磁的原理电路。当发电机正常运行时，灭磁开关 Q 处于合闸位置，即励磁机经灭磁开关 Q 的触头 Q1 供电给发电机的励磁绕组励磁电流，而触头 Q2 断开。

当发电机退出运行需要灭磁时，灭磁开关 Q 跳闸，触头 Q2 先闭合，使励磁绕组先接入放电电阻 R_m，然后

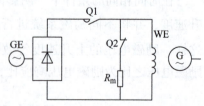
图 5-25　励磁绕组对放电电阻放电灭磁的原理电路

触头 Q1 断开，可以防止从励磁绕组切换到放电电阻时由于开路而产生危险的过电压。Q1 断开后，励磁绕组 WE 通过 Q2 对 R_m 放电，灭磁开始。

利用放电电阻灭磁的实质是将磁场能量转换为热能，消耗在电阻上。这种传统的利用常数电阻灭磁的方法，灭磁速度较慢。

2. 利用可控整流桥逆变灭磁

利用可控整流桥逆变灭磁方式只适合于励磁电源采用三相全控桥式整流电路的机组。由三相全控桥式整流电路的工作原理可知，在正常工作情况下，触发延迟角 $0° < \alpha < 90°$，三相全控桥式整流电路工作在整流状态，供给发电机励磁电流。当需要灭磁时，将三相全控桥式整流电路的触发延迟角 α 后退到最小逆变角，三相全控桥式整流电路就可以从整流状态过渡到逆变状态。在逆变状态下，励磁绕组中储存的能量就逐渐被送回交流电源侧。由于励磁绕组是无源的，随着储存能量的衰减和逆变电流的减小，逆变过程将随之结束。

由于能量直接从直流侧反送到交流侧，所以这种灭磁方式不需要灭磁开关，它具有接线简单、经济等优点。但在自并励励磁方式中，逆变电压受发电机端电压的影响很大，当发电机端发生三相短路时，发电机端电压下降到很低，从而导致励磁电压较小，逆变灭磁时间加长，严重的甚至有可能致使逆变灭磁失败，总过程不如在交流励磁机励磁方式快。在实际现场运行中，利用可控整流桥逆变灭磁更多的是作为备用灭磁方案用于正常停机。

3. 利用灭弧栅灭磁

利用灭弧栅灭磁的实质是将磁场能量转换为电弧能，消耗于灭弧栅中。由于灭弧栅灭磁速度快，因此被广泛应用于大、中型发电机组中。

图 5-26 所示为利用灭弧栅灭磁的原理电路。当发电机正常运行时，灭磁开关 Q 处于合闸位置，触头 Q1、Q4 闭合，Q2、Q3 断开。当灭磁开关 Q 跳闸灭磁时，Q2、Q3 闭合，Q1、Q4 断开。接入限流电阻 R_m，是为了防止励磁电源被短接；在极短时间内，Q3 紧接着也断开，在断开的过程中产生电弧，横向磁场将电弧引入灭弧栅中，电弧被灭弧栅分割成很多短弧，同时径向磁场使电弧在灭弧栅内快速旋转，散失热量，直到熄灭为止。

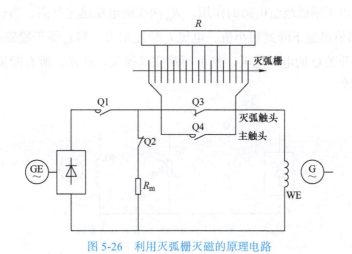

图 5-26　利用灭弧栅灭磁的原理电路

在灭磁过程中，励磁电流逐渐衰减，当衰减到较小数值时，灭弧栅电弧不能维持，可能出现电流中断而引起过电压。为限制过电压，灭弧栅并接多段电阻，避免整个电弧同时熄灭，实现按顺序熄灭。只要适当选择灭弧栅旁路电阻，就可限制过电压在规定值以内。

应用最广泛的灭磁方法是利用DM-2型灭磁开关灭磁，如图5-27所示。灭磁时，利用灭磁开关中分割在灭弧栅中的电弧来消耗磁场能量，因灭弧栅两端电压（图5-27中DM间的电压）基本不变，使灭磁时励磁绕组两端的电压也基本不变，所以灭磁速度较快，几乎接近理想灭磁。但是，这种灭磁方法存在以下缺陷：

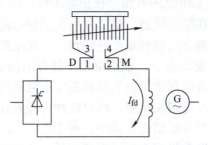

图 5-27 利用 DM-2 型灭磁开关灭磁的原理电路

1）小励磁电流灭磁时，常因磁吹力不足，造成拉弧失败而烧坏灭磁开关触头。

2）灭磁开关与可控整流桥串联，电源电压中的交流分量也会使灭磁开关拉弧失败。

3）灭磁开关能容是一定的，当机组容量增大，灭磁开关能容小于吸收的能量时，势必会烧坏灭磁开关。

4）灭磁开关结构较复杂，容易发生电磁操作机构动作失灵、辅助触头接触不良和调整不当等，影响灭磁。

4. 利用非线性电阻灭磁

利用非线性电阻灭磁的原理电路如图5-28所示。在正常运行时，灭磁开关Q是闭合的，转子两端的电压维持在正常水平。由于非线性电阻R_m的阻值非常大，此时没有达到R_m的导通电压值（也称为击穿电压），因此，R_m支路相当于开路。在收到灭磁指令后，灭磁开关Q跳开，由于励磁绕组电感的作用，R_m两端的电压迅速升高，当达到R_m的导通电压值时，R_m的阻值迅速下降到很小值，电流i_m快速增大。当i_m等于励磁绕组回路中的励磁电流时，灭磁开关Q的电弧熄灭，整个回路完成换流。这样，所有能量将在R_m和励磁绕组内阻上消耗掉。

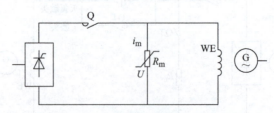

图 5-28 利用非线性电阻灭磁的原理电路

由于 R_m 的端电压对流过它的电流不敏感，电流的衰减对端电压影响不大，所以电流衰减速度一直维持在较快的水平。因此，这种灭磁方式的灭磁速度基本恒定。

由此可见，利用非线性电阻灭磁是利用非线性电阻的非线性伏安特性，保证灭磁过程中灭磁电压能较好地维持在一个较高水平，从而保证励磁电流快速衰减，达到快速灭磁的目的。国内厂家生产的非线性电阻灭磁由氧化锌非线性电阻构成。氧化锌元件非线性电阻的系数很小，正常电压下漏电流很小，可直接跨接在励磁绕组两端，灭磁可靠。

近年来，国内外已普遍采用双断口直流开关（双断口磁场断路器）配以非线性电阻的方法来灭磁。非线性电阻采用氧化锌元件，有良好的压敏特性，灭磁过程中两端电压始终维持在灭磁电压控制值上，因此非常接近理想灭磁，灭磁速度快；氧化锌元件作为过电压保护元件，过电压动作值可灵活整定；氧化锌元件非线性电阻系数很小，正常电压下漏电流很小，可直接跨接在励磁绕组两端，灭磁可靠；采用双断口直流开关，灭磁过程中励磁电源与励磁绕组完全断开，有利于加快灭磁过程；为能可靠灭磁，非线性电阻的总能容应大于励磁绕组的最大储能。因此，这种灭磁方法具有灭磁速度快、灭磁可靠、结构简单、运行维护方便、灭磁过电压动作值可灵活整定等特点。

图 5-29 所示为利用双断口直流开关、非线性电阻灭磁的原理电路。图中 Q 为双断口直流开关，RV_1、RV_2、RV_3 为氧化锌非线性电阻，RV_1 的动作电压低于 RV_2、RV_3 的动作电压。

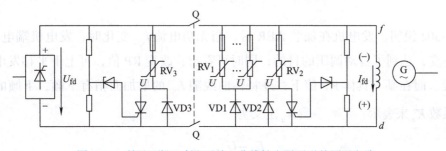

图 5-29　利用双断口直流开关、非线性电阻灭磁的原理电路

综上所述，发电机的灭磁实际上是将励磁绕组中储存的能量消耗掉。利用放电电阻灭磁，是将励磁绕组储存的能量转变为热能，并消耗在该电阻上；利用可控整流桥逆变灭磁，是将励磁绕组储存的能量馈送给励磁电源；利用灭弧栅灭磁，是将磁场能转换为电弧能，并消耗于灭弧栅片中；利用非线性电阻灭磁，是将能量在非线性电阻和励磁绕组内阻上消耗掉。

5.5　并列运行发电机间无功功率分配

5.5.1　具有 AER 发电机的外特性

1. 调差系数的概念

发电机的励磁控制系统由励磁系统和发电机组成，考虑到发电机转子电压和电流之间存在线性关系（未饱和时），利用励磁调节器的静态工作特性 $I_E = f(U_G)$ 和同步发电机的调节特性 $I_{QG} = f(I_E)$，可以合成发电机的外特性 $U_G = f(I_{QG})$。

发电机的调节特性是指发电机在不同电压值时其励磁电流 I_E 与无功电流 I_{QG} 的关系，如图 5-30a 所示。外特性是指发电机的无功电流 I_{QG} 与端电压 U_G 的关系，如图 5-30b 所示，图中用虚线表示了工作段 a、b 两点的作图过程。图 5-30c 所示为不同 RP 值的外特性。当励磁调节器与发电机闭环后，发电机的外特性不仅与励磁调节器的静态工作特性有关，而且与发电机的调节特性有关。

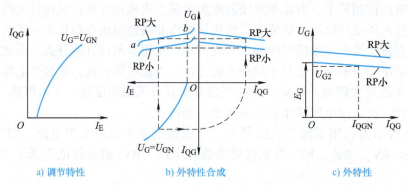

a) 调节特性　　　　　b) 外特性合成　　　　　c) 外特性

图 5-30　具有 AER 的同步发电机外特性

图 5-30c 说明，发电机在加装 AER 后，当无功电流 I_{QG} 变化时，发电机端电压 U_G 基本维持不变，达到了自动调压的目的；同时可看出，改变 RP 值，可上下平移发电机的外特性曲线。而在某一具体 RP 值下，外特性曲线随 I_{QG} 的增加而稍有下倾，下倾的程度可用调差系数 K_u 来表示。调差系数 K_u 定义为

$$K_u = \frac{E_G - U_{G2}}{U_{GN}} = E_{G*} - U_{G2*} \qquad (5-13)$$

式中，E_G 是发电机感应电动势；U_{G2} 是发电机带额定无功电流时的端电压，一般取 $U_{G2} = U_{GN}$。

由式（5-13）可见，调差系数 K_u 表示无功电流由零增加到额定值时，发电机端电压的相应变化。调差系数 K_u 越小，无功电流变化时发电机端电压变化越小，所以调差系数 K_u 表征了励磁调节系统维持发电机端电压的能力。

2. 调差环节的作用

由于同步发电机的运行需要，对发电机的外特性提出了不同的要求，调差系数 K_u 需要按要求调整为 $K_u > 0$ 或 $K_u < 0$，同时要求 K_u 的数值可以调整。不同调差系数所对应的发电机外特性如图 5-31 所示。$K_u > 0$ 为正调差系数，其外特性曲线下倾，即发电机端电压随无功电流增大而降低；$K_u < 0$ 为负调差系数，其外特性曲线上翘，即发电机端电压随

无功电流增大而升高；$K_u = 0$ 为无差特性，外特性曲线呈水平，即发电机端电压不随无功电流而变化，是恒定值。

由于同步发电机在电网中的运行情况各异，对无功功率调节提出了不同的要求，因此在 AER 中设置了调差环节，用来获得所需的调差系数。

图 5-32 所示为接入调差环节的 AER 简图，接入调差环节后，仅影响 AER 的反馈通道。

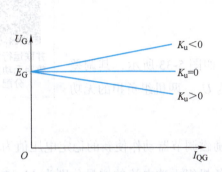

图 5-31　不同调差系数所对应的发电机外特性

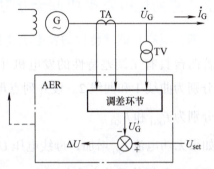

图 5-32　接入调差环节的 AER 简图

正调差系数的物理概念可理解为：无功电流 I_{QG}（或无功功率 Q）增大时，AER 感受到的电压 U'_G 在上升（相当于发电机端电压虚假升高），于是减小发电机的励磁电流，驱使发电机端电压降低，所以得到下倾的外特性曲线。具有正调差系数的外特性（简称正调差特性）主要用来稳定并列运行机组间无功电流的分配，所以正调差环节也可称为电流稳定环节。

负调差系数的物理概念可理解为：无功电流 I_{QG}（或无功功率 Q）增大时，AER 感受到的电压 U'_G 在下降（相当于发电机端电压虚假降低），于是增大发电机的励磁电流，驱使发电机端电压升高，所以得到上翘的外特性曲线。具有负调差系数的外特性（简称负调差特性）主要用来补偿变压器或线路压降，维持高压侧并列点的电压水平，所以负调差环节也可称为电流补偿环节。

3. 调差系数的整定

在微机型 AER 中采用的调差公式为

$$U'_G = U_G - K_u I_{QG} \tag{5-14}$$

一般用无功功率 Q 代替无功电流 I_{QG} 成为名副其实的无功（功率）调差，即

$$U'_G = U_G - K_u Q \tag{5-15}$$

当 $K_u > 0$ 时，无功功率 Q 上升导致电压 U'_G 下降，从而使发电机端电压 U_G 下降，即为正调差；当 $K_u < 0$ 时，无功功率 Q 上升导致电压 U'_G 上升，从而使发电机端电压 U_G 上升，即为负调差。

国家标准规定励磁调节器的调差系数可调范围为 ±10%，而电力系统运行要求机组并列点的调差系数应整定为 3% ～ 5%。对于机端直接并列运行的机组，应使用正调差系数，整定为 3% ～ 5%；对于单元接线机组，并列点在升压变压器高压侧，为补偿升压变压器的电压降落，应使用负调差系数，大容量升压变压器的电抗一般为 12% ～ 15%，折算成正调差系数为 6% ～ 8%，为保证并列点的调差系数为 3% ～ 5%，需要整定励磁调节器的调差系数为 –3% 左右。

5.5.2 并列运行发电机间无功功率的分配

1. 两台具有正调差特性的发电机并列运行

若两台具有正调差特性的发电机并列运行，如图 5-33 所示，其调差特性分别为曲线 1 和曲线 2。设并列点母线电压为 U_1，两机组负担的无功电流分别为 I_{QG1} 和 I_{QG2}。

如果无功电流 I_{QG} 增加，母线电压 U_1 下降，励磁调节器动作使新的稳定电压值为 U_2，这时两机组负担的无功电流分别为 I'_{QG1} 和 I'_{QG2}，各机组无功电流的增量分别为 ΔI_1 和 ΔI_2，两机组分别承担一部分增加的无功负荷，其和等于无功电流的增量。

可见，此时两台发电机能稳定并列运行，并可维持无功电流的稳定分配，其分配比例与调差系数有关。

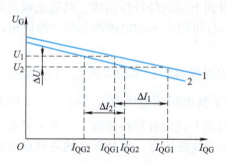

图 5-33　两台具有正调差特性的发电机并列运行

假设无功电流为零时发电机端电压为 U_{G0}，无功电流为额定无功电流 I_{QGN} 时发电机端电压为 U_{GN}，则母线电压为 U_G 时的无功电流为

$$I_{QG} = \frac{U_{G0} - U_G}{U_{G0} - U_{GN}} I_{QGN} \quad (5-16)$$

用标幺值表示为

$$I_{QG*} = \frac{-(U_G - U_{G0})/U_{GN}}{(U_{G0} - U_{GN})/U_{GN}} = -\frac{\Delta U_{G*}}{K_u} \quad (5-17)$$

或母线电压由 U_1 变到 U_2，则可得发电机无功电流增量的标幺值为

$$\Delta I_{QG*} = -\frac{\Delta U_{G*}}{K_u} \qquad (5\text{-}18)$$

由式（5-18）可见，当两台发电机在公共母线上并列运行时，若系统的无功负荷波动，发电机的无功电流增量与电压偏差成正比，与该机组的调差系数成反比。要使并列运行发电机的无功电流增量按机组容量分配，则要求两机组具有相同的调差系数，即两机组的外特性相同。若调差系数不相同，则调差系数小的发电机承担的无功电流大。为了使无功电流分配稳定，调差系数不宜过小。

2. 一台具有无差特性的发电机与一台具有正调差特性的发电机并列运行

若一台具有无差特性的发电机与一台具有正调差特性的发电机并列运行，如图 5-34 所示第一台发电机的无差特性为曲线 1，第二台发电机的正调差特性为曲线 2。这时母线电压必定等于第一台发电机的端电压 U_1，并保持不变，第二台发电机的无功电流为 I_{QG2}。如果系统的无功负荷改变，则第一台发电机的无功电流将随之改变，而第二台发电机的无功电流维持不变，仍为 I_{QG2}。移动第二台发电机的正调差特性曲线 2 可以改变无功负荷的分配。移动第一台发电机的无差特性曲线 1，不仅可以改变母线电压，而且也可以改变第二台发电机的无功电流。

由以上分析可知，一台具有无差特性的发电机可以和一台或多台具有正调差特性的发电机在同一母线上并列运行。但因具有无差特性的发电机组将承担所有无功功率的变化量，无功功率的分配是不合理的，所以在实际中很少采用。

3. 一台具有负调差特性的发电机与一台具有正调差特性的发电机并列运行

若一台具有负调差特性的发电机与一台具有正调差特性的发电机并列运行，如图 5-35 所示，第一台发电机的负调差特性为曲线 1，第二台发电机的正调差特性为曲线 2。设并联点母线电压为 U_1，两机组相应的无功电流分别为 I_{QG1} 和 I_{QG2}。当系统中的无功负荷变化（如增大），无功功率在两机组间发生摆动，不能稳定分配，因此不允许具有负调差特性的发电机直接参与并列运行。

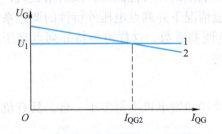

图 5-34　一台具有无差特性的发电机和一台
具有正调差特性的发电机并列运行

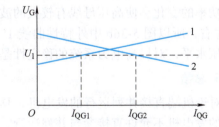

图 5-35　一台具有负调差特性的发电机与一台
具有正调差特性的发电机并列运行

4. 两发电机变压器组并列运行

若两发电机变压器组并列运行，如图 5-36a 所示，将变压器 T1、T2 的阻抗合并到发电机 G1、G2 的阻抗中，则对于并列点高压母线来说，仍可看作两台发电机并列运行，故发电机的外特性曲线必须是下倾的，如图 5-36b 中实线 1、2 所示，这样才能稳定两机组无功功率的分配。

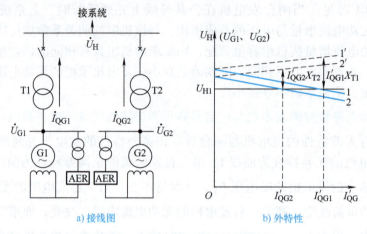

a) 接线图　　　　　　　　　b) 外特性

图 5-36　两发电机变压器组并列运行

注意到 AER 的输入电压为发电机端电压 U_{G1}、U_{G2}，考虑到变压器压降 $jI_{QG1}X_{T1}$、$jI_{QG2}X_{T2}$ 与 $\dot{U}_H$ 同相位，故折算到高压侧的发电机端电压为

$$\begin{cases} U'_{G1} = U_H + I'_{QG1}X_{T1} \\ U'_{G2} = U_H + I'_{QG2}X_{T2} \end{cases} \quad （5\text{-}19）$$

式中，U_H 是并列点高压母线电压值；I'_{QG1}、I'_{QG2} 分别是高压侧电压为 U_{H1} 时折算到高压侧的发电机 G1、G2 的无功电流；X_{T1}、X_{T2} 分别是折算到高压侧的变压器 T1、T2 的电抗值。

按式（5-19）可分别作出以 U'_{G1}、U'_{G2} 为纵轴的外特性曲线，如图 5-36b 中虚线 1′、2′ 所示，两条外特性曲线均具有负调差系数（U'_{G1}、U'_{G2} 不是并列点电压）。容易看出，如果外特性曲线 1′、2′ 具有正调差特性，相对并列点电压的外特性曲线，倾斜角更大，于是无功功率的变化会使高压母线有较大的波动。一般情况下并列点电压外特性的调差系数在 5% 左右，所以图 5-36b 中外特性曲线 1′、2′ 为负调差系数，这样可维持并列点高压母线的电压水平，对提高电力系统的稳定性是很有益的。

5. 总结

对于机端直接并列运行的发电机，具有无差特性的发电机不得多于一台，具有负调差特性的发电机不允许直接参与并列运行。

为使无功功率按机组容量分配，并列运行的发电机的外特性曲线 $U_G = f(I_{QG})$ 应重合，并具有正调差系数。

发电机变压器组在高压母线上并列运行时，对于并列点电压来说仍应具有正调差特性；为维持高压母线的电压水平，对于发电机端电压来说可以具有负调差特性，此时仍能稳定无功功率的分配。

5.6　微机型自动调节励磁装置

励磁控制系统是由同步发电机、励磁功率单元及励磁调节器共同组成的自动控制系统，励磁调节器检测发电机的电压、电流或其他状态量，然后按给定的调节准则对励磁功率单元发出控制信号，从而实现控制功能。不论是模拟式 AER 还是微机型 AER，其基本功能是相同的，只是微机型 AER 有很大的灵活性，可实现和扩充模拟式 AER 难以实现的功能，充分发挥了微机型 AER 的优越性。利用功能框图能方便地说明励磁控制系统各环节的相互联系及其功能，并能方便地应用控制理论分析系统。最基本的励磁控制系统功能框图如图 5-37 所示，由调差环节、测量比较、综合放大、辅助控制、移相触发、可控整流电路等基本控制部分组成，构成以发电机端电压为被调量的自动调节励磁的反馈控制系统。

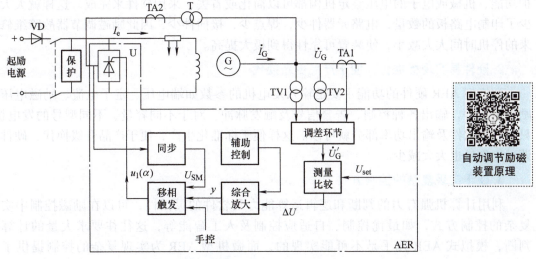

图 5-37　励磁控制系统功能框图

辅助控制是为了满足发电机的不同工况要求，改善电力系统稳定性和励磁系统动态性能而设置的，如为保证发电机运行的安全，设置各种励磁限制；为便于发电机运行，设置电压给定值系统。

在图 5-37 的主通道 AER 中，若由于某种原因使发电机端电压升高时，偏差电压 ΔU 经综合放大后得到一控制量，使移相触发脉冲后移，触发延迟角 α 增大，可控整流电路的输出电压减小，减小发电机的励磁电流，端电压随之下降。反之，发电机端电压下降时，综合放大后得到的这一控制量使移相触发脉冲前移，触发延迟角 α 减小，可控整流电路的输出电压增大，增大发电机的励磁电流，端电压随之升高。因此，调节结果可使发电机端电压在给定值水平。

除上述主通道调节外，还可切换为以励磁电流为被调量的闭环控制运行。由于采用自动跟踪系统，切换不会引起发电机无功功率的摆动。以励磁电流为被调量的闭环控制运行，也称手动运行，通常应用于发电机零起升压以及自动控制通道故障时。在模拟式 AER 中，用模拟电路、电子电路来实现图 5-37 所示功能。

随着电力系统的不断发展、发电机单机容量的不断增加，电力系统越来越大，越来越复杂，对励磁调节器的要求也在日益提高，如更优的励磁调节性能、更多和更灵活的限制等附加功能。随着计算机技术、数字控制技术和微电子技术的飞速发展和日益成熟，同步发电机组微机型 AER 已逐渐替代模拟式 AER。

微机型 AER 与模拟式 AER 比较，在构成的主要环节上都是相似的，但由于微机型 AER 借助其软件优势，在实现复杂控制和增加辅助功能等方面有很大的优越性和灵活性。本节讨论微机型 AER 的特点、构成与原理。

5.6.1　微机型 AER 的特点

1. 硬件简单，可靠性高

由于采用了微处理器，以往励磁调节器的操作回路、部分可控整流触发回路、各种保护功能、机械或电子的电压整定机构都可以简化或省去，采用软件来完成。这样就大大减少了印制电路板的数量，电路元器件少，焊点少，接插件少，因此励磁调节器故障维修带来的停机时间大大减小，使装置可靠性得到极大提高。

2. 硬件易实现标准化，便于产品更新换代

微机型 AER 硬件的功能主要是输入发电机的参数如端电压、定子电流、励磁电压及励磁电流等，输出各种控制、告警信号及触发脉冲。对于不同容量、不同型号的发电机，只要改变软件及输出功率部分就可以。这样便于标准化生产，便于产品升级换代，硬件的调试工作量也大大减少。

3. 便于实现复杂的控制方式

利用计算机强有力的判断和逻辑运算能力及软件的灵活性，可以在励磁控制中实现复杂的控制方式，如最优控制、自适应控制及人工智能等，这往往要求大量的计算和判断，模拟式 AER 几乎是不可能实现的，而微机型 AER 为实现复杂的控制提供了可能性。

4. 通信方便

可以通过通信总线、串行接口或常规模拟量方式方便灵活地与上位机通信、接收上位机控制命令。上位机可直接改变机组给定电压值，非常简单地实现全厂机组的无功成组调节及母线电压的实时控制，便于实现全厂的自动化。

5. 显示直观

发电机的各种运行状态、运行参数、保护定值等都可以通过显示面板的数码管显示出来，不仅可以显示十进制数，还可以显示十六进制数。除此之外，还可以显示各种故障信号，为运行人员提供了极大的方便。

5.6.2　微机型 AER 的构成

微机型 AER 是由一个专用的计算机控制系统构成，如按计算机控制系统来划分，则由硬件（即电气元器件）和软件（即程序）两部分组成。

1. 硬件电路

典型微机型 AER 框图如图 5-38 所示。由于大规模集成电路技术日益进步，计算机技术不断更新，具体的系统从单微处理器、多微处理器向分布式、网络方向发展，所以微机型 AER 的硬件电路也随之发展，没有固定模式。但按照计算机控制系统的组成原则，硬件的基本配置由主机、输入输出接口和过程输入输出通道等环节组成。

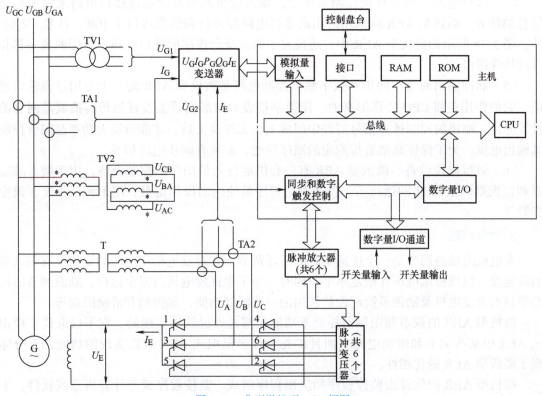

图 5-38　典型微机型 AER 框图

（1）主机　由 CPU、RAM（随机存储器）、ROM（只读存储器）等器件组成主机，主机是微机型 AER 的核心部件。它根据输入通道采集来的发电机运行状态变量在 CPU 中进行调节计算和逻辑判断，并将实时采样数据、控制计算过程中的一些中间数据和主程序中控制用的计数值等存放在可读写的 RAM 中，将固定数据、设计值、应用软件和系统软件等事先固化存放在 ROM（或 EPROM、EEPROM）中。按照预定的程序进行信息处理求得控制量，通过数字移相脉冲接口电路发出与触发延迟角对应的脉冲信号，从而实现对发电机励磁电流 I_E 的控制。

（2）模拟量输入通道　为了维持发电机端电压水平和机组间无功功率的分配，需测得发电机的运行电压 U_G、电流 I_G。有的微机型 AER 还输入发电机的无功功率 Q_G、有功功率 P_G 和励磁电流 I_E 等，分别经过各自的变送器变成直流电压，然后按预定的顺序依次接入 A/D 转换器，将输入的这些模拟量转换成数字量后再输入到微机型 AER 的主机中。在

图 5-38 中，输入两路发电机电压 U_{G1} 和 U_{G2} 是为了防止电压互感器断线时产生误调节。

（3）开关量输入输出通道　微机型 AER 需要采集发电机的运行状态信息，如断路器、灭磁开关等的状态信息，这些状态信号经转换后与数字量 I/O 接口电路连接。励磁系统运行中异常情况的告警或保护等动作信号从接口电路输出后，驱动相应的设备，如灯光、音响等。

（4）接口电路　在计算机控制系统中，输入输出通道必须通过接口电路来完成传递信息的任务。微机型 AER 除采用通用的接口电路如并行和管理接口（中断、计数/定时）外，图 5-38 所示的微机型 AER 中，还设置了监控盘台连接的接口电路、专用的数字移相脉冲特殊接口。

（5）脉冲输出通道　同步和数字触发控制电路是微机型 AER 的一个专用过程输出通道。它的作用是将 CPU 计算出来的、用数字量表示的晶闸管触发延迟角转换成晶闸管的触发脉冲。输出的控制脉冲信号需经中间放大、末级放大后，才能触发大功率晶闸管控制其输出电流。为了保证晶闸管按规定的顺序导通，必须有同步电压信号。

（6）运行操作设备　微机型 AER 有一套供运行人员操作的控制设备，用于增、减励磁和监视微机型 AER 的运行。另外还有供程序员使用的操作键盘，用于调试程序、设定参数等。

2. 软件框图

发电机的励磁调节是一个快速实时的闭环调节，它对发电机端电压的变化要有很高的响应速度，以维持端电压在给定水平；同时，为了保证发电机的安全运行，励磁调节器还必须具有对发电机及励磁系统起保护作用的一些限制功能，如强励和低励限制等。

微机型 AER 的调节和限制及控制等功能，都是通过软件实现的。它不仅取代了模拟式 AER 中某些调节和限制电路，而且扩充了许多模拟式 AER 难以实现的功能，充分体现了微机型 AER 的优越性。

微机型 AER 的软件由监控程序和应用程序组成。监控程序就是计算机系统软件，主要为程序的编制、调试和修改等服务，而与励磁调节没有直接关系，但仍作为软件的组成部分安置在微机型 AER 中。应用程序包括主程序和调节控制程序，是实现励磁调节和完成数据处理、控制计算、控制命令的发出及限制、保护等功能的程序，以及用于实现交流信号的采样及数据处理、触发脉冲的软件分相和发电机端电压的频率测量等功能。微机型 AER 的软件设计主要集中在主程序和调节控制程序。

（1）主程序的流程及功能　图 5-39 所示为主程序流程图，主程序主要由系统初始化、开机条件判别及开机前设置、开中断、故障检测及检测设置、终端显示和人机接口命令过程构成。

系统初始化就是在微机型 AER 接通电源后、正式工作前，对主机以及开关量、模拟量输入输出等各个部分进行模式和初始状态设置，包括中断初始化、串行口初始化和并行口初始化等。系统初始化程序运行结束就意味着微机型 AER 已准备就绪，随时可以进入调

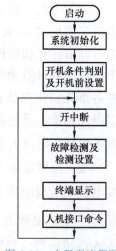

图 5-39　主程序流程图

节控制状态。

开机条件判别及开机前设置流程图如图 5-40 所示。现假定微机型 AER 用于水轮发电机励磁系统。首先判别是否有开机命令，若无开机命令，则检查发电机断路器分合状态。若发电机断路器处于"分"状态，表明发电机尚未具备开机条件，程序转入开机前设置，然后重新进行开机条件判别；若发电机断路器处于"合"状态，则表明发电机已并入电网运行，转速在 95% 以上时，程序退出开机条件判别。若有开机命令，则反复不断地判断发电机转速是否达到 95%，一旦达到了，表明开机条件满足，结束开机条件判别，进入下一阶段。

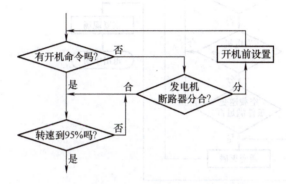

图 5-40　开机条件判别及开机前设置流程图

开机前设置主要是将电压给定值置于空载额定位置以及将一些故障限制复位。

开中断环节表示微机型 AER 在此将调用各种调节控制程序实现各种功能。开中断后，中断信号一出现，CPU 立即中断主程序转而执行中断程序，中断程序执行完毕，将返回主程序继续执行。

故障检测程序是用来实现电压互感器（TV）断线判别、工作电源检测、硬件检测信号、自恢复等。检测设置就是设置一个标志，表明励磁系统已经出现了故障，以便执行故障处理程序。

终端显示程序将发电机和微机型 AER 中需要监视的量从计算机存储器中按一定格式送往 CRT（计算机远程终端）显示出来，可以监视发电机和微机型 AER 的运行情况。

人机接口命令程序可以实现调试过程中对电压偏差的比例积分微分（PID）调节参数、调差系数等参数的在线修改。

（2）调节控制程序的流程及功能　调节控制程序流程图如图 5-41 所示。对于图 5-19 所示三相全控桥式整流电路，每个交流周期内触发 6 次，对于 50Hz 的工频励磁电源则每秒触发 300 次。为了满足这种实时性的要求，中断信号每隔 60° 电角度出现一次，每次中断间隔时间约为 3.3ms。要在每个中断间隔时间内，执行完所有的调节控制程序是不可能的。因此，调节控制程序采用分时执行方式，在每个周期的 6 个中断区间内，分别执行不同的功能程序。这 6 个中断区间以同步信号为标志。

进入中断入口以后，首先压栈保护现场，将被中断的主程序断点和寄存器的内容保护起来，以便中断结束后返回到主程序断点继续运行。

接下来查询是否有同步信号。同步信号是通过开关量输入输出接口读入的。

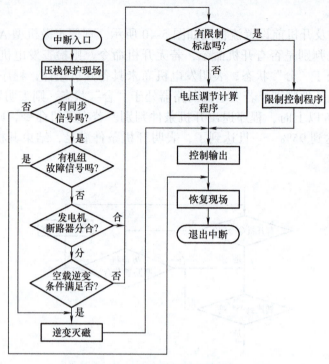

图 5-41　调节控制程序流程图

1）若没有同步信号，则表示没有励磁电源，不执行调节控制程序，恢复现场，退出中断。

2）若有同步信号，则查询是否有机组故障信号。因为机组故障是紧急事件，必须马上处理。一旦查询到有机组故障信号便转入逆变灭磁程序。若无机组故障信号，且发电机断路器在"分"的状态（即机组空载运行），则检查空载逆变条件是否满足。空载逆变条件有 3 个：①有停机命令；②发电机端电压大于 130% 额定电压；③发电机频率低于 45Hz。

以上 3 个条件只要有其中任一个成立，则满足空载逆变条件，转入逆变灭磁程序。如果发电机处于"合"的状态（即机组并网运行，或空载运行而不需逆变灭磁），则转入电压调节计算程序或限制控制程序。

在执行电压调节计算程序或限制控制程序之前，首先检查是否有限制标志。限制标志包括强励定时限或反时限限制标志、过励限制标志、欠励限制标志。若有限制标志即转入限制控制程序，若无限制标志则转入电压调节计算程序。

执行电压调节计算程序或限制控制程序后，就得出晶闸管的触发延迟角和应触发的桥臂号。通过控制输出程序输出到同步和数字触发控制电路，生成晶闸管的触发脉冲，然后恢复现场，退出中断，回到主程序。

电压调节计算程序包括采样控制程序、调差计算和对电压偏差的比例调节等。

采样控制程序的作用是将各种变送器送来的电气量经 A/D 转换器转换成 CPU 能识别的数字量，供电压调节计算使用。被采集的量有发电机电压、有功功率、电感性无功功率、电容性无功功率、转子电流和发电机电压给定值。

调差计算是为了保证并列运行的机组间合理分配无功功率而进行的计算，作用相当于模拟式 AER 的调差环节。

在硬件配置不变的情况下，微机型 AER 采用不同的算法就可实现不同的控制规律，如对电压偏差的比例（P）调节、比例积分（PI）调节、比例积分微分（PID）调节等。实现不同的控制规律只需修改软件，而不需更换硬件，这样可以很方便地用同一套硬件构成满足不同要求的发电机励磁系统，体现了微机型 AER 特有的灵活性。

为了保证电网事故时发电机尽量不解列，而又不危及发电机的安全运行，容量在 100MW 以上的发电机一般应设置励磁电流限制。励磁电流限制的设置包括强励定时限或反时限限制、过励限制、欠励限制。为了防止发电机空载运行时由于励磁电流过大导致发电机过饱和而引起过热，还应设置发电机空载最大励磁电流限制。在模拟式 AER 中电路实现比较困难，一般不设置或只设置必要的几种。所以，在微机型 AER 中，只增加一些应用程序，不增加或增加很少的硬件设备，就可实现上述各种限制。因此，微机型 AER 都配置有较完善的励磁电流限制功能。

限制控制程序的作用是判别发电机是否运行到了应该对励磁电流进行限制的状态，当被限制的参数超过限制值时，持续一定时间后，程序设置某种限制标志，表明发电机的某一运行参数已经超过了限制值，应该进行限制了。

5.6.3　微机型 AER 的原理

微机型 AER 采用数字移相触发，与模拟式移相触发相类似，也是由同步移相、脉冲形成和脉冲放大环节组成。

数字移相就是将 PID 计算（比例积分微分运算，作用相当于模拟式 AER 中的综合放大单元）输出的数字量 y 转换为触发延迟角 α，并在规定的角度区间内形成脉冲，经功率放大后形成触发脉冲，来触发相应晶闸管。对于三相全控桥式整流电路的触发脉冲，触发延迟角 α 有上、下限，即 $\alpha_{min} \le \alpha \le \alpha_{max}$，如取 $\alpha_{min} = 5°$、$\alpha_{max} = 150°$。此外，数字移相触发须采用双脉冲触发。

1. 数字移相

数字移相工作特性就是输出的触发延迟角 α 与输入量 y 间的关系曲线。根据 AER 的调节规律，发电机端电压在给定值 U_{set}/K_u 水平上运行。当端电压 U_G 降低时，触发延迟角 α 应减小，使励磁电压应升高，驱使端电压 U_G 升高，从而使端电压维持在给定水平上运行。

当端电压升高时，触发延迟角 α 应增大，使励磁电压降低，驱使端电压 U_G 降低，从而使端电压维持在给定水平上运行。注意到上述规律有线性关系，并作出数字移相工作特性，如图 5-42 所示。

数字移相就是将数字量 y 在规定的角度区间内转换成时间 t_α，再由 t_α 转换为工频电角度 α，从而实现数字移相。

数字移相是通过软件和可编程定时器/计数器（如 8253

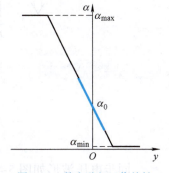

图 5-42　数字移相工作特性

芯片）实现的。从本章 5.3 节中已经知道，三相全控桥式整流电路输出电压的高低取决于触发延迟角 α 的大小，而 α 的大小可用触发脉冲距 α 角起始点的延时 t_α 来表示，再折算成对应的计数脉冲个数 D。α 换算为 t_α 的公式为

$$t_\alpha = \frac{\alpha}{360°} T \tag{5-20}$$

式中，T 是晶闸管交流电源的周期。

如加到定时器/计数器中的计数脉冲的频率为 f_c，则与 t_α 对应的计数脉冲数为

$$D = t_\alpha f_c = \frac{\alpha}{360°} T f_c \tag{5-21}$$

整个移相触发的过程是：如果已知触发延迟角 α（由 ΔU_G 和 ΔQ 通过软件计算确定），用式（5-21）可求得计算机的写入数 D，经过数据总线送到 8253 芯片中，计数器为减法计数器，计数结束时，计数器输出端输出低电平信号，经功率放大电路和脉冲变压器，形成触发脉冲，去触发相应晶闸管。

2. 同步电路

同步电路的任务是将同步变压器二次电压进行处理，以处理后的方波作为定时器/计数器的门控信号，指明触发延迟角 α 的计时起始点，以触发相应晶闸管。同步信号的采集一般有两种方式：一种是采集单相同步信号，其他几个同步点由计算机算出；另一种方式是由硬件实现 6 个同步信号采集。

由硬件实现的三相同步信号整形电路中的数字移相脉冲原理图如图 5-43 所示，图中采用两个 8253 芯片，输出 6 个触发脉冲，作为三相全控桥式整流电路的双脉冲触发，脉冲间隔为 60°。

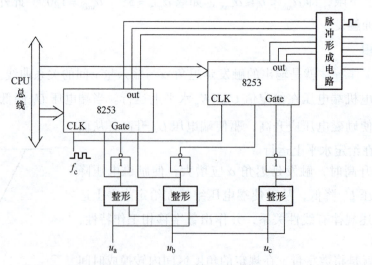

图 5-43 数字移相脉冲原理图

同步电压波形如图 5-44 所示，线电压 u_{AC}、u_{BA}、u_{CB} 经方波整形后可得宽度为 180°

的 3 个方波，它们各自的反相器也是 3 个宽 180° 的方波，这 6 个方波依次间隔 60°。它们的上升沿正好与 6 个自然换相点对应，分别接到两个 8253 芯片的 6 个 Gate 端（门控信号输入端），作为三相全控桥式整流电路晶闸管触发延迟角 α 的计时起点，6 个输出端信号经转换后得到输出的触发脉冲信号。

同步信号整形电路采用的抗干扰措施：一是采用电容耦合方式引入同步变压器二次电压；二是用光电管实现模拟部分与数字部分的电气隔离。

在自并励励磁系统中，触发脉冲属于弱电，励磁电压属于强电，所以用于脉冲放大输出的脉冲变压器一、二次绕组间应有足够高的隔离耐压水平；又因励磁电流大，可控整流柜不止一面，故触发脉冲输出数量要满足要求，输出功率要足够大，以保证晶闸管触发导通。

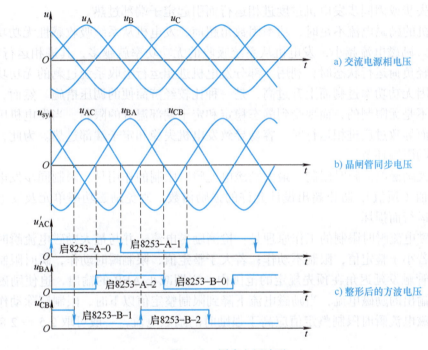

图 5-44　同步电压波形

3. 运行控制方式

1）恒励磁电流方式。这种方式又称电手动。电压互感器断开时自动进入此方式，也可以在进行励磁机试验时，人为切换到此方式。该方式以稳定励磁电流为目的，无强行励磁和强行减磁功能，其算法是以励磁电流为给定值，测定电流偏差，进行 PID 运算，得到控制电压 U_c 经移相触发触发延迟角 α，达到恒励磁作用。

2）恒无功功率方式。机组并入无限大系统后，可进入恒无功功率方式。多运用在并列运行机组上，以无功功率作为给定值，测无功功率偏差进行 PID 计算。

3）恒功率因数方式。以恒无功功率为基础，根据发电机有功功率，计算出给定 $\cos\varphi$（发电机额定功率因数）下的无功功率，以此无功功率为给定值，做恒无功功率运行。

4）跟踪母线电压的起励方式。该方式是建立在恒电压的运行方式（简称恒电压方式）

下，把母线电压作为恒电压方式的给定值，即成为跟踪母线电压的起励方式。常在机组起动时用，机组并入系统后，自动返回恒电压运行，可以缩短机组并网时间。

4. 限制和保护

（1）伏赫限制　同步发电机解列运行时，其端电压有可能升得较高，而其频率也有可能降得较低，如果端电压 U_G 与频率 f 的比值 U_G/f（称为伏赫比）过高，则同步发电机及与其相连的主变压器（单元接线机组）的铁心就会发生磁饱和，使空载励磁电流加大，造成铁心过热。因此有必要对 U_G/f 加以限制。伏赫限制的任务就是在机组解列运行时，确保 U_G/f 不超出安全数值。U_G/f 的整定值通常取标幺值 $1.1 \sim 1.15$。

（2）欠励限制（最小励磁限制）　欠励限制的作用是防止同步发电机因励磁电流过度减小而引起失步或因同步发电机过度进相运行而引起定子端部过热。

当发电机的励磁电流不足时，功率因数角超前，发电机从系统吸收感性无功功率，进入进相运行。励磁电流越小，发电机从系统吸收的无功功率就越多，其进相运行就越深。在系统处于轻负荷运行状态时，利用一部分发电机进相运行吸收系统过剩的无功功率，避免系统电压因无功功率过剩而上升过高，是一种比较经济简便的调压措施。然而，发电机的进相运行不是无限制的，而要受到静态稳定和定子端部温升的限制。当发电机因吸收无功功率过多而导致过度进相运行时，容易导致发电机失稳和定子端部过热。为此，必须设置发电机欠励限制环节。

（3）最大励磁电流瞬时限制　最大励磁电流瞬时限制的作用是：限制同步发电机励磁电流的最大值（顶值），防止超出设计允许的强励倍数，避免励磁功率单元及发电机转子绕组超极限运行而损坏。

最大励磁电流瞬时限制的工作原理是：检测励磁电流，并与最大励磁电流瞬时限制整定值比较，若小于整定值，限制不动作；若大于整定值，限制瞬时动作，瞬时限制可控整流桥中晶闸管触发延迟角在预先规定的范围内，立即减小 AER 的输出，迫使励磁功率单元迅速减小输出的励磁电流，当励磁电流下降到限制整定值以下时，限制解除动作。

最大励磁电流瞬时限制整定值应高于强励时的励磁电流，一般可取 $2.5 \sim 2.8$ 倍额定励磁电流。

（4）反时限延时过励磁电流限制　反时限延时过励磁电流限制是用于防止同步发电机励磁绕组因长时间过电流而过热。同步发电机的励磁绕组及励磁功率单元的长期工作电流，是按额定励磁电流的 1.1 倍设计的，当励磁电流超过了额定励磁电流的 1.1 倍时，就称之为过励。

反时限延时过励磁电流限制实际上由一个热量积分器加一个定值小于 1.1 倍额定励磁电流的定电流调节器组成，通常，该限制提供反时限限制特性，即按发电机励磁绕组容许发热极限曲线对发电机励磁电流进行限制。

（5）整流柜最大出力限制　在自并励励磁系统中，若出现晶闸管器件故障、快速熔断器熔断或冷却风机停运等硅整流柜局部故障时，则应根据具体情况判断是否限制发电机负载，限制其最大出力，以免发生过载而扩大故障。如果此时不对整流柜的最大出力进行限制，那么发生强励时，整流柜可能因严重过载而扩大故障甚至完全烧毁，严重危及发电机的安全运行。如多台整流柜并列运行，则当一台整流柜故障时，可不限负载、不限强励；如接着另一台再发生故障时，则需限制发电机励磁电流，不致引起整流柜故障扩大，同时解除强励。

（6）空载过电压限制　发电机空载运行时，为防止发电机过电压，危及定子及相连设备的绝缘，当发电机电压升至空载过电压动作整定值时，及时输出逆变角，进行逆变灭磁。

中国西部 12 个省（自治区、直辖市）的水力资源占全国总量的 80% 以上，特别是西南地区云、贵、川、渝、藏 5 个省（自治区、直辖市）就占 2/3。全国水力资源富集于金沙江、雅砻江、大渡河、澜沧江、乌江、长江上游、南盘江、红水河、黄河上游、湘西、闽浙赣、东北、黄河北干流以及怒江等水电能源基地，其总装机容量约 3 亿 kW，占全国技术可开发量的 45.5% 左右。特别是地处西部的金沙江中下游干流总装机规模近 6000 万 kW，长江上游（宜宾—宜昌）干流超过 3000 万 kW，雅砻江、大渡河、黄河上游、澜沧江、怒江的规模均超过 2000 万 kW，乌江、南盘江红水河的规模均超过 1000 万 kW。这些江河水力资源集中，有利于实现流域梯级滚动开发，有利于建成大型的水电能源基地，有利于充分发挥水力资源的规模效益实施"西电东送"。

开发水力资源发展水电，是我国调整能源结构、发展低碳能源、节能减排、保护生态的有效途径。伴随着水电的发展，我国水电工程勘察设计和施工技术、大型水轮发电机组制造、远距离输电技术等已居世界先进水平。随着白鹤滩水电站的自主研发单机容量 100 万 kW 机组投入运行，采用先进的微机励磁技术确保机组电压稳定，也是中国工程师们追求卓越、精求技能的大国工匠精神的体现。

5.7　自动调节励磁装置的参数整定

自动调节励磁装置需要整定的参数有调差系数、强励反时限限制、过励限制、欠励限制、U_* / f_* 限制、过电压限制。

5.7.1　调差系数 K_u

为稳定并列运行的发电机间无功功率的分配，发电机或发电机变压器组并列点的调差系数应取正值。

1. 机端直接并列运行的发电机

对于机端直接并列运行的发电机，调差系数一般取 $K_u = 5\% \sim 6\%$。

2. 发电机变压器组并列运行

将变压器阻抗看作发电机阻抗的一部分，对于高压母线并列点来说，调差系数应为正值，且应在 $5\% \sim 6\%$ 水平。

为维持高压母线电压的水平，应补偿主变压器电压降的影响，故调差系数应为

$$K_u = (5\% \sim 6\%) - \left(U_K\% \frac{P_N}{S_T \cos\varphi} \mp m_T\% \right) \qquad (5\text{-}22)$$

式中，$U_\mathrm{K}\%$ 是主变压器的短路阻抗值；P_N 是发电机额定功率；$\cos\varphi$ 是发电机额定功率因数；S_T 是变压器额定容量；m_T 是变压器调压分接头位置，当分接头为正值时 $m_\mathrm{T}\%$ 前取 "－" 号，当分接头为负值时 $m_\mathrm{T}\%$ 前取 "＋" 号，当分接头为 0 时 $m_\mathrm{T}\% = 0$。

如 $P_\mathrm{N} = 600\mathrm{MW}$、$\cos\varphi = 0.9$、$S_\mathrm{T} = 720\mathrm{MVA}$，当 $U_\mathrm{K}\% = 18\%$、分接头为 +2.5% 时，则整定的调差系数为

$$K_\mathrm{u} = (5\% \sim 6\%) - (18\% \times \frac{600}{720 \times 0.9} - 2.5\%) = -(9.2\% \sim 8.2\%)$$

5.7.2 强励反时限限制

强励反时限限制应与发电机的强励能力相配合。需要整定的参数有：强励倍数、强励允许时间、长期允许的励磁电流。

1）强励倍数 K_E。一般情况下取 $K_\mathrm{E} = 2$。

2）强励允许时间 t_E。由电机制造厂给出，一般情况下取 $t_\mathrm{E} = 10\mathrm{s}$。

3）长期允许的励磁电流 $I_{\mathrm{E}\infty}$。由发电机的励磁电流特性确定，一般情况下 $I_{\mathrm{E}\infty} = 1.1 I_{\mathrm{EN}}$，而 I_{EN} 为发电机额定励磁电流。

5.7.3 过励限制

发电机的过励限制由电机制造厂提供的允许 P-Q 曲线确定。一种方式是根据发电机允许的 P-Q 曲线，再过额定运行点（P_N，Q_N）作一条稍低于允许 P-Q 曲线的 P-Q 曲线，在此曲线上取适当点（一般取 5～6 点）输入装置即可构成过励限制；另一种方式是采用过（P_N，Q_N）点作一条稍低于允许 P-Q 曲线的直线，这条直线方程就构成了过励限制，通常给出两点坐标即可，一点坐标是（P_N，Q_N），另一点坐标是（0，Q_0），其中 Q_0 是直线与 $+Q$ 轴交点的坐标。

应当指出，整定的过励限制应与发电机转子反时限过电流保护相配合。因为转子反时限特性曲线与发电机允许的 P-Q 曲线相对应，转子反时限过电流保护按转子反时限特性曲线整定，而整定的过励限制特性低于发电机允许的 P-Q 曲线。所以当发电机过励时，应该是 AER 先于转子反时限过电流保护动作。

5.7.4 欠励限制

发电机在运行中，为防止失去静态稳定，在 AER 中设置了欠励限制。欠励限制是根据电机制造厂提供的进相运行时允许的 P-Q 曲线确定。为简化起见，欠励限制取直线特性，当然，整定的欠励限制特性在发电机进相运行时允许的 P-Q 曲线以上，并留有一定的裕度。

欠励限制特性的两点坐标：一点坐标为额定功率 P_N 下允许的进相无功功率 $-Q_\mathrm{A}$，即

该点坐标为 $(P_N, -Q_A)$；另一点坐标为 $(0, -Q_B)$，其中可取 $Q_B = 70\%S_N / X_d$（S_N 为发电机额定视在功率，X_d 为发电机的同步不饱和电抗标幺值），两点连线即构成了欠励限制特性。

当不采用直线特性而采用曲线特性时，可通过上述两点作稍高于进相运行时允许的 $P-Q$ 曲线的另一条曲线，在此曲线上取 5～6 点即可构成欠励限制特性。

整定的欠励限制特性不应限制发电机正常进相运行时所带的进相无功功率。如欠励限制特性限制了发电机进行进相运行试验所带的进相无功功率，则欠励限制特性曲线应相应下移（试验完后恢复原欠励限制特性），同时做进相运行试验时，AER 应处于"自动"运行状态。

5.7.5　U_* / f_* 限制

AER 的 U_* / f_* 限制值应低于发电机（或变压器）U_* / f_* 反时限保护的最低值。如发电机 U_* / f_* 反时限保护的最低值 $U_* / f_* = 1.07$，则 AER 中的 U_* / f_* 限制值取 $U_* / f_* = 1.06$。

5.7.6　过电压限制

AER 的过电压限制取 $1.15U_N$（U_N 为发电机额定电压），与发电机的过电压保护相配合（发电机过电压保护的动作电压 $U_{op} \geqslant 1.2U_N$）。

5.8　励磁系统常见故障及处理

5.8.1　故障处理的基本要求

故障处理前应先了解 AER 说明书所述的安全措施和对维护人员的基本要求，故障处理人员应满足相应条件。处理故障时必须有两个以上的技术人员同时参与，以免单独一人操作时发生意外。

故障处理时必须根据具体的故障现象仔细分析产生故障的可能因素，考虑好处理过程中可能发生的不利后果，做好预防措施，防止处理时扩大故障或影响机组的安全稳定运行。

尽可能通过开环试验等方法模拟机组实际运行时的工况，在机组停机时处理故障。若某些故障确实需要在机组运行时方能确定，也应在机组空载运行时进行处理。原则上，在排除故障时机组不要处于并网运行状态，否则，必须做好安全措施，尽可能使机组轻载运行。若因故障使机组不能稳定运行时，必须快速分断发电机出口断路器、断开灭磁开关或紧急停机，防止事故扩大。

如果更换装置中的器件，则应切断励磁系统的所有电源及与外界的电气连接，以保证人身及设备的安全。带电插拔器件一般是被禁止的。一些对静电感应敏感的器件，如 CMOS，如果受到静电放电，则极易损坏，应避免碰及。更换此类器件或装有此类器件的电路板时，首先应关断电源，操作时手腕最好带上供放电用的护套。紧急情况下，在操作前可用手先触摸不带柜体中不带油漆的金属部分，以减小手中静电对器件的损坏危险。被更换器件，最好由厂家提供，所有备件都已在工厂检测，可以直接替换原被换件，不必进行跳线及设置等。

5.8.2 典型故障的处理

在大部分情况下，励磁系统的各正常功能都由励磁故障监测系统在持续地监测着，这些功能一旦发生故障，监测系统会发出告警信号，并给出故障信息。相应的故障处理参见下面相应的方法进行。

1. TV 断相

"TV 断相"是指 A 通道用的 TV 或 B 通道用的 TV 有故障。若采用单励磁调节器，外部只有一路 TV 信号输入时，AER 发出"TV 断相"的同时将发出"失磁保护"信号，启动事故停机。这时，显示屏会弹出故障告警画面并闪烁告警。

当故障发生在当前运行通道时，AER 会自动切换到备用通道运行。

TV 断相一般都由 TV 三相电压不平衡引起的。若是 A 通道的 TV 故障，则首先检查励磁屏对外接线端子排端子的三相电压是否平衡。若三相电压不平衡则说明故障在励磁屏外，这时应检查 TV 的熔断器是否完好或各转接点是否接触良好；若三相电压平衡则说明故障在励磁屏内，这时应参照图样顺着接线端子号往下查，找出不平衡点，然后再采取相应的处理措施。B 通道发生 TV 故障的处理方法与 A 通道类似。

2. 厂用电消失

"厂用电消失"是指用于厂用电供电回路的交流接触器均不带电，即厂用电Ⅰ段、Ⅱ段均消失。厂用电为励磁系统的照明灯、加热器、风机等提供电源，由于功率柜停风机运行有一定的时间限制。所以厂用电消失后，虽然 AER 仍能正常工作，但还是应该尽快处理。

发生"厂用电消失"故障时，显示屏会弹出故障告警画面并闪烁告警。这时告警画面和本次上电故障记录画面显示"交流电故障"，追忆画面显示的是"厂用电消失"。

发生"厂用电消失"故障时，首先应检查厂用电供电回路的交流断路器是否全部合上，如果交流断路器已经合上但故障仍然存在，则应检查电厂的两段厂用电是否送到励磁屏。

若为单 PLC 励磁系统，由于只采用了一路厂用电源，故发生"厂用电消失"故障时，应直接检查厂用电是否送到励磁屏。

3. 直流电消失

"直流电消失"是指直流 220V 操作电源故障。发电机并在电网上时，直流电源消失励磁系统虽然仍能正常运行，但此时已不能对灭磁开关进行操作，所以必须尽快处理。

AER 发出"直流电消失"故障信号时，显示屏会弹出故障告警画面并闪烁告警。

发生"直流电消失"故障时，首先应检查直流操作电源输入回路熔断器的对外接线端是否有 220V 直流电压，若没有便是励磁屏外的原因，若有，则应先检查该处两个熔断器是否完好。若熔断器完好则应参照图样检查合位继电器 KCP、跳位继电器 KTP 不同时带电的原因。若熔断器熔断，则应更换（更换前应确保励磁系统操作回路无短路现象，即直接用万用表测量操作电源回路的电阻应大于 500Ω 以上）。

4. 逆变不成功

"逆变不成功"是指发电机在解列的情况下，AER 在接收到停机令后 5s 内，发电机端电压还大于 10% 的额定端电压。

AER 在发出"逆变不成功"故障信号的同时，会发出信号去跳灭磁开关灭磁。

正常运行时，如果发生逆变灭磁失败跳灭磁开关的情况，一般都是硬件发生故障。主要检查停机命令有没有通过数据总线送到 AER 的操作面板上。

5. 起励失败

"起励失败"是指投励开始后 10s 内发电机端电压还小于 10% 的额定端电压。此时 AER 便发出"起励失败"故障信号。起励失败的原因有：

1）未收到起励（开机令）信号。

2）未采集到灭磁开关位置信号。

3）未闭合阳极刀开关或无阳极电压。

4）起励回路不正常（他励不动作）。

5）未收到灭磁及其他故障信号（如风机停风、整流故障、TV 断相等）。

6）未接好发电机转子连线（如电刷接触不良等）。

发生"起励失败"故障时，应首先检查 AER 在起励前是否处于正常的准备开机状态，即功率柜交、直流刀开关、灭磁开关、TV 高压侧刀开关、起励电源开关均合上，而且 AER 无停机信号。此时也可以重新给 AER 上一次电，重新预置，然后再检查是否有起励电源，TV 的熔断器是否熔断，TV 回路的接线是否松动。如果这些都正常，则另换一个通道起励。如果可以正常起励，则说明是 AER 通道内的原因；如果也不能正常起励，则应该检查起励回路、脉冲公共回路、晶闸管整流器、转子回路是否有接地或短路故障等。

若 AER 没有发出"起励失败"故障信号，但机组仍无法起励，则很大程度为外部原因所致。一般情况下若能在 AER 近方起励而不能远方自动起励，则应检查"机组 95% 转速命令"及"开机命令"信号是否正常送入 AER，两信号接点是否有抖动等。若远方和近方均不能起励，则应检查机组频率是否没有达到 45Hz 以上。

6. 过励保护

"过励保护"是指励磁电流超过了额定励磁电流的 2.5 ～ 3.5 倍，这种情况比较严重，它很可能是转子短路或励磁失控引起的。过励保护动作时，AER 会同时发出命令给发电机保护，发电机保护再来跳发电机出口断路器和灭磁开关。

过励保护的动作值一般设为额定励磁电流的 2.5 ～ 3.5 倍，准确数据需查阅出厂试验报告。

发生"过励保护"故障时，应对转子回路和励磁系统进行全面的检查。首先应确认转子回路有无短路现象，功率柜的晶闸管和快速熔断器、灭磁柜的非线性电阻和快速熔断器是否损坏，然后再利用小电流试验看励磁系统是否工作正常，开机之前还应该着重检查 TV、励磁变压器二次侧 TA、励磁变压器二次侧的同步变压器，以确认回路和相位正常。若不能找出故障原因则不要轻易开机起励。

7. A（B）通道脉冲故障

"A（B）通道脉冲故障"是指 A（B）通道的脉冲在送出 A（B）通道之前已发生了故障。这时 A（B）通道显示屏上告警画面显示"脉冲故障"，故障追忆画面显示"脉冲故障"。

当运行通道发生此故障时，AER 会自动切换到备用通道运行。

如果这时 A（B）通道显示屏上的"脉冲故障"和"TV 断相"告警画面一直都亮着，则说明无同步中断信号；如果显示屏上的"脉冲故障"指示只有在强行切换到该通道运行是才亮，则应该是调节板上有硬件故障，这时应检查调节板上的脉冲功率放大电路来查找故障，或检查脉冲输出插头是否插紧。

8. 硅柜故障

硅柜故障包括"风机故障""快速熔断器熔断"和"整流器脉冲丢失"3 种情况。

"风机故障"是由风机交流接触器来检测的。当出现"风机故障"时，应检查风机交流接触器是否接通、AER 发出的"自动开风机"信号是否正常。当出现风机故障后停转时，功率柜上相应的指示灯会被点亮。

"快速熔断器熔断"是指功率柜与晶闸管串联的快速熔断器有熔断现象，功率柜也有快速熔断器熔断显示。快速熔断器熔断是比较严重的故障。这时首先应该检查是哪个快速熔断器熔断（熔断时快速熔断器上面的信号点会自动弹出），然后还要检查与之串联的晶闸管是否损坏（晶闸管损坏时，阴极阳极短路）。开机之前必须按开环试验的要求做小电流试验，看功率柜输出波形是否正常。在没有查出快速熔断器熔断的原因并排除之前，不能开机起励。

"整流器脉冲丢失"故障是励磁屏的脉冲功放板监测并发出的，当故障信号发出时，脉冲功放板将输出低电平信号。

发生"整流器脉冲丢失"故障时，若脉冲确实丢失，励磁系统在停机后则不能正常起励，此时应按开环试验的要求做小电流试验，看功率柜输出波形是否正常，若波形不正常，则应检查送入脉冲功放板的脉冲线是否有松动，若不是脉冲线松动所致，则应更换脉冲功放板。若波形正常，则可能为受到外部干扰因素所致，一般将 AER 电源关闭后重新开启即可消除。如果故障信号继续存在，则也应更换脉冲功放板。

9. 24V（Ⅰ或Ⅱ）段故障

24V（Ⅰ或Ⅱ）段故障是指由厂用交流电源提供的 24V 电源有故障。此时励磁屏的对外输出端子上将有"24V 电源（Ⅰ或Ⅱ）段故障"信号输出。

发生"24V（Ⅰ或Ⅱ）段故障"时主要是查开关电源模块的输入输出，以确定电源模块是否损坏，然后再做相应的处理。在厂用电源消失时，此故障信号也将同时产生。

10. 励磁调节器故障

励磁调节器出现该故障信号后，将自动切换到备用通道运行。调节器故障信号消除后，可手动切换到主通道运行。出现励磁调节器故障，需要检查励磁调节器的运行工况。在励磁调节器面板上有一个"error"指示灯，当励磁调节器在运行过程中出现错误时，该灯显示为红色。

检查此故障方法如下：检查励磁调节器的主机模块上的指示灯是否仍闪亮，若指示灯全部没有指示，则应是整个模块烧毁，应更换励磁调节器。

若励磁调节器指示灯仍闪亮，则应检查励磁调节器自检信号的输出是否正常，自检信号输出应为明暗交替的方波信号。若自检信号不正常，且调节器显示屏上的显示数据也不正常，许多指示符出现空白，则应为励磁调节器死机，程序无法运行，重新开启电源即可解决。若不能解决，则应更换励磁调节器。

若励磁调节器的自检信号正常，则应检查调节板上的单片机芯片工作是否正常，可采取互相更换两个通道单片机芯片的办法进行测试。

11. 电源故障

AER 发出该故障信号后，将自动切换到备用通道运行。此时应检查 AER 通道内调节板 5V 电源是否正常。

5.8.3　励磁系统退出运行的情况

励磁系统在下列故障情况下应退出运行：

1）AER 或设备的温度明显升高，采取措施后仍超过允许值。

2）励磁系统绝缘下降，不能维持正常运行。

3）灭磁开关、磁场断路器或其他交、直流开关触头发热。

4）功率柜故障。

5）冷却系统故障，短时不能恢复。

6）AER 自动单元故障，手动单元不能投入。

小　结

励磁系统是同步发电机的重要组成部分，而自动调节励磁装置又是励磁系统中的关键部分。由于它的调节作用，正常运行条件下励磁系统将能自动地改变励磁电流，以维持发电机端电压在给定水平；并能在并列运行的机组间稳定合理地分配无功功率；在电力系统发生事故导致电压降低时，能实现强行励磁。

同步发电机的励磁方式主要有：直流励磁机供电的励磁方式、交流励磁机经整流供电的励磁方式、自并励励磁方式。自并励励磁系统中发电机的励磁电源不来自励磁机，直接由同步发电机输出端通过可控整流器取得励磁电流。这种系统在机组起动过程中为建立磁场，应设置起励电源。机组运行正常后，将起励电源退出。因这种励磁系统没有转动部分，故又称静止励磁系统。

同步发电机励磁系统中整流电路的主要任务是：将交流电压整流成直流电压供给发电机励磁绕组或励磁机的励磁绕组。本章重点分析了三相半控桥式整流电路和三相全控桥式整流电路及其输出电压与触发延迟角的关系，三相半控桥式整流电路只能工作在整流状态，而三相全控桥式整流电路可以工作在整流状态，还可工作在逆变状态。

励磁调节器的主要功能是维持发电机端电压和实现并列运行机组间无功功率的合理分配。合理调整机组的外特性，可以实现机组间无功功率的合理分配。

当发电机电压急剧下降时，将励磁迅速增加到顶值的措施称为强行励磁，简称强励。

用强励倍数和励磁电压响应比两个指标来衡量强励能力。灭磁就是把励磁绕组的磁场尽快减弱到最小程度。常用的灭磁方法有：利用放电电阻灭磁、利用可控整流桥逆变灭磁、利用灭弧栅灭磁、利用非线性电阻灭磁。

微机型 AER 是由一个专用的计算机控制系统构成，如按计算机控制系统来划分，则由硬件（即电气元器件）和软件（即程序）两部分组成。微机型 AER 与模拟式 AER 比较，在构成的主要环节上都是相似的，由于微机型 AER 借助其软件优势，在实现复杂控制和增加辅助功能等方面有很大的优越性和灵活性。微机励 AER 的软件设计主要集中在主程序和调节控制程序。本章还介绍了微机型 AER 的移相触发脉冲移相的基本工作原理、自动调节励磁装置的参数整定原则、励磁系统常见故障及处理。

习　题

一、填空题

1. 同步发电机的励磁方式有_____。

2. 同步发电机的灭磁方式有_____。

3. 自动调节励磁装置的强行励磁效果取决于_____和_____。

4. 采用晶闸管励磁调节装置时，发电机常用起励方式有_____、_____、_____
3 种。

5. 三相半控桥式整流电路中采用续流二极管的作用是_____。

6. 可控整流电路的作用就是_____。

7. 自并励励磁方式的励磁电源通常取自于_____。

8. 三相半控桥式整流电路输出电压的平均值与触发延迟角 α 的关系是_____；三相全控桥式整流电路输出电压的平均值与触发延迟角 α 的关系是_____。

9. 对于发电机端直接并列的机组，为使无功功率按机组容量成比例分配，调差系数应为_____，调压特性曲线应_____。

10. 对于发电机变压器组，为使发电机能稳定运行，且并列点有较高的电压，调差系数应为_____，调压特性曲线应_____。

11. 微机型 AER 的通道输入信号中模拟量有_____。

二、判断题

1. 并列运行的机组改变励磁电流主要是改变发电机无功功率的输出，而单机运行的机组改变励磁电流会引起发电机端电压的变化。　　　　　　　　　　　　（　　　）

2. 强励能提高电力系统暂态稳定性，强行减磁能迅速将电压降到空载电压，二者对发电机并列运行都起良性作用。　　　　　　　　　　　　　　　　　　　（　　　）

3. 强励允许时间取决于励磁绕组允许的过载能力。　　　　　　　　　　（　　　）

4. 强励允许倍数越大，暂态同步电动势越高，对电力系统暂态稳定性越有利。（　　　）

5. 对于机端并列运行的发电机，具有无差特性的发电机不得多于一台，具有负调差特性的发电机可参与并列运行。　　　　　　　　　　　　　　　　　　　（　　　）

6. 转动着的发电机，即使未知励磁，亦应认为有电压。　　　　　　　　（　　　）

7. 发电机励磁绕组对放电电阻放电灭磁过程中，增大放电电阻可缩短灭磁时间，故放

电电阻可选择大些。　　　　　　　　　　　　　　　　　　　　　　　　　（　　　）

8. 发电机采用晶闸管励磁调节装置时要建立发电机端电压往往需起励电源。（　　　）

三、选择题

1. 要使无功功率按机组容量分配，并列运行的发电机的调差系数应为（　　　）。

（A）正　　　　　　　　　　　　　　　　　（B）负

（C）正且相等　　　　　　　　　　　　　　（D）零

2. 同步发电机的强励允许时间取决于（　　　）。

（A）转子绕组允许的过载能力　　　　　　　（B）转子绕组的绝缘水平

（C）发电机的冷却方式　　　　　　　　　　（D）定子绕组允许的过载能力

3. 微机型 AER 与模拟式 AER 构成的主要环节是（　　　）。

（A）相似的　　　　　　　　　　　　　　　（B）不相似的

（C）完全不同的　　　　　　　　　　　　　（D）完全相同的

4. 励磁系统能够提高（　　　）动作的可靠性和灵敏度。

（A）励磁调节装置　　　　　　　　　　　　（B）自动装置

（C）继电保护装置　　　　　　　　　　　　（D）同步装置

5. 三相全控桥式整流电路工作在逆变状态时，其触发延迟角（　　　）。

（A）等于 $90°$　　　　　　　　　　　　　　（B）大于 $90°$

（C）小于 $90°$　　　　　　　　　　　　　　（D）等于 $60°$

6. 电力系统发生短路故障时，AER 使短路电流（　　　）。

（A）增大　　　　　　　　　　　　　　　　（B）不一定变化

（C）减小　　　　　　　　　　　　　　　　（D）不变

7. 调差环节的输出主要反映发电机（　　　）的变化量。

（A）有功电流　　　　　　　　　　　　　　（B）无功电流

（C）负荷电流　　　　　　　　　　　　　　（D）端电压

8. 三相全控桥式整流电路，在 $90°<\alpha<180°$ 时，工作在（　　　）状态。

（A）逆变　　　　　　　　　　　　　　　　（B）整流

（C）交流变直流　　　　　　　　　　　　　（D）为发电机提供励磁电流

9. 具有负调差特性的发电机可以（　　　）。

（A）与具有负调差特性的发电机直接并列运行

（B）与具有无差特性的发电机直接并列运行

（C）与具有正调差特性的发电机直接并列运行

（D）经升压变压器后并列运行

10. 发电机在起动时，强励装置（　　　）动作。

（A）应该　　　　　　　　　　　　　　　　（B）不应该

（C）视具体情况　　　　　　　　　　　　　（D）不一定

11. 对同步发电机灭磁时，不能采用（　　　）的方式。

（A）直接断开发电机励磁绕组　　　　　　　（B）励磁绕组对放电电阻放电

（C）励磁绕组对非线性电阻放电　　　　　　（D）逆变灭磁

12. 自动准同期装置输出的调压脉冲应作用于待并发电机励磁调节器的（　　　）。

（A）电压测量单元　　　　　　　　　（B）电压给定单元
（C）无功调差环节　　　　　　　　　（D）移相触发单元

13. 对于单独运行的同步发电机，励磁调节的作用是（　　　）。
（A）保持端电压恒定
（B）调节发电机发出的无功功率
（C）调节发电机发出的有功功率
（D）保持端电压恒定和调节发电机发出的无功功率

14. 对于与系统并列运行的同步发电机，励磁调节的作用是（　　　）。
（A）保持端电压恒定
（B）调节发电机发出的无功功率
（C）调节发电机发出的有功功率
（D）保持端电压恒定和调节发电机发出的无功功率

15. 同步发电机励磁调节的作用不包括（　　　）。
（A）提高系统的动态稳定
（B）系统正常运行时维持发电机或系统的某点电压水平
（C）合理分配机组间的无功功率
（D）合理分配机组间的有功功率

16. 励磁调节器接入正调差环节后，发电机的外特性曲线（　　　）。
（A）水平　　　　　　　　　　　　　（B）上翘
（C）下倾　　　　　　　　　　　　　（D）水平或上翘

四、问答题

1. 对励磁系统的基本要求有哪些？
2. 励磁系统中可控整流电路的作用是什么？
3. 三相全控桥式整流电路的触发脉冲形成电路中，为何要采用同步电压？
4. 三相全控桥式整流电路中当触发延迟角 $\alpha = 90°$ 时，输出电压波形有何特点？
5. 三相全控桥式整流电路实现逆变的条件是什么？
6. 何谓三相全控桥式整流电路的逆变角？为何逆变角不能过小？
7. 何谓强励？强励的作用是什么？衡量强励能力的指标是什么？
8. 何谓灭磁？常见的灭磁方法有哪些？将这些灭磁方法加以比较。
9. 在励磁调节器中为什么要设置调差环节？
10. 说明并列运行发电机间无功功率分配与调差系数的关系。
11. 微机型 AER 主要由哪几部分构成？各部分有何作用？
12. 试对微机型 AER 和模拟式 AER 的性能特点做简单比较。
13. 试分析微机型 AER 中移相触发脉冲移相的基本工作原理。

第6章

按频率自动减负荷装置

教学要求：理解低频运行的危害、电力系统频率特性、负荷调节效应；掌握按频率自动减负荷原理及分级实现方法；熟悉各级的动作频率、切除负荷量、动作时间的确定；掌握按频率自动减负荷装置原理接线、理解防误动的措施；熟悉数字式频率继电器构成原理；掌握微机型按频率自动减负荷装置构成原理；通过知识的讲解，帮助学生建立电力职业使命感和责任感。

知识点：理解按频率自动减负荷装置（AFL）定义、负荷的静态频率特性、电力系统动态频率特性；掌握按频率自动减负荷原理及分级实现方法；掌握按频率自动减负荷装置原理接线、理解防误动的措施。

技能点：能根据按频率自动减负荷装置原理进行接线。

6.1 电力系统频率偏移原因与低频运行的危害

6.1.1 电力系统频率偏移原因

电力系统的频率是反映系统有功功率是否平衡的质量指标。当系统发送的有功功率有盈余时，频率就会上升，超过额定频率；当系统发送的有功功率有缺额时，频率就会低于额定值。电力系统正常运行时，必须维持频率在（50±0.2）Hz 的范围内。系统频率偏移过大时，发电设备和用电设备都会受到不良影响，轻则影响工农业产品的质量和产量；重则损坏汽轮机、水轮机等重要设备，甚至引起系统的"频率崩溃"，致使大面积停电，造成巨大的经济损失。

电力系统的频率与发电机的转速有着严格的对应关系，而发电机的转速是由作用在机组转轴上的转矩决定的。原动机输入的功率如果扣除了励磁损耗和各种机械损耗后能与发电机输出的电磁功率保持平衡，则发电机的转速将保持不变。电力系统所有发电机输出的有功功率的总和，在任何时刻都将等于此系统各种用电设备所需的有功功率和网络的有功损耗的总和。但由于有功负荷经常变化，其任何变动都将立刻引起发电机输出电磁功率的变化，而原动机输入功率由于调节系统的滞后，不能立即随负荷波动而做相应的变化，此时发电机转轴上的转矩平衡被打破，发电机转速将发生变化，系统的频率随之发生偏移。

在非事故情况下，负荷变化引起的频率偏移将由电力系统的频率调整来限制。对于负荷变化幅度小、变化周期短（一般为10s以内）所引起的频率偏移，一般由发电机的调速器进行调整，这就是电力系统频率的一次调整。对于负荷变化幅度大、变化周期长（一般在 10s ～ 3min）所引起的频率偏移，单靠调速器的作用，不能把频率偏移限制在规定的范围内，必须有调频器参与调频。这种有调频器参与的频率调整称为二次调整。

然而在发生事故的情况下，例如大型发电机组突然切除，输电线路发生短路跳闸或用电负荷突然大幅度增加，可能致使电力系统出现严重的功率缺额，使频率急剧下降，这时单靠水轮发电机组或汽轮发电机组的调速器或调频器已经解决不了频率下降的问题，必须采取紧急的低频减负荷控制措施，即利用按频率自动减负荷装置（AFL），才能防止系统的频率崩溃，保证系统的安全、稳定运行。

6.1.2　电力系统低频运行的危害

电力系统低频运行是非常危险的，因为电源与负荷在低频下重新平衡很不稳定，甚至会发生频率崩溃，严重威胁电网的安全运行，并对发电设备和用户造成严重损坏，其危害主要表现为以下几个方面：

1）引起汽轮机叶片断裂。在运行中，汽轮机叶片由于受到不均匀气流冲击而发生振动。当正常频率运行时，汽轮机叶片不发生共振。当低频运行时，末级叶片可能发生共振或接近于共振，从而使叶片振动应力大大增加，如运行时间长，叶片可能损坏甚至断裂。

2）使发电机出力降低。频率降低，转速下降，发电机两端的风扇鼓进的风量减小，冷却条件变坏，如果仍维持出力不变，则发电机的温度升高，可能超过绝缘材料的温度允许值，为了使温度不超过允许值，势必要降低发电机出力。

3）使发电机端电压下降。因为频率下降时，会引起发电机内电动势下降而导致电压降低，同时，频率降低，使发电机转速降低、同轴励磁电流减小，发电机端电压进一步下降。

4）使火电厂辅机设备出力下降。当低频运行时，所有厂用交流电动机的转速都相应下降，因而火电厂的给水泵、风机、磨煤机等辅助设备的出力也将下降，从而影响电厂的出力。其中受到影响最大的是高压给水泵和磨煤机。由于出力的下降，电网有功电源更加缺乏，致使频率进一步下降，造成恶性循环。

5）给用户带来危害。频率下降，将使用户的电动机转速下降，出力降低，影响用户产品的产量和质量。另外，频率下降，将引起时钟不准、电气测量仪器误差增大、自动装置及继电保护误动作等。

在电力系统正常运行情况下，计划外负荷的变动，将引起频率的波动。当计划外负荷不超过发电机组的热备用容量，即系统中运行的发电机组容量能满足负荷的需要时，自动调频系统的作用可使系统频率保持在额定值。

6.1.3　限制频率下降的措施

频率崩溃的过程延续时间为几十秒，甚至更短。在这样短的时间里，要运行人员做出正确的决策往往是很困难的。应采取迅速而有效的措施来限制频率的下降，使系统不至于发生频率崩溃现象，并进一步使系统频率恢复到正常频率。常采用的限制频率下降的措施如下所述。

1）动用系统中的旋转备用容量。在电力系统正常运行时，除了调速器根据频率的变化自动进行相应的出力调节外，一般还会安排一定数量的旋转备用（热备用）容量。当频率下降时，应立即增加具有旋转备用容量的机组出力，使频率得以恢复。特别是对于具有蒸汽锅炉容量的火力发电厂，应依靠良好的自动调节装置，迅速增大其出力。对于临时做调相运行的水轮发电机组，应使其立即由调相运行改为发电运行。水电厂的机组由于调节的惯性，一般要经过 15 ～ 20s 才能将全部功率送出。

2）应迅速起动备用机组。因为汽轮发电机组在升温、升速时要考虑机组的机械热应力，所以起动时间要很长（一般在 1h 以上），对于单元式高参数机组，要从锅炉点火开始，时间就更长。而水轮发电机组的辅助设备较简单，机组自起动水平高，所以在系统频率下降时，首先要求处于备用状态的水轮发电机组（特别是在拥有调节水库的水电厂中，除汛期季节和每天高峰负荷时刻外，备用状态水轮发电机组较多）迅速起动，并迅速投入系统。目前，我国水电厂装设的低频自动起动装置，能使水轮发电机组在 40s 内起动，用自同步法与电力系统并列且带满负荷。

同样地，电力系统中其他能迅速起动的发电机组，如燃气发电机组也应立即起动，一般可在几分钟内投入电力系统。对于抽水蓄能电站，可迅速改变电站的工作方式，使之由抽水改为发电。

但是在系统有功功率严重不平衡的条件下，频率急剧下降时，上述措施往往来不及有效地制止频率的下降。

3）按频率自动减负荷。一般电力系统中，为了经济运行，机组的旋转备用容量不会超过 20%，在高峰负荷时甚至会接近零，而系统在严重事故情况下有功功率的缺额可达 30% 甚至更大，所以必须考虑动用备用容量以外的其他手段。

当电力系统发生事故而出现严重的功率缺额，而旋转备用容量又不足时，为了保证系统的安全运行，要在短时间内阻止频率的过度下降，进而使频率恢复到安全运行允许的范围内，比较有效的措施是根据频率下降的程度自动断开部分不重要负荷，以保证重要用户供电。这种能根据频率下降的程度自动断开部分不重要负荷的自动装置称为按频率自动减负荷装置，简称 AFL。它是常用的保护系统安全运行的一种重要的自动控制装置。

电力安全稳定影响着全社会的方方面面，一些细节的疏忽都可能造成重大的事故。因此，电力从业人员要建立高度的职业使命感和责任感，本着精益求精的工匠精神，全力以赴保障电力供应的安全与稳定。

6.2　电力系统的频率特性

电力系统的频率特性分为负荷的静态频率特性和电力系统的动态频率特性。

6.2.1　负荷的静态频率特性

在系统稳定运行时，负荷功率（即负荷消耗的有功功率）P_L 随着频率而改变的特性 $P_L = f(f)$，称为负荷的静态频率特性。负荷对频率有不同的敏感度，这与负荷的性质有关，大致可分为 3 种：

1）负荷功率与频率无关，即 $P_{I*} = K_0$ 为常数，如电热设备、白炽灯等。$P_{I*} = P_I / P_{LN}$，其中 P_{LN} 为整个系统的额定负荷功率。

2）负荷功率与频率成正比，即 $P_{II*} = K_1 f_*$，如切削机床、卷扬机、球磨机等，其中 $f_* = f / f_N$，f 为系统运行的实际频率，f_N 为额定频率。

3）负荷功率与频率的二次方或者更高次方成正比，即 $P_{III*} = K_2 f_*^2 + K_3 f_*^3 + \cdots + K_n f_*^n$，如变压器的涡流损耗、鼓风机、循环水泵等。

于是当电力系统频率为 f 时，系统的总负荷功率可表示为

$$P_{L\Sigma} = \left(K_0 + K_1 f_* + K_2 f_*^2 + K_3 f_*^3 + \cdots + K_n f_*^n\right) P_{L\Sigma N}$$

或

$$P_{L\Sigma *} = K_0 + K_1 f_* + K_2 f_*^2 + K_3 f_*^3 + \cdots + K_n f_*^n \tag{6-1}$$

式中，K_0、K_1、K_2、$\cdots$、K_n 是各类负荷占总负荷的比例系数，$K_0 + K_1 + K_2 + \cdots + K_n = 1$。

由式（6-1）可知：系统频率变化时，系统的总负荷功率相应变化，其关系曲线即为负荷的静态频率特性，如图 6-1 所示。当系统频率升高时，系统的总负荷功率随之增加；当系统频率降低时，系统的总负荷功率随之减少。这种现象称为负荷的调节效应。该曲线可通过试验或运行统计数据获得。

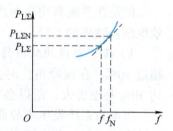

图 6-1 负荷的静态频率特性

负荷的调节效应可以用负荷调节效应系数来衡量。图 6-1 中，由于系统频率变化范围不大（45 ～ 50Hz），此区间负荷的静态频率特性可以近似为一条直线，其斜率为

$$K_{L*} = \frac{P_{L\Sigma} - P_{L\Sigma N}}{P_{L\Sigma N}} \cdot \frac{f_N}{f - f_N} = \frac{\Delta P_{L\Sigma *}}{\Delta f_*} \tag{6-2}$$

或

$$\Delta P_{L\Sigma *} = K_{L*} \Delta f_* \tag{6-3}$$

式中，$P_{L\Sigma N}$ 是额定频率 f_N 下系统总负荷功率。

K_{L*} 的物理意义为：系统频率每下降（或上升）1%，系统负荷功率减少（或增加）的百分值。因为负荷类型、性质随季节变化，所以 K_{L*} 值随季节有 ±（10% ～ 15%）的变化。一般 K_{L*} 取值在 1 ～ 3 范围内。显然，不同电力系统的 K_{L*} 值也不同，同一电力系统的 K_{L*} 值在不同季节也有所不同。

【例 6-1】 某电力系统中，与频率无关的负荷功率占 30%，与频率成正比的负荷功率占 40%，与频率的二次方成正比的负荷功率占 10%，与频率的三次方成正比的负荷功率占 20%，求系统频率由 50Hz 下降到 46Hz 时负荷功率变化的百分值及 K_{L*} 的大小。

解： 频率下降到 46Hz 时，$f_* = \dfrac{46}{50} = 0.92$，$\Delta f_* = \dfrac{50-46}{50} = 0.08$，由式（6-1）得

$$P_{L\Sigma*} = K_0 + K_1 f_* + K_2 f_*^2 + K_3 f_*^3$$

$$= 0.3 + 0.4 \times 0.92 + 0.1 \times 0.92^2 + 0.2 \times 0.92^3 = 0.909$$

则负荷功率变化的百分值为　　$\Delta P_{L\Sigma*} = (1 - 0.909) \times 100\% = 9.1\%$

于是　　　　　　　　$K_{L*} = \dfrac{\Delta P_{L\Sigma*}}{\Delta f_*} = \dfrac{0.909}{0.08} = 11.4$

负荷的调节效应对电力系统频率可起到一定的稳定作用。当电力系统有功功率平衡遭到破坏，出现有功功率缺额引起系统频率下降时，由于负荷的调节效应，负荷功率相应减少，负荷的调节效应可以补偿一些有功功率的不足，可以减缓和减轻系统频率下降的程度，使系统可以重新达到新的有功功率平衡，系统频率可以稳定在低于额定值的频率上运行。

但是，负荷的调节效应的作用毕竟是有限的，当电力系统出现较大的有功功率缺额时，仅靠负荷的调节效应来补偿有功功率缺额，系统频率将会降低到不允许的程度，从而破坏系统的安全稳定运行。在这种情况下，必须借助 AFL 来切除一部分不重要的负荷，才能保证系统的安全稳定运行。因此 AFL 是电力系统发生故障，出现较大的有功功率缺额，频率大幅度降低时，保证系统稳定运行的一种安全自动装置。

6.2.2　电力系统的动态频率特性

当电力系统由于事故导致有功功率缺额使频率下降时，系统频率由额定值 f_N 变化到新稳定值 f_∞ 要经历一段时间。这一过程称为电力系统的动态频率特性，如图 6-2 所示，这是一个按指数规律变化的过程。

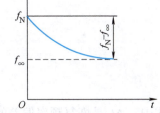

图 6-2　电力系统的动态频率特性

$$f = f_\infty + (f_N - f_\infty)e^{\frac{t}{T_f}} \qquad (6\text{-}4)$$

系统频率变化的时间常数 T_f 一般在 $4 \sim 10s$ 之间。大系统的时间常数较大，小系统的时间常数较小。

6.3　按频率自动减负荷装置的工作原理

当电力系统发生严重功率缺额时，AFL 的任务是迅速断开相应数量的用户，恢复有功功率的平衡，使系统频率不低于某一允许值，确保电力系统安全运行，防止事故的扩大。

6.3.1 最大功率缺额的确定

在电力系统中，AFL 是用来对付严重功率缺额事故的重要措施之一，它通过切除部分负荷（通常是比较不重要的负荷）的办法来制止系统频率的大幅度下降，借以取得逐步恢复系统正常工作的条件。因此，必须考虑即使系统发生最严重事故，即出现最大可能的功率缺额时，接至 AFL 的用户功率量也能使系统频率恢复至可运行的水平，以避免系统事故的扩大。可见，确定系统事故情况下的最大功率缺额，以及接入 AFL 的相应功率值（即 AFL 的切除负荷总额），是保证系统安全运行的重要环节。

AFL 的切除负荷总额应根据系统实际可能发生的最大功率缺额来确定。系统可能出现的最大功率缺额要依系统装机容量的情况、机组的性能、重要输电线路的容量、网络的结构、故障的概率等因素具体分析，如通过断开一台或几台大机组或大电厂、断开重要送电线路来分析。如果系统因联络线路事故而解裂成几个部分运行时，还必须考虑各部分可能发生的最大功率缺额。总之，应按实际可能发生的最不利情况计算。

考虑到 AFL 动作后，并不需要将频率恢复到额定值，只需达到恢复频率（一般为 $48 \sim 49.5\text{Hz}$）即可，这样可少切除一部分负荷。进一步的恢复工作，可由运行人员来处理。因此，AFL 的切除负荷总额可稍低于最大功率缺额。

若系统最大功率缺额 P_{Umax} 已确定，则根据负荷的调节效应可确定 AFL 的切除负荷总额。设正常运行时系统总负荷功率为 $P_{\text{L}\Sigma\text{N}}$，切除负荷总额为 ΔP_{Lmax}，额定频率与恢复频率 f_{re} 之差为 Δf，根据关系式 $\Delta P_{\text{L}\Sigma*} = K_{\text{L}}\Delta f_*$ 可得

$$\begin{cases} \dfrac{P_{\text{Umax}} - \Delta P_{\text{Lmax}}}{P_{\text{L}\Sigma} - \Delta P_{\text{Lmax}}} = K_{\text{L}}\dfrac{f_{\text{N}} - f_{\text{re}}}{f_{\text{N}}} = K_{\text{L}}\Delta f_* \\ \Delta f_* = \dfrac{f_{\text{N}} - f_{\text{re}}}{f_{\text{N}}} \end{cases} \tag{6-5}$$

式中，Δf_* 是恢复频率偏差的标幺值。

可推出 AFL 的切除负荷总额为

$$\Delta P_{\text{Lmax}} = \frac{P_{\text{Umax}} - K_{\text{L}}\Delta f_* P_{\text{L}\Sigma\text{N}}}{1 - K_{\text{L}}\Delta f_*} \tag{6-6}$$

式（6-6）表明，若系统总负荷功率、最大功率缺额已知，系统的恢复频率确定，就可根据该式求得 AFL 的切除负荷总额。反过来，若已知系统某种事故下产生的功率缺额为 P_{U}，AFL 动作后，切除负荷量为 ΔP_{L}，现要求系统的稳定频率 f_∞，同样根据负荷的调节效应，可得

$$\frac{P_{\text{U}} - \Delta P_{\text{L}}}{P_{\text{L}\Sigma\text{N}} - P_{\text{L}}} = K_{\text{L}}\frac{f_{\text{N}} - f_\infty}{f_{\text{N}}} \tag{6-7}$$

$$f_\infty = f_{\text{N}}\left(1 - \frac{1}{K_{\text{L}}} \times \frac{P_{\text{U}} - \Delta P_{\text{L}}}{P_{\text{L}\Sigma\text{N}} - P_{\text{L}}}\right) \tag{6-8}$$

这样，就可求得系统的稳定频率。

【例6-2】　某系统的总负荷功率为 $P_{L\Sigma N}$ =5000MW，系统最大功率缺额 P_{Umax} = 1200MW，设负荷调节效应系数 K_L =2，AFL 动作后，希望系统的恢复频率为 f_{re} =48Hz，求接入 AFL 的切除负荷总额 ΔP_{Lmax} 。

解： 希望的恢复频率偏差的标幺值为

$$\Delta f_* = \frac{50-48}{50} = 0.04$$

由 $\Delta P_{Lmax} = \dfrac{P_{Umax} - K_L \Delta f_* P_{L\Sigma N}}{1 - K_L \Delta f_*}$ 可得

$$\Delta P_{Lmax} = \frac{1200 - 2 \times 5000 \times 0.04}{1 - 2 \times 0.04} \text{MW} = 870 \text{MW}$$

接入 AFL 的切除负荷总额为 870MW，这样即使发生如设想那样的严重事故，仍能使系统频率恢复值不低于48Hz。

6.3.2　按频率自动减负荷装置的分级实现

AFL 应根据频率下降的程度分级切除负荷。电力系统所出现的功率缺额不同，频率下降的程度也不同，为了提高供电的可靠性，应尽可能少地断开负荷，为此切除负荷应根据频率下降的程度及负荷的重要性分级切除，即将 AFL 的切除负荷总额按照负荷的重要性分成若干级，分配在不同的动作频率上，重要负荷接在最后一级上。在系统频率下降过程中，AFL 按动作频率值的高低有顺序地分批切除负荷，以适应不同功率缺额的需要。当频率下降到第一级频率值时，AFL 第一级动作，切除接在第一级上的次要负荷后，若频率开始恢复，下一级就不再动作。若频率继续下降，则说明上一级所断开的负荷功率不足以补偿功率缺额，当频率下降至第二级动作频率值时，第二级动作，切除接在第二级上的较重要负荷。若频率仍然下降，再切除下一级负荷。依次逐级动作，直至频率开始回升，才说明所切除的负荷与功率缺额接近。AFL 就是采用这种逐级逼近法来求得每次事故所产生的功率缺额应断开的负荷数值。

在 AFL 动作过程中，可能出现某一级动作后，系统频率稳定在恢复频率以下，但又不足以使下一级动作的情况，这样会使系统频率长期悬浮在低于恢复频率以下的水平，这是不允许的。为此在原有基本级 AFL 外还装设带长延时的附加级，其动作频率不低于基本级的第一级动作频率，一般为 48～48.5Hz。由于附加级是在系统频率已经比较稳定时起动的，因此其动作时限一般为 15～25s，相当于系统频率变化时间常数的 2～3 倍。附加级按时间又分为若干级，各级时间差不小于5s。这样附加级各级的动作频率相同，但动作时限不一样，它按时间先后次序分级切除负荷，使频率回升并稳定到恢复频率以上。

1. AFL 的动作顺序

在电力系统发生事故的情况下，被迫采取断开部分负荷的办法以确保系统的安全运行，这对于被切除的用户来说，无疑会造成不少困难，因此，应力求尽可能少断开负荷。

如上所述，接于 AFL 的切除负荷总额是按系统出现最严重事故的情况来考虑的。然而，系统的运行方式很多，而且事故的严重程度也有很大差别，对于各种可能发生的事故，都要求 AFL 能做出恰当的反应，切除相应数量的负荷，既不过多又不过少，只有分批切除负荷，采用逐步修正的办法，才能取得较为满意的结果。目前得到实际应用的是按频率降低值切除负荷，即按频率自动减负荷。

AFL 是在电力系统发生事故时系统频率下降过程中，按频率的不同数值分批地切除负荷。也就是将接至 AFL 的切除负荷总额 ΔP_{Lmax} 分配在不同动作频率值分批地切除，以适应不同功率缺额的需要。根据动作频率的不同 AFL 可分为若干级。

为了确定 AFL 的级数，首先应确定 AFL 的动作频率范围，即选定第一级动作频率 f_1 和最后一级动作频率 f_n。

（1）第一级动作频率 f_1 的选择   AFL 第一级动作频率的确定应考虑下述两个方面。从系统运行的观点来看，希望第一级动作频率越接近额定频率越好，因为这样可以使后面各级动作频率相应高些，因此第一级动作频率值宜选得高些。但又必须考虑电力系统投入旋转备用容量所需的时间延迟，避免因暂时性频率下降而不必要地断开负荷的情况。因此，兼顾上述两方面的情况，第一级动作频率一般整定在 48 ～ 48.5Hz。在以水电厂为主的电力系统中，由于水轮机的调速系统动作较慢，故第一级动作频率宜取低值。

（2）最后一级动作频率 f_n 的选择   最后一级动作频率应由系统所允许的最低频率下限确定。对于高温高压的火电厂，当频率低于 46.5Hz 时，厂用电已不能正常工作；在频率低于 45Hz 时，就有电压崩溃的危险。因此，最后一级动作频率一般不低于 46Hz。

（3）频率级差问题   频率级差即相邻两级动作频率之差，一般按 AFL 动作的选择性要求来确定，即前一级动作后，若频率仍继续下降，后一级才应该动作，即为 AFL 动作的选择性。这就要求相邻两级动作频率具有一定的级差 Δf。Δf 的大小取决于频率继电器的测量误差 Δf_r 以及从前一级 AFL 动作到负荷断开这段时间内频率的下降值 Δf_t（一般取0.15Hz），即

$$\Delta f = 2\Delta f_r + \Delta f_t + f_s \qquad (6\text{-}9)$$

式中，f_s 是频差裕度，一般取 0.05Hz。

一般，采用晶体管型低频率继电器时，由于测量误差较大，取 $\Delta f = 0.5\text{Hz}$。采用数字式频率继电器时，测量误差小，Δf 可减小至 0.3Hz 或更小。

需要指出的是，大容量电力系统一般要求 AFL 动作迅速，尽量缩短级差，可能使得 AFL 不一定严格按选择性动作。

（4）AFL 级数的确定   AFL 的级数 N 可根据第一级动作频率 f_1 和最后一级动作频率 f_n（$n=N$）以及频率级差 Δf 计算出，即

$$N = \frac{f_1 - f_n}{\Delta f} + 1 \qquad (6\text{-}10)$$

级数 N 取整数，N 越大，每级切除的负荷就越小，这样 AFL 的切除负荷总额就越有可能接近于实际功率缺额，使 AFL 具有较好的适应性。一般 AFL 的级数取 3 ～ 7 级。

2. AFL 基本级的动作时间

AFL 的动作原则上应尽可能快，这是延缓系统频率下降最有效的措施。但考虑到系统发生事故，系统振荡或系统电压急剧下降时，可能引起频率继电器误动作，所以要求 AFL 的动作带 0.3 ～ 0.5s 延时，以躲过暂态过程可能出现的误动作。

6.4　按频率自动减负荷装置的接线及防止误动作措施

6.4.1　AFL 的接线

1. AFL 原理接线

典型的 AFL 原理接线图如图 6-3 所示，它由低频继电器 KF、时间继电器 KT、出口继电器 KCO 组成。其中低频继电器 KF 是 AFL 的起动元件，也是主要元件，用来测量频率；时间继电器 KT 的作用是为了防止 AFL 误动作；各级有其相应的低频继电器作为起动元件。

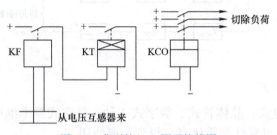

图 6-3　典型的 AFL 原理接线图

当频率降低至低频继电器 KF 的动作频率时，KF 立即起动，其常开触头闭合，起动时间继电器 KT，经整定时限后 KT 延时闭合常开触头，起动出口继电器 KCO，KCO 常开触头闭合，控制这一级用户的断路器跳闸，切除相应的负荷。

2. AFL 的配置

电力系统装设的 AFL，应根据电力系统的结构和负荷的分布情况，分散装设在电力系统中相关的变电站内，图 6-4 所示为电力系统 AFL 的配置示意图。

图 6-5 所示为 AFL 原理框图，电力系统中的 AFL 由 N 级基本级（轮）以及若干附加级（轮）组成，它们分散配置在电力系统的变电站中，其中每一级就是一组 AFL。当系统频率降低到 f_i 时，全系统变电站内的第 i 级 AFL 均动作，断开各自相应的负荷 P_{cuti}。

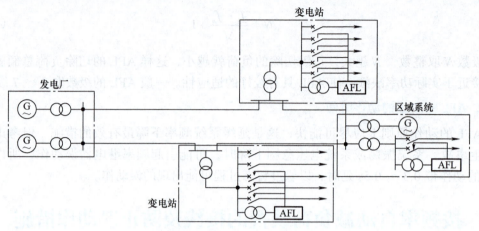

图 6-4　电力系统 AFL 的配置示意图

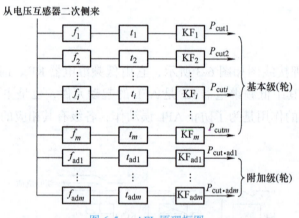

图 6-5　AFL 原理框图

3. 数字式频率继电器

频率继电器有感应式、晶体管式、数字式 3 种，数字式频率继电器因为其高精度、快速、返回系数接近 1、可靠性高等优点，得到普遍使用。

数字式频率继电器原理框图如图 6-6 所示。从电压互感器来的电压 u 经变压器 T 降压，一个二次侧供稳压电源 WY，另一二次侧经转换开关触点将电压 SK－1 信号送到测量回路。

电压信号经低通滤波器 LB 滤波，得到正弦波信号，经过方波形成器 FB 及单稳态触发器 DW 后，得一个脉宽为 4～5μs 的脉冲，脉冲周期正好与输入电压周期相同。脉冲信号加至计数器 JS 的清零端 R，于是在输入信号的每一周期开始时，计数器被清零。在两个输入电压脉冲信号间，JS 对频率为 200kHz 的石英振荡器的时钟脉冲计数，计数值为 N。则输入电压的频率为

$$f = \frac{1}{T} = \frac{1}{N} \times 2 \times 10^3 \qquad (6-11)$$

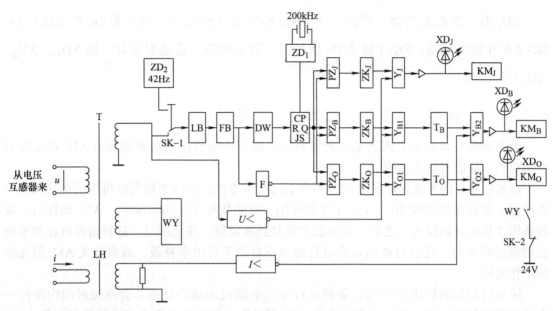

图 6-6　数字式频率继电器原理框图

JS 的输出送到 3 个工作回路：监视回路 J、闭锁回路 B、输出回路 O。每一个回路均由频率整定电路 PZ 与脉冲展宽电路 ZK 组成。各回路的频率整定值不同，一般有 PZ_J 整定为 51Hz，PZ_B 整定为 49.5Hz，PZ_O 则根据 AFL 要求确定。当 JS 测出的频率值小于 PZ 的整定值时，相应 PZ 有脉冲输出，并经 ZK 展宽成连续信号。因此，如果电压正常，则 Y_J 输出使 XD_J 发光，同时中间继电器 KM_J 动作，起监视作用。当系统频率低于额定值后，闭锁回路起动，经过 T_B 延时，并在负荷电流大于闭锁值（一般为正常负荷电流的 25%）时，闭锁电路 $I<$ 有输出，Y_{B2} 满足与条件，闭锁电路导通，使信号 XD_B 发光，同时中间继电器 KM_B 动作，KM_B 的常开触头闭合，使出口中间继电器 KM_O 做好接通的准备，允许 AFL 动作，即解除闭锁。当系统频率下降到 PZ_O 的整定值或以下，且电压、电流均不低于闭锁值时，出口回路经过延时 T_O 后使信号灯发光，中间继电器 KM_O 动作，完成切除负荷任务。

反相器 F 与计数器输出构成与条件，防止在输入信号为零时，整定电路可能有误输出。

$U<$ 为低电压闭锁回路，用以防止母线附近短路或输入信号为零时出现误动作，同时也可以防止系统振荡及负荷反馈引起的误动作。一般将闭锁电压整定为 60V。

$I<$ 为电流闭锁回路，用以防止负荷反馈引起的误动作。

监视回路是监视数字式频率继电器是否处于正常工作状态，当数字式频率继电器内部出现故障时，XD_J 熄灭，同时 ZJ_J 返回，发出告警信号。

闭锁回路则是防止当输出回路因元件损坏而导致出口继电器误动作。

ZD_2 为一多谐振荡器，用以产生 42Hz 频率的试验信号。当开关 SK 转至试验档，SK-2 断开输出回路，SK-1 将 42Hz 信号引入测量回路，若装置完好，则 XD_J、XD_B、XD_O 同时发光。

6.4.2   AFL运行中可能的误动作与防止措施

电力系统在运行中，因为某些异常状态，虽未产生真正的功率缺额但 AFL 误动作而误切负荷，故应有防止措施。

以水电为主的系统，即使在动作频率上已有所考虑，但因水轮发电机组的调速机构动作缓慢，旋转备用需经 10～15s 才能起作用，可能暂时发生功率缺额，AFL 动作后，旋转备用才真正开始投入。之后，频率就会恢复到额定值，甚至超过。这种情况可在频率恢复到额定频率时，通过对被切负荷进行按频率自动重合闸来补救，或者加大 AFL 前几级的动作时限。

地区性的短时供电中断时，各种运行中的电动机的动能反馈，会在短时间内维持一个低频率而幅值并不太低的电压，引起 AFL 误动作，等到自动重合闸或旋转备用投入时，部分负荷已被切除。为防止这种误动作，可以使 AFL 带一定延时以躲过负荷反馈，这往往要延时 1.5s，或者加电流闭锁或电压闭锁。上述数字式频率继电器就考虑了这一措施。用电流闭锁方式时，可以将电流闭锁继电器的触头与频率继电器触头串联来实现闭锁，电流闭锁继电器的动作电流应小于 AFL 动作时的最小负荷电流。用电压闭锁方式时，电压闭锁继电器的触头也与频率继电器触头串联，电压闭锁继电器的动作电压取为额定值的 60%～70%。同样，对于这种误动作，也可用按频率自动重合闸来恢复已切除负荷。

当小容量的电力系统中有很大冲击性负荷时，频率将瞬时下降，而导致 AFL 误动作。这往往也靠对 AFL 加延时，误动作后用按频率自动重合闸来补救。

最后应当指出，在实际使用 AFL 时，针对具体的电力系统，还需注意以下两种情况：

1）有时电力系统会同时出现有功功率和无功功率缺额，这两种功率缺额是相互影响的。例如，无功功率缺额会引起电压下降，从而导致负荷对有功功率需求减少，这时系统频率可能降低不多，单靠 AFL 不能保证系统稳定运行。在这种情况下，电力系统无功功率与电压调节系统和有功功率与频率调节系统各司其职，共同维持系统稳定运行。如果仍不能保持有功功率平衡，可设置低电压切负荷装置，切除系统中电压最低点的部分负荷。

2）当系统发生严重有功功率缺额时，如果 AFL 失灵，可能导致系统瓦解。为了防止在这种情况下电厂停运，在电厂中应考虑装设低频自动解列装置。一旦发生上述情况，电厂中部分机组与系统解列，用来专带厂用电和部分重要用户。

6.5   微机型按频率自动减负荷装置

6.5.1   微机型按频率自动减负荷装置

微机型按频率自动减负荷装置硬件原理图如图 6-7 所示。

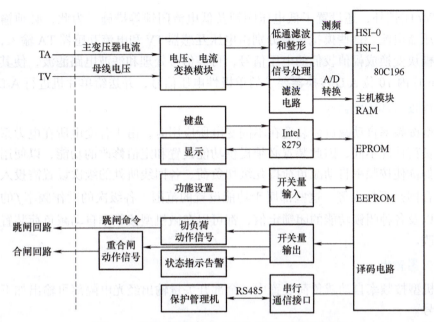

图 6-7　微机型按频率自动减负荷装置硬件原理图

1. 主机模块

MCS-96 系列单片机中的 80C196 是 16 位单片机,它具有可编程的高速输入 / 输出 (HSI / HSO),由内部定时器配合软件编程就能具有优越的定时功能;具有 8 通道的 10 位 A/D 转换器,为实现按频率自动减负荷的闭锁功能提供了方便;具有串行通信接口使该单片机可以与上级计算机通信。因此,用 80C196 单片机扩展了随机存储器(RAM)和程序存储器(EPROM),以及存放定值用的可带电擦除和随机写入的 EEPROM 和译码电路等必要的外围芯片,构成单片机应用系统。

2. 频率的检测

微机型按频率自动减负荷装置的关键环节是测频电路。为了准确测量电力系统的频率,必须将系统的电压由电压互感器 TV 输入,经过电压变换模块变换成与 TV 输入成正比的、幅值在 ±5V 范围内的同频率的电压信号,再经低通滤波和整形,转换为与输入同频率的矩形波,将此矩形波连接至 80C196 单片机的高速输入口 HSI-0 作为测频的起动信号。可以利用矩形波的上升沿起动单片机对内部时钟脉冲的计数,而利用矩形波的下降沿结束计数。根据半周波内单片机计数的值,便可推算出系统的频率。由于 80C196 单片机有多个高速输入口,因此可以将整形后的信号通过两个高速输入口(HSI-0 和 HSI-1)起动测频,将两个口的测频结果进行比较,以提高测频的准确性。这种测频方法既简单,又能保证测频精度。

3. 闭锁信号的输入

为了保证微机型按频率自动减负荷装置的可靠性,在外界干扰下不误动作,以及当变电所进、出线发生故障,母线电压急剧下降导致测频错误时,装置不误发控制命令,除

了采用 df/dt 闭锁外，还设置了低电压闭锁及低电流闭锁等措施。为此，必须输入母线电压和主变压器电流。这些模拟信号分别由电压互感器 TV 和电流互感器 TA 输入，经电压、电流变换模块变换成幅值较低的电压信号，再经信号处理和滤波电路滤波，使其转换成满足 80C196 片内 10 位 A/D 转换器要求的单极性电压信号，并送给单片机进行 A/D 转换。

4. 功能设置和定值修改

微机型按频率自动减负荷装置在不同变电所应用时，由于各变电所在电力系统中的地位不同，负荷情况不同，因此装置必须提供功能设置和定值修改的功能，以便用户根据需要设置，如欲使按频率自动减负荷按几级切负荷、各回线所处的级次设置需投入哪些闭锁功能、重合闸是否投入等，这些都属于功能设置的范围。各级次的动作频率 f 的定值和动作时限，以及各种闭锁功能的闭锁定值，都可以在微机型按频率自动减负荷装置的面板上设置或修改。

5. 开关量输出

在微机型按频率自动减负荷装置中，全部开关量输出经光电隔离可输出如下 3 种类型的控制信号。

1）切负荷动作信号：用以按级次切除该切除的负荷。

2）状态指示告警：指示动作级次、测频故障告警等。

3）重合闸动作信号：对于设置重合闸功能的情况，则能够发出重合闸动作信号。

6. 串行通信接口

提供 RS485 和 RS232 的通信接口，可以与保护管理机等通信。

6.5.2 微机型按频率自动减负荷装置的运行维护

1. 微机型按频率自动减负荷装置应退出运行的情况

1）电网频率正常时，装置"正常"指示灯灭，中央信号屏上发出"装置内部故障"光字牌亮信号，此时应将装置退出运行，取下装置所带线路的跳闸压板。

2）电网频率正常时，"欠频动作"指示灯亮且无法复归，中央信号屏上发出"装置内部故障"光字牌亮信号，此时应将装置退出运行，取下装置所带线路的跳闸压板。

3）装置的交流输入端失电压也发出上述信号，遇到电压互感器二次侧失电压也应将装置退出运行，并取下装置所带线路的跳闸压板。

2. 微机型按频率自动减负荷装置的运行规定

1）带装置的线路送电后应投入其低频保护，投入时应先用上本线路重合闸放电电压的压板，再用上本线路跳闸压板，而装置停用时，与此相反。

2）试验装置动作情况时，应首先断开线路的跳闸压板，防止误动作跳开线路，切除负荷。

3）装置正常时工作"正常"指示灯应亮，当装置动作后"解除闭锁"及"欠频动作"指示灯均亮，需人工按下装置复归按钮手动复归。

4）在倒换母线电压互感器时，应尽量避免使装置失去电源。

5）微机型按频率自动减负荷装置停用时，应先停直流电源，后停交流电源。装置投入运行时，应先合上交流电源，再合上直流电源。

小　结

按频率自动减负荷装置是当电力系统因事故发生有功功率缺额引起频率下降时，能根据频率下降的程度，自动断开部分不重要负荷，以阻止频率过度降低，保证系统的稳定运行和重要负荷的连续供电的一种重要自动装置。

实现按频率自动减负荷的基本原则：切除负荷总额应根据系统实际可能出现的最大功率缺额确定；AFL 分为快速动作的基本级和带长延时的附加级两种；分级实现等。

AFL 原理接线由低频继电器 KF、时间继电器 KT、出口继电器 KCO 组成。数字式频率继电器因为其高精度、快速、返回系数接近 1、可靠性高等优点，得到普遍使用。但 AFL 在运行中也可能由于某些原因造成其误动作，需要有相应的防止措施。

微机型按频率自动减负荷装置硬件由主机模块、频率的检测、闭锁信号的输入、功能设置和定值修改、开关量输出、串行通信接口等 6 部分组成。本章还介绍了微机型按频率自动减负荷装置的运行维护。

习　题

一、填空题

1. 当系统频率变化时，负荷吸取的有功功率随着变化，这种现象称为_____。

2. AFL 是按照频率下降的不同程度自动断开相应的_____，阻止频率下降，以便使_____的一种安全自动装置。

3. AFL 的接线是由_____组成。

4. 负荷的静态频率特性是指电力系统的_____与_____的关系。

5. 确定 AFL 动作频率的范围时，第一级动作频率一般取_____，最后一级动作频率由系统所允许的_____来确定，对于高温高压的火电厂，一般不低于_____。

6. 根据负荷性质的不同，按负荷与频率的关系可把负荷功率分为_____。

7. AFL 的切除负荷总额，应根据具体的电力系统可能出现的_____来考虑，切除负荷总额应_____最大的_____。

8. 电力系统中有功功率出现缺额时，系统频率将_____，功率缺额越大频率_____越多，如果不采取措施将出现_____运行。

二、判断题

1. 对于 AFL 的分级，基本级有分级而附加级不分级。　　　　　　　　　（　　）

2. AFL 的基本级和附加级的动作时限都为 0.5s。　　　　　　　　　　（　　）

3. AFL 的动作时间只要带 0.5s 延时即可防止电压突变时低频继电器触头抖动导致 AFL 误动作。　　　　　　　　　　　　　　　　　　　　　　　　　　　（　　）

4. 为防止在电源中断时因负荷反馈而引起 AFL 误动作，可采用低电流或过电压闭锁

措施。　　　　　　　　　　　　　　　　　　　　　　　　　　　（　　）

5. 电力系统频率上升时，负荷吸取的有功功率将下降。　　　　　（　　）

6. AFL 中电流闭锁元件的作用是防止电流反馈造成低频继电器误动作。（　　）

7. 停用 AFL 时，可以不打开重合闸放电压板。　　　　　　　　（　　）

8. 对无功功率缺额，用迅速增加无功功率的方法来解决，而对于有功功率缺额，同样可用增加有功功率的方法解决。　　　　　　　　　　　　　　（　　）

三、选择题

1. 当系统频率下降时，负荷吸取的有功功率（　　　）。

（A）随着下降　　　　　　　　　　（B）随着升高

（C）保持不变　　　　　　　　　　（D）保持额定频率

2. AFL 的级差大小取决于（　　　）。

（A）频率继电器的测量误差

（B）从前一级起动到负荷断开这段时间内频率的下降值

（C）系统容量大小和特性

（D）A 和 B

3. AFL 第一级动作频率为 49Hz，最后一级动作频率为 46.5Hz，级差为 0.5Hz，则该装置的级数为（　　　）。

（A）4 级　　　　　　　　　　　　（B）5 级

（C）6 级　　　　　　　　　　　　（D）7 级

4. 运行的电力系统，当（　　　）时，将出现频率下降。

（A）所有发电机发出的有功功率超过电力系统总有功负荷的需要

（B）所有发电机发出的有功功率不满足电力系统总有功负荷的需要

（C）所有发电机发出的无功功率超过电力系统总无功负荷的需要

（D）所有发电机发出的无功功率不满足电力系统总无功负荷的需要

5. 当电力系统出现大量功率缺额时，（　　　）能够有效阻止系统频率异常下降。

（A）大量投入负荷　　　　　　　　（B）大量切除发电机

（C）AFL 动作　　　　　　　　　　（D）负荷的调节效应

6. AFL 应该分级动作，确定被切除负荷时，应（　　　）。

（A）首先切除重要负荷，必要时切除次要负荷

（B）首先切除次要负荷，必要时切除重要负荷

（C）首先切除居民负荷，必要时切除工业负荷

（D）首先切除工业负荷，必要时切除居民负荷

7. 当电力系统出现功率缺额时，如果只靠负荷的调节效应进行补偿，系统的稳定频率为 47Hz，此时若通过 AFL 动作切除一部分负荷，系统的稳定频率（　　　）。

（A）保持 47Hz 不变　　　　　　　（B）将低于 47Hz

（C）将高于 47Hz　　　　　　　　（D）可能低于 47Hz，也可能高于 47Hz

8. （　　　）不是造成频率下降，可能使 AFL 误动作的原因。

（A）系统短路故障　　　　　　　　（B）突然切除机组或增加负荷

（C）供电电源中断负荷反馈　　　　（D）投入发电机组

四、问答题

1. 什么是静态频率特性？什么是动态频率特性？

2. 什么是 AFL？有什么作用？

3. 某系统发电机的出力保持不变，K_L 的值不变，投入相当于 25% 负荷或切除相当于 25% 负荷的发电功率，这两种情况下，系统的稳定频率是否相等？试说明。

4. AFL 由哪些元件组成？各元件的作用是什么？结合图 6-4 说明 AFL 的工作原理。

5. 试述数字式频率继电器的工作原理。

6. AFL 在什么情况下会发生误动作？如何防止？

7. AFL 基本级的整定原则是什么？它与附加级的整定原则有什么不同？

8. 微机型按频率自动减负荷装置硬件由哪些部分组成？

五、计算题

1. 某系统用户总功率为 $P_{L\Sigma N} = 2800MW$，设系统的最大功率缺额是 $\Delta P_{Umax} = 900MW$ 时，要求 AFL 切除负荷后系统频率恢复到 $f_{re} = 48Hz$，假设 $K_{L*} = 2$，试求 ΔP_{Lmax}。

2. 某系统如图 6-8 所示，其中 QF3 装有 AAT 装置，在发电功率保持不变的前提下，线路 CE 发生永久性故障，试求 A 系统的稳定频率。若要频率恢复到 48.5Hz，应切除多少负荷？（取负荷调节效应系数 $K_L = 2$）

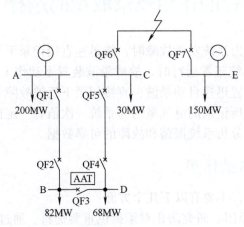

图 6-8 计算题 2 图

第 7 章

故障录波装置

教学要求：熟悉故障录波装置的作用、录取量的选择，熟悉微机型故障录波装置的工作原理。通过故障录波图的故障分析，培养学生科学严谨的工作态度和精益求精的工匠精神。

知识点：理解故障录波装置的作用、录取量的选择，掌握微机型故障录波装置的工作原理。

技能点：熟悉微机型故障录波装置的工作原理，能根据故障录波图对故障进行基本分析。

7.1 故障录波装置的作用及录取量的选择

故障录波装置是当电力系统发生故障时，能迅速直接记录下与故障有关的运行参数的一种自动记录装置。当系统正常运行时，故障录波装置不动作（不录波）；当系统发生故障及振荡时，通过起动装置迅速自动录波，直接记录下反映故障录波装置安装处系统故障的电气量。故障录波装置所记录的电气量为与系统一次值有一定比例关系的电流互感器和电压互感器的二次值，是分析系统振荡和故障的可靠数据。

7.1.1 故障录波装置的作用

故障录波装置的作用，主要有以下几个方面：

1）为正确分析事故原因、研究防止对策提供重要资料。通过录取的故障过程波形图，可以反映故障类型、相别，故障电流、电压大小，断路器的跳合闸时间和重合闸是否成功等情况。据此可以分析故障原因，研究防范措施，减少故障发生或为及时处理事故提供可靠的依据。

2）便于查找故障点，加速事故处理进程，减轻巡线人员的劳动强度。利用录取的电流、电压波形，可以推算出一次电流、电压数值，由此计算出故障点位置，使巡线范围大大缩小，省时、省力，对迅速恢复供电具有重要的作用。

3）分析评价继电保护及自动装置的动作情况，及时发现设备缺陷，以便消除事故隐患。根据故障录波资料可以正确评价继电保护和自动装置工作情况（正确动作、误动作、拒动），尤其是发生转换性故障时，故障录波能够提供资料。

4）了解电力系统情况、迅速处理事故。从故障录波图的电气量变化曲线，可以清楚地了解电力系统的运行情况，并判断事故原因，为及时、正确处理事故提供依据。

5）实测系统参数，研究系统振荡。故障录波可以实测某些难以用普通实验方法得到的参数，为系统的有关计算提供可靠数据。

由此可见，故障录波装置对保证电力系统安全运行有十分重要和显著的作用，同时，还可积累运行经验，提高系统运行水平。因此，故障录波装置在电力系统中得到广泛的应用。

7.1.2　故障录波装置的发展

故障录波装置的发展经历了 3 个阶段，第一阶段是机械 – 油墨式故障录波装置，已被淘汰；第二阶段是机械 – 光学式故障录波装置，这种故障录波装置是借助振子将电信号转换为光信号，最后将故障波形记录在胶卷上，如较早投入运行并被广泛采用的 PGL 型故障录波装置就是采用光线式记录原理构成的；第三阶段是微机型故障录波装置，现已广泛运行使用。微机型故障录波装置的主要优点有以下几点：

1）功能完整，自成体系。微机型故障录波装置具有 16 路模拟量输入、16 路开关量输入，还可以由 2 ～ 3 台录波装置组屏构成 32 路或 48 路的故障录波装置，因此具有扩展灵活、工作相对独立的特点。当一台录波装置发生异常时，不会影响其他录波装置的工作，提高了可靠性。

录波装置还具有自检、互检功能，能随时检测到装置的异常情况，并发信号输出检测结果。

2）软件起动录波。每一模拟量通道均可起动录波。采用键盘设定录波起动方式及起动限值。每一起动方式均有 3 种选择：突变量起动、低限起动和过限起动，还可设定系统的振荡起动。由于采用了软件起动方式，具有人机对话功能，因此便于在工作现场整定限值，也简化了硬件配置。

3）录波时间长，录波完整、不间断。装置具有 3 个循环存放的录波数据存储空间，每个存储空间可以存储一次未经压缩的录波数据，每次录波时间为 4.2s，其中包括故障前的 100ms。不间断录波时间最长为 12.6s（3 次），每次录波后数据自动保存，快速清空数据存储空间，以便连续录波。保存后自动绘图输出。

采用不间断方式采集数据及故障判断，在保存及绘图过程中，若系统再次发生故障，仍可进行录波且不影响当前的保存及绘图。

4）具有完善的智能化打印绘图功能。打印输出时能够对录波数据进行分析，自动确定绘图比例，自动选择电气量有变化的部分。打印输出的信息报告内容包括故障时刻、故障元件、故障地点、故障类型、自动重合闸动作情况、开关量动作顺序等。

5）具有故障录波数据后期处理功能。对故障录波后的数据，可在 PC（个人计算机）上用专用的软件进行离线处理。可对录波全过程的模拟量数据的每一部分及开关量进行放大、缩小、定格、重新排列、打印输出等，还可将录波数据远传到调度中心进行分析处理。

6）具有掉电保护功能。掉电时，实时时钟及录波数据等信息不丢失。

7）具有人机对话功能。定值、时钟和各种操作指令均可通过面板上按键和显示器进行直接的观察和操作。

7.1.3 故障录波装置录取量的选择

故障录波装置录取量的选择一般应满足以下基本要求：

1）线路零序电流必录。

2）录取波形应能明确看出故障类型、相别，故障电流、电压的量值及变化规律，跳合闸的时间等。

3）录取量力求完整，如 220kV 及以上线路三相电流应当录全。

4）在可能发生振荡的线路上，可录一相功率。

5）对于装有相位差高频保护的线路，当需要录取高频信号时，可少录一相该线路的电流，利用录取电流的振子改录高频信号。对少录的一相电流可采取纵横配合的方法来弥补。

6）当需要记忆量时，可录一组电流及一组相电压。零序电流一般可录稳态值，不必经过延迟。

7.2 微机型故障录波装置

7.2.1 微机型故障录波装置的构成

微机型故障录波装置由硬件、软件两部分组成，其中硬件由辅助变换器、前置机部分、后台机部分等三部分组成，如图 7-1 所示。

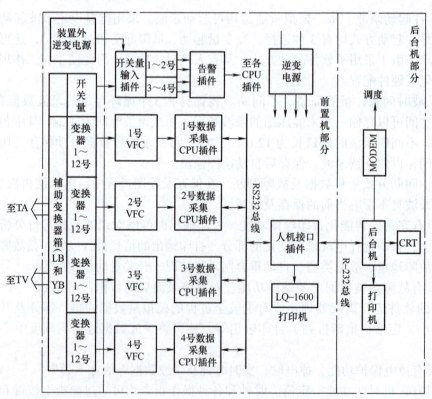

图 7-1　故障录波装置组成图

辅助变换器用于变换电流、电压等模拟量，以适应单片机的 A/D 转换要求。

前置机部分用于数据采集系统和判断起动用，将故障信息快速及时传到后台。前置机是一个多 CPU 系统，它由 4 个数据采集 CPU 插件、人机接口插件、开关量输入插件、逆变电源及告警插件组成，实际上是一个智能数据采集系统。每块数据采集 CPU 插件与微机保护的 CPU 插件结构基本相同，但数据采集 CPU 插件的容量要大得多，如每块 CPU 插件的静态 RAM 有 512KB，而后台 PC 的内存和硬盘容量更大。如此容量的配置可以满足每次 600s 动态过程存储记录的要求。为了提高装置的抗干扰能力及采样速率，采用了 VFC 式 A/D 转换方式，VFC 转换后的频率信号经光电隔离后送入 CPU 采样，CPU 总线不引出插件，与外部的联络采用串行总线 RS232（或 RS422 通信）。

后台机部分主要用于数据处理和管理。由一台 PC 和一台显示器构成，或由笔记本计算机构成。后台机在前置机给出起动命令后即接收前置机送来的故障录波数据、信息，通过数据处理及管理，完成故障测距计算，给出各种统计数据表格，绘图打印输出。输出的信息可以在显示器上显示，也可以送至远方调度。

7.2.2　微机型故障录波装置的软件原理

软件是微机型故障录波装置的核心，软件功能决定录波装置的性能。微机型故障录波装置的软件由 3 个部分组成，即主程序、采样中断服务程序及故障录波程序。

1. 主程序框图原理说明

微机型故障录波装置的主程序流程框图如图 7-2 所示。

数据采集 CPU 插件的主程序上电复位后开始初始化，这是芯片级的初始化，对各芯片的功能及方式初始化。随后 CPU 插件自检，这是芯片级的自检，例如 RAM、ROM、EPROM、EEPROM 及 CPU 本身的自检。如 CPU 插件自检通过，则进行同步采样信号检测，这是一项十分重要的检测。前置机的各数据采集 CPU 插件对录波信号的采样必须是同步采样，这样得到的采样数据才有意义，才能用作同一时刻各种物理量波形的比较。所有 CPU 插件均用同一条线路专门接收人机接口插件的同步采样脉冲，同步采样信号检测就是检测同步采样脉冲是否正常。如 CPU 插件自检或同步采样信号检测未通过，则告警并打印报告。

中断开放主要是指允许采样中断。采样中断开放后，将定时从主程序转入采样中断服务程序，完成采

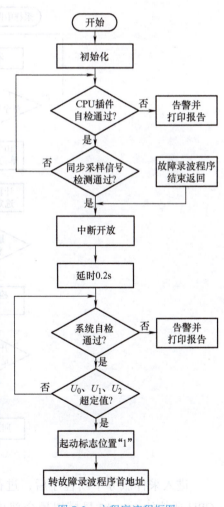

图 7-2　主程序流程框图

样任务后再回到主程序。但是由于开始时刻 CPU 插件的 RAM 中均为随机数据，必须经 0.2s 延时，将 RAM 中所有单元均填入真正采样值才能开始运行。

系统自检是指 TA、TV 的断线检测或者其他专业自检。如检测出断线即系统自检未通过，则告警并打印报告。TA、TV 二次断线自检有专门的断线判据，该判据与保护中的判据大同小异，这里不再赘述。

系统自检通过后，就可以进行录波自起动的判断。在主程序中安排的自起动判据是反映系统故障电压的各序分量值 U_0、U_1、U_2 是否超过定值。如系统自检通过，U_0、U_1、U_2 也没超过定值，那么程序就一直在这里循环，直到系统自检未通过才进入告警并打印报告，或 U_0、U_1、U_2 超过定值后将起动标志位置"1"并转故障录波程序首地址，即进入故障录波程序。

2. 采样中断服务程序原理说明

（1）存储单元采样值刷新　采样中断服务程序流程框图如图 7-3 所示。

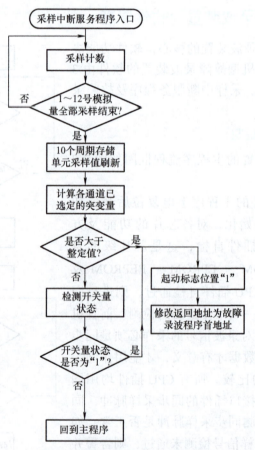

图 7-3　采样中断服务程序流程框图

进入采样服务中断程序后，进行采样计数，即采样计算 VFC 输出的脉冲数。待采样 CPU 插件的 1～12 号模拟量全部采样结束，将最近的 10 个周期中采样计数存储单元所存储的采样值全部刷新换为最新的采样值，这就是通常所说的存储单元采样值刷新。

（2）自起动判据检测 根据刚刷新的计数值，计算各通道已选定的突变量，判断是否大于整定值。如大于整定值，则使起动标志位置"1"，修改返回地址为故障录波程序首地址，即进入故障录波程序；如不大于整定值，则检查开关量状态，并判断开关量状态是否为"1"，即进入开关量自起动判据程序，如开关量状态为"1"则立即将起动标志位置"1"，转入故障录波程序，否则结束采样中断服务程序，回到主程序中循环。

3. 故障录波程序原理说明

故障录波程序流程框图如图 7-4 所示。

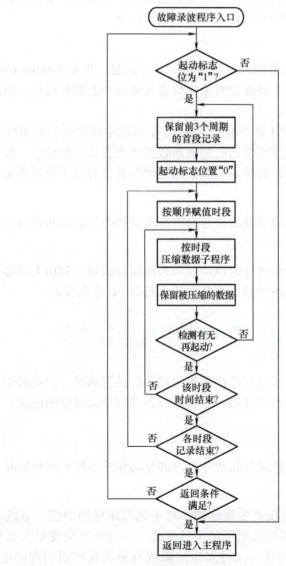

图 7-4 故障录波程序流程框图

根据故障录波的划分时段、顺序记录的原理，检测到起动标志位为"1"后就保留故障前 3 个周期的首段记录，随即清起动标志位（即将起动标志位置"0"以便在故障录波过程中，定时进入中断服务程序时检测有无再起动），然后按顺序赋值时段，再进入按时段压缩数据子程序（数据处理程序）并保留被压缩的数据。如在录波及数据处理过程中，检出系统又发生故障（即检测出再起动），则录波重新进行，转入录波初始程序。整个故障录波过程就是按时段逐段顺序记录不断循环完成录波的。各时段记录结束并满足返回条件时，返回进入主程序。

7.2.3 微机型故障录波装置的功能

由微机型故障录波装置的硬件组成及各部分的作用可知，微机型故障录波装置的功能主要是由前置机来完成，而前置机的作用主要是通过软件来实现。前置机的软件功能主要有 3 个，即数据采集任务、判断起动任务、数据通信任务。

1. 数据采集任务

数据采集任务是指接收人机插件发出的同步采样信息，根据 1000Hz 的采样频率，即 1ms 进行一次定时采样及计算，每次定时采样均进入采样中断服务程序。因此数据采集是在采样中断服务程序中完成的。

在正常运行时，不断采样计算并不断刷新 10 个周期中正常运行的采样计算数据。一旦装置起动，立即保留 3 个周期正常运行的最新数据作为首段数据记录。保留故障前 3 个周期的数据是必要的，用于保证故障录波波形的连续性并且有助于分析系统故障。

2. 判断起动任务

微机型故障录波装置的故障录波起动分为内部起动和外部起动两种情况。

3. 数据通信任务

将数据采集信息通过串行总线及时地传送到人机接口插件，利用人机接口插件中的串行口通信中断服务程序，将录波的数据信息再传入后台 PC 永久保存。

7.3 微机型故障录波装置的应用及运行维护

微机型故障录波装置都是通过程序检测各起动条件是否满足，因此起动条件的设置关系到故障时刻装置能否可靠起动以及能否对故障状态进行全面可靠的记录。

7.3.1 微机型故障录波装置的起动

微机型故障录波装置的故障录波起动分为内部起动和外部起动两种情况。

1. 内部起动

（1）各相相电压和零序电压突变量起动　对于超高压电网中任一节点来说，反映电网重大暂态变化的根本标志是母线电压的突然变化。以相电压突变量为起动条件，可以监测接入变电站高压母线上的任一元件发生故障或有重大操作而引起的电网暂态过程。为了反映电网暂态过程的发生及转换，例如线路发生故障（电压突然降低）、故障线路跳闸（电压突然增高），必须同时选取突增量与突减量作为起动条件，保证在电网每一次新的暂态开始，这个起动条件都能可靠地起动一次。电力行业标准规定相电压突变量

为 $\Delta U_{\mathrm{h}} \geqslant \pm 5\% U_{\mathrm{N}}$。

以零序电压突变量为起动条件，可以在电网发生故障以及进行重合闸时进一步支持微机型故障录波装置的可靠起动。电力行业标准规定零序电压突变量为 $\Delta U \geqslant \pm 2\% U_{\mathrm{N}}$。

（2）过电压和欠电压起动　电力系统运行电压的高低，直接影响电力设备的安全与电网的稳定运行。长时间的越高限运行，将危及运行设备的安全，而在超过允许电压上限的情况下突然对变压器合闸，极易引起变压器损坏。运行电压过低，则会降低线路的稳定传输裕度，容易在较轻的系统扰动下，使系统发生静态稳定性破坏。电力行业标准规定：

1）正序电压越限起动值为 $90\% U_{\mathrm{N}} \leqslant U_1 \leqslant 110\% U_{\mathrm{N}}$。

2）负序起动值为 $U_2 \geqslant 3\% U_{\mathrm{N}}$。

3）零序电压起动值为 $U_0 \geqslant 2\% U_{\mathrm{N}}$。

以低电压越限作为起动条件，需要计及作为测量电压源的电压互感器停用的可能性。例如 330～500kV 电网普遍采用抽取线路电压互感器二次电压的方式来起动微机型故障录波装置，如果线路处于事故或检修状态，将可能长时间停电；如果母线处于检修状态时，母线电压互感器也将长时间停运。因此，当微机型故障录波装置检测到被测电压在较长一段时间内很低，说明线路停电或电压互感器停运，应将低电压越限条件自动退出。

对于长时期电压越限运行情况，应当记录其全过程，但只需记录电压量，其他量可以不记录。单纯的电压越限，在电力系统无功功率补偿配置不合理或某些重要无功功率补偿设备因故退出运行的情况下，可能在系统中某些节点上长期存在，做全程的完整记录当然是必要的。它无论对总结重大设备损坏事故的原因，或者对记录电压崩溃的全过程，都有特别重要的意义。但它的记录要求，应当与一般记录情况有区别。除非发生电压崩溃，否则它只是一种长期存在只有缓慢波动的系统异常现象，采样周期可以延长或者对过程做相应处理，在可以对全过程做完整描述的前提下，减少不必要的数据存储。

（3）变压器中性点电流越限起动　利用变压器中性点电流作为起动条件，可以进一步提高电网故障时起动记录的可靠性，也可以反映变压器的合闸涌流过程。较大的变压器中性点电流的出现，反映电网三相不平衡，可以用以监测同一母线配出线路是否出现了影响较大的非全相运行状态。电力行业标准规定变压器中性点电流越限起动值为零序电流 $3I_0 \geqslant 10\% I_{\mathrm{N}}$。

（4）频率越限与频率变化率起动　由于频率越限在电力系统运行状态不正常的某些特殊情况下，可能会长期存在，除非发生系统频率崩溃。其特点是频率变化极为缓慢，对记录数据的处理和单纯的低电压越限的情况要求相似。以频率变化率作为起动条件，要求记录当系统突然失去一个大电源的情况下系统频率的变化过程。电力行业标准规定频率越限起动值为 $49.5\mathrm{Hz} \leqslant f \leqslant 50.5\mathrm{Hz}$。

（5）系统振荡起动　系统振荡可能有如下几种情况：

1）由静态稳定性破坏引起的系统振荡。在初始阶段，母线电压必然低于额定值较多，利用 $90\% U_{\mathrm{N}}$ 的电压起动条件，可以起动记录静态稳定性破坏的全过程数据。失去静态稳定性的系统表现，与失去暂态稳定性的系统表现一样，即母线电压、线路电流和线路功率出现大幅度波动。

2）由暂态稳定性破坏引起的系统振荡。这种振荡总是由短路故障或突然切去重负荷送电回路等大扰动引起，所以利用反映电压突变量的起动条件，可以起动记录暂态稳定性破坏的全过程数据。失去暂态稳定性的系统表现，与失去静态稳定性的系统表现一样。

3）由动态稳定性破坏引起的系统振荡。失去动态稳定性的系统表现为母线电压、线路电流和线路功率出现增幅振荡而失去同步，其结果是系统动态稳定性破坏。更多的一种情况是由增幅振荡演变为达到一定幅度和周期的稳定振荡，这种现象称为"摇摆"。

检测同步摇摆，可以用线路电流或功率在某一给定时间内的变化率作为条件。利用电压变化条件不能可靠反映系统振荡。因为振荡时的母线电压变化，与母线离振荡中心的距离有关，离振荡中心越远，变化越小，对于大电源母线，则基本不变。

2. 外部起动

（1）断路器的保护跳闸信号起动　记录继电保护的跳闸命令，配合短路过程情况，用来检查继电保护装置和断路器的动作行为，是故障记录最重要的内容之一。

由继电保护装置跳闸命令起动故障动态记录时，应当选用与发出断路器跳闸命令同步的触头信号（最好是跳闸出口继电器的触头），以准确记录起动时刻。为了避免干扰，以空触头经双绞线输出到微机型故障录波装置是必要的。

（2）手动和遥控起动　可以由变电站就地和上级调度来远方命令起动。

7.3.2　录波数据采样及记录方式

微机型故障录波装置是采用将故障前后的数据记录保存在存储器中的方式来实现其录波功能的，为保证录波数据的准确性，我国对微机型故障录波装置的数据记录方式做了如下规定。

1. 分时段记录方式

依据电力行业标准 DL/T 553—2013《电力系统动态记录装置通用技术条件》，装置对模拟量的采集和记录采用分时段进行的方式，数据记录方式图如图 7-5 所示，图中画出了各时段所处的位置和记录的时间长短。

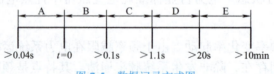

图 7-5　数据记录方式图

由图 7-5 可见，故障记录可分为 A、B、C、D、E 共 5 个时段，这 5 个时段不仅故障量记录的时间长短不同，而且故障量的采样频率也不一样。

1）A 时段。记录系统大扰动开始前的状态数据，输出原始记录波形及有效值，记录时间大于 0.04s。

2）B 时段。记录系统大扰动后初期的状态数据，可直接输出原始记录波形，可观察到 5 次谐波，同时也输出每一周波的工频有效值及直流分量值，记录时间大于 0.1s。

3）C 时段。记录系统大扰动后的中期状态数据，输出连续的工频有效值，记录时间大于 1.1s。

4）D 时段。记录系统动态过程数据，每 0.1s 输出一个工频有效值，记录时间大于 20s。

5）E 时段。记录系统长过程的动态数据，每 1s 输出一个工频有效值，记录时间大于 10min。

输出数据的时间标签，对短路故障等突变事件，以系统大扰动开始时刻（例如短路开始时刻），为该次事件的时间零坐标，误差不大于 1ms。事件的校准时间由调度中心给定。

在满足采样要求的前提下，为了节省空间，压缩故障录波的数据量，装置采用变速采样的记录方式。A、B 时段为系统故障前和故障后的高速采样阶段，C、D 时段一般指故障切除后较为稳定的那一段时间，为低速采样阶段。E 时段指系统进入长过程的录波，如长期振荡、低频、低电压，一般是低速采样，仅记录有效值。

如果设备硬件条件允许，可以考虑适当延长波形记录事件和将 D 时段改为 0.05s 记录一次。此外，在系统振荡过程中，也宜于全部用 D 时段运行。实际分段记录的波形如图 7-6 所示。

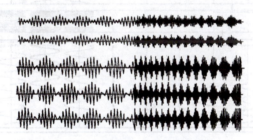

图 7-6　实际分段记录的波形图

2. 不定长录波

微机型故障录波装置可以实现 3s ～ 10min 不定长录波，它由起动次数和故障性质决定。

（1）非振荡故障起动　在某一时刻，起动量满足任一起动条件，装置起动录波。如果在录波的过程中有且仅有这一次故障起动时，装置将按 A—B—C—E 时段顺序进行录波。如果装置在已起动的录波过程中，有突变量输出或断路器跳合闸信号时，若在 B、C 时段，则由 $t = 0$ 时刻开始沿 B—C—D—E 时段重复执行；否则应沿 A—B—C—D—E 时段重复执行。

采用以上起动方式的录波结束条件为：所有起动量全部复归，并且记录时间大于 3s。

（2）特殊起动方式　如果出现长期的电压或频率越限，可只记录电压值和频率值，每秒一点或做相应处理；如果系统故障后引起振荡，而记录已进入 E 时段后，则立即转入按 D 时段记录，如果正在 D 时段则延长 20s。

7.3.3　故障录波图解读

1. 故障波形图中准确事件时间的读取

故障分析简报根据相关量的开入时刻给出了各事件发生的时间。由保护自动给出的分析报告，有时并不十分准确，如断路器跳开或合上时间，一般来自断路器位置触头。断路器位置触头与主触头并不精确同步，会有一定时差。此外，分析报告给出的信息不一定完整。因此往往需要从波形图中直接读取各事件的相对时间，即以电流或电压波形变化比较明显的时刻为基准，读取各事件发生的相对时间。因为电流变大和电压变小的时刻可判断为故障已发生；故障电流消失和电压恢复正常的时刻可判断为故障已切除。下面以图7-7所示的故障波形图为例说明读取准确事件时间的方法，图中对关键点的事件时间进行了标注。

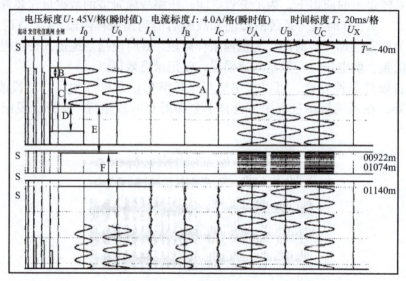

图 7-7　故障波形图

① 故障持续时间。故障持续时间是从电流开始变大或电压开始降低到故障电流消失或电压恢复正常的时间，如图7-7所示的 A 段，故障持续时间为60ms。

② 保护动作时间。保护动作时间是从故障开始到保护出口的时间，即从电流开始变大或电压开始降低，到保护输出触头闭合的时间，如图7-7所示的 B 段，保护动作时间最短为15ms。

③ 断路器跳闸时间。断路器跳闸时间是从保护输出触头闭合到故障电流消失的时间，如图7-7所示 C 段，断路器跳闸时间为45ms，一般不用断路器位置触头闭合或返回信号。

④ 保护返回时间。保护返回时间是从故障电流消失开始到保护输出触头断开的时间，如图7-7所示 D 段，保护返回时间为30ms。

⑤ 重合闸装置出口动作时间。重合闸装置出口动作时间是从故障消失开始到发出重合闸命令（重合闸触头闭合）的时间，如图7-7所示 E 段，重合闸装置出口动作时间为862ms。

⑥ 断路器合闸动作时间。断路器合闸动作时间是从重合闸输出触头闭合到再次出现负荷电流的时间，如图7-7所示 F 段，断路器合闸动作时间为218ms，也不用断路器位置触头闭合或返回信号。

为了方便分析事故的发展，可以将各过程时间汇集成时间轴。上述各过程故障波形时间汇集图如图7-8所示。

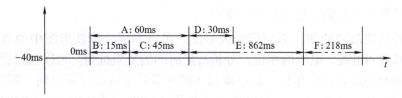

图 7-8 故障波形时间汇集图

2. 故障波形图中电流、电压有效值的读取

可以利用故障波形图中的电流、电压波形，读取故障期间电流、电压的有效值。如图 7-9 所示，B 相故障，B 相电流通道上呈现故障电流，非故障相 A、C 相仅呈现负荷电流；B 相通道上电压明显降低，非故障相 A、C 相电压相位基本没有变化。

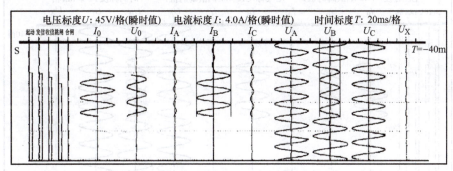

图 7-9 故障电流、电压有效值分析图

1）故障电流计算方法。先以 I_B 通道上的故障电流波形两边的最高波峰在刻度标尺上的位置（见图 7-9），计算出两边最高波峰截取的标尺格数除以 2，乘以在图中显示的"I：4.0A/ 格"电流标度（注意，不同故障波形电流标度会不同)，再除以 $\sqrt{2}$ 就得到二次电流有效值。最后再乘以故障设备间隔电流互感器的电流比，即得到一次电流有效值。假设本间隔电流互感器的电流比为 1200/1，则 B 相短路的一次电流为

$$I_{kB} = \left[(标尺格数 \times 电流标度 I)/(2\sqrt{2})\right] \times 电流比 = \left[(3.8 \times 4A)/(2\sqrt{2})\right] \times 1200/1 = 6450A$$

零序电流 I_0 的计算方法与 I_{kB} 相同，需要说明的是实际计算出的是 $3I_0$。

2）故障电压计算方法。先以 U_B 通道上存在的故障电压波形两边的最低波峰在度标尺上的位置，计算出两边最低波峰之间截取的标尺格数除以 2，乘以在图中显示的"U：45V/ 格"电压标度（注意，不同故障波形电压标度会不同)，再除以 $\sqrt{2}$ 就得到二次电压有效值。最后再乘以故障设备间隔母线电压互感器的电压比，即得到一次电压有效值。假设本间隔电压互感器的电压比为 1100/1，则 B 相短路的一次电压为

$$U_{kB} = \left[(标尺格数 \times 电压标度 U)/(2\sqrt{2})\right] \times 电压比 = \left[(2 \times 45V)/(2\sqrt{2})\right] \times 1100/1 = 35kV$$

零序电压 U_0 的计算方法与 U_{kB} 相同，需要说明的是实际计算出的是 $3U_0$。

3. 故障波形图中电流、电压相位的读取

准确分析清楚故障的相位必须借助波形图。可以利用故障波形图中的电流、电压波形,读取故障期间电流、电压的相位,分析故障时的测量阻抗角。可以通过读取电流、电压波形过零的时间差来计算相位。若电流过零时间滞后于电压过零时间,则为滞后相位,反之则为超前相位。图 7-10 所示为电流电压相位分析图,图中电流过零时间滞后电压过零时间约为 4ms,相当于滞后角 18°×4=72°,由此可以判断故障发生在正方向(相对于本站母线),并且从这种阻抗角可推断是线路金属性接地故障。若实测电流超前电压 110°左右,则表明是反向故障。根据所得的短路电压及短路电流 I_{kB} 对短路电压 U_{kB} 的相位,可以画出线路故障方向分析相量图,如图 7-11 所示。

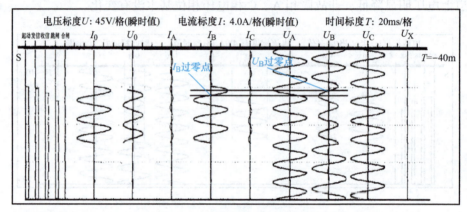

图 7-10 电流电压相位分析图

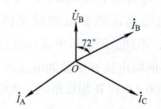

图 7-11 线路故障方向分析相量图

4. 波形图中区分故障性质

当保护屏处打印出一故障波形图时,应该首先观察波形图的全貌,再判断故障类型、保护的动作行为、断路器的动作行为及故障的持续时间等信息,写出简要的故障分析报告。由于故障波形图载有大量的故障信息,还可以详细地分析电流、电压波形特点及其变化过程,从中得到对查找事故有用的信息。下面以线路故障为例进行说明。

(1)正向区内瞬时性故障波形图分析 图 7-12 所示为线路瞬时性故障波形图,即变电站的某次出线 B 相正向区内瞬时性故障波形图,所装设的保护是允许式线路高频保护。故障后,B 相相电压明显降低,本侧保护 2~3ms 发信,过 8~9ms 保护收到对侧"允许"信号,判断为 B 相区内故障,发出跳闸指令,15ms 后断路器切断故障电流。在 922ms 时保护发出重合闸指令,断路器重合闸成功。电流、电压恢复正常。也可以用相位方法去判

断正向区内故障。

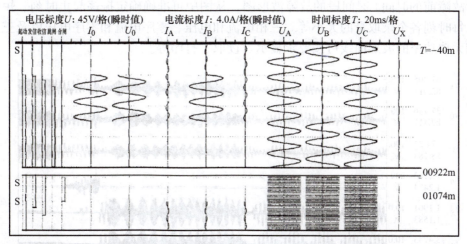

图 7-12　线路瞬时性故障波形图

（2）正向区内永久性故障波形图分析　图 7-13 所示为线路永久性故障波形图。故障后，B 相电压明显降低，本侧保护 2 ～ 3ms 发信，过 8 ～ 9ms 保护收到对侧"允许"信号，判断为 B 相区内故障，发出跳闸指令，15ms 后断路器切断故障电流。在 922ms 时保护发出重合闸指令，重合到故障的线路，线路又发生第二次故障，断路器无时限跳开三相。保护不再发重合闸命令（原因是采用的为单次重合闸，重合闸动作一次后，短时充电未足再动作）。同样也可以用相位方法去判断正向区内故障。

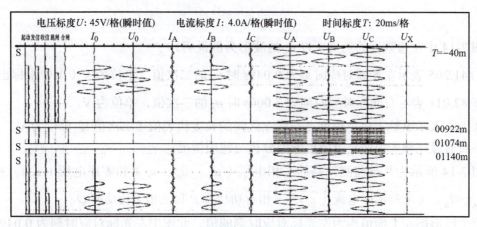

图 7-13　线路永久性故障波形图

对故障波形图进行故障分析要注意把握故障细节，要本着科学严谨的工作态度和精益求精的工匠精神进行严谨细致的分析，从而确定故障发生的相关信息，才能排除故障和探寻故障发生的原因并防患于未然。

7.3.4　分析故障录波实例

某系统发生振荡加短路的故障，监测线路所属变电站的故障录波装置记录了此过程。

图 7-14 所示为线路振荡加短路的故障波形图，即该线路 -0.050 ～ 7.000s（时间前的 "-" 号表示故障前的时间）时间段的故障波形图，从图中可准确确定振荡起止时刻、短路发生时刻、每时刻各个录取量的大小等。三相电流和电压、零序电流和零序电压以及三相有功功率和无功功率的波形曲线可按要求显示、读取、打印等。

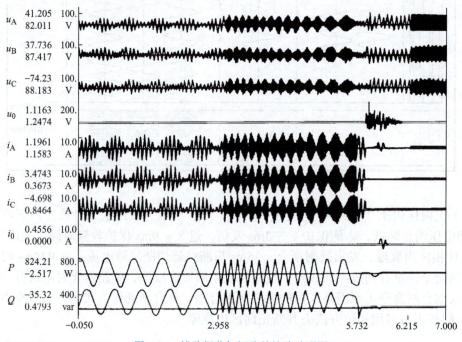

图 7-14　线路振荡加短路的故障波形图

图 7-14 中左边数据的意义（以 u_A 的波形为例说明）：

① 41.205 表示左光标对应时刻为 0.049s 时 u_A 的二次值，单位为 V（图中未标出）。

② 82.011 表示右光标对应时刻为 7.000s 时 u_A 的二次值，单位为 V。

③ 100 表示纵轴上白色刻度点与零点之间的长度代表值（二次值），单位为 V。

下面通过该例来说明故障波形图的分析与使用情况：

图 7-14 所示为某被监测线路的三相电压（u_A、u_B、u_C）和零序电压（u_0）、三相电流（i_A、i_B、i_C）和零序电流（i_0）、三相有功功率 P 和三相无功功率 Q。

每个波形图左上面值均为左光标对应时刻的值，此图中左光标对应时刻为 0.049s。移动左光标位置改变观察时刻，该值随之变化。每个波形图左下面值均为右光标对应时刻的值，此图中右光标对应时刻为 7.000s。移动右光标位置改变观察时刻，该值随之变化。

通过对 -0.050 ～ 7.000s 波形图观察、分析可知，系统振荡发生时刻为 0.000s，到 2.958s 振荡加剧，振荡频率增加；在 5.732s 系统又发生三相短路。三相短路开始时出现短时的零序电压和零序电流，是因为三相短路瞬间的不对称，此现象也完整、准确地显示在图中。在 6.215s 三相短路稳定，被检测线路除三相电压外，其他录取量均为零或接近零，表明三相短路的短路点在距离该线路很近的其他线路上。

移动左右光标改变观察时间段，对波形图进行放大、叠加、对比等处理，更便于分析和处理事故。另外，还可以通过故障波形图离线分析软件打印输出录波报告单及其他所需波形和数据信息等。

7.3.5　微机型故障录波装置的运行维护

1. 微机型故障录波装置日常巡视检查

1）检查装置各个指示应正常。

2）检查前置机各个模拟插件和开关量插件插入牢固无松动或掉出。

3）检查变换器箱各插件插入牢固无松动或掉出，无异常声音。

4）按键盘任意键，查看显示器显示内容。

5）检查操作按钮完好无损坏，洁净无灰尘。

6）检查屏下端交流电源开关和直流电源开关在合的位置。

7）检查屏箱门完好，玻璃透明洁净、无损坏。

2. 微机型故障录波装置定期巡视检查

1）检查打印机的电源 ON/OFF 开关打在 ON 的位置，打印机打印纸装备，打印机针头、色带等无积灰尘或蜘蛛网。

2）检查端子排上各接线端子接触良好，无开路或潮湿短路现象，无烧焦变黑现象。

3）检查各个箱内无异常声音、无冒烟现象。

4）检查各箱之间的连接电缆完好无损坏，两端插头插入牢固并接触良好。

5）检查屏内接地线完好无损坏或锈蚀。

6）检查屏内通风良好，箱门关闭严密，箱门无脱漆或锈蚀。

3. 异常及故障的处理

（1）频繁起动　频繁起动故障一般是定值设置不当造成的。可根据故障报告判断是由哪一通道引起的，然后将定值适当调整，重新设置即可。

（2）不能录波　该故障一般由两个原因造成：①参数、定值设置不当。应重新校对参数，重新设置相应通道的各项定值。②通道电气连接不当。在调整了定值后仍然不起动录波，可进行手动录波，然后进行波形分析。若相应通道无正常波形，则该通道不正常，可能是接线不好或接错线等原因。

（3）电源故障　若整机掉电，应检查供电电源及各个断路器是否完好。

故障录波装置是当电力系统发生故障时，能迅速直接记录下与故障有关的运行参数的一种自动记录装置。当系统正常运行时，故障录波装置不动作；当系统发生故障及振荡时，通过起动装置迅速自动录波，直接记录下反映故障录波装置安装处系统故障的电气

量，为正确分析事故原因、研究防止对策提供重要资料。

故障录波装置的发展有 3 个阶段：机械－油墨式故障录波装置、机械－光学式故障录波装置、微机型故障录波装置。微机型故障录波装置功能完整、自成体系，现已广泛使用。本章重点讲解微机型故障录波装置的组成及其工作原理、起动条件、录波数据采样及记录方式，并举例对故障波形图进行解读，介绍了微机型故障录波装置的运行维护。

 习 题

一、填空题

1. 在主要发电厂、220kV 及以上变电站和 110kV 的重要变电站，应装设故障录波装置，并在电力系统故障时应_____，在系统振荡时也应_____，记录系统中有关的_____。

2. 利用故障录波装置记录的波形图不仅可以迅速地判明故障_____和_____，而且可以从波形图所提供的_____电流值，计算出故障地点。

3. 微机型故障录波装置的软件功能主要有_____、_____、及时将数据传送至后台 PC。

二、判断题

1. 故障录波装置一般用于大电流接地系统中，它记录三相电流、零序电流、零序电压及三相电压。（   ）

2. 故障录波装置中的零序电流起动元件接于变压器中性点上。（   ）

3. 电力系统故障动态过程记录功能的采样速率允许较低，一般不超过 1.0kHz，但记录时间长。（   ）

4. 按照 220～500kV 电力系统故障动态记录准则的规定，故障录波装置每次起动后的记录时间至少应大于 3s。（   ）

5. 微机型故障录波装置起动后，为避免对运行人员造成干扰，不宜给出声光起动信号。（   ）

6. 电力系统故障动态记录的模拟量采集方式，A 时段记录系统大扰动开始的状态数据，$t \geqslant 0.04s$，B 时段记录大扰动后全部状态数据，并且只要能观察到 3 次谐波即可。（   ）

三、选择题

1. 为正确分析事故原因、研究防止对策提供原始资料，是（   ）的作用之一。
（A）故障录波装置　　　　　　　　　　（B）振荡解列装置
（C）低压解列装置　　　　　　　　　　（D）低频解列装置

2. 故障录波装置的主要作用不包括（   ）。
（A）分析评价继电保护及自动装置的性能　（B）维持电力系统运行稳定性
（C）实测电力系统参数研究系统振荡　　（D）帮助查找故障点

3. 220kV 系统的故障录波装置应按（   ）的原则统计动作次数。
（A）计入 220kV 系统保护动作的总次数中　（B）计入全部保护动作的总次数中
（C）单独对故障录波装置进行统计

四、问答题

1. 什么是故障录波装置？其作用是什么？

2. 微机型故障录波装置有哪些优点？

3. 故障录波装置录取量的选择一般应满足哪些要求？

4. 微机型故障录波装置由哪几部分组成，各组成部分有何作用？

5. 微机型故障录波装置有哪些功能？

6. 微机型故障录波装置故障录波的起动分为哪几种情况，各自的起动条件有哪些？

7. 我国对微机型故障录波装置的数据记录方式做了哪些规定？

第8章

水电站自动控制技术

教学要求：了解水轮发电机组自动化的要求，了解自动化元件的用途、类型、构成原理；分析掌握蝶阀的自动控制电气接线原理；分析掌握辅助设备自动控制接线原理及特点；掌握机组自动控制程序。同时培养学生团结协作精神、诚实守信品格；树立精益求精的工匠精神，养成分析和解决专业问题的职业素养。

知识点：机组自动控制与辅助设备自动控制的要求；各类自动化元件的电气接线原理；蝶阀自动控制电气接线原理；蓄水池供水装置、集水井排水装置自动控制的电气接线原理；油压装置、空气压缩系统自动控制的电气接线原理；微机单元自动控制程序流程。

技能点：熟悉各类自动化元件电气接线原理；掌握主阀、辅助设备自动控制的电气接线原理；熟悉分析微机单元自动控制程序流程。

水轮发电机组自动化是为了满足水电站安全发电、保证电能质量和经济运行，同时以减少运行人员和改善劳动条件为原则，在水轮发电机组自动化运行经验的基础上，根据科学进步，新技术、新产品的产生和发展需要建立的。

8.1 水轮发电机组自动化概述

水轮发电机组的自动控制设计中考虑了不同的机组形式和结构、调速器形式、自动化元件配置、配套附属设备和运行方式等因素。水电站自动化一般包括水轮发电机组及其辅助设备的自动化。

水电站自动控
制技术概述

8.1.1 水轮发电机组自动化

1. 水轮发电机组的自动控制基本要求

1）以一个指令完成机组的开机或停机。

2）根据系统要求，以一个指令完成发电转调相或进行相反操作。

3）开机过程中，应能进行相反的操作。

4）机组内部事故应动作事故停机或同时关闭进水阀（或快速闸门），外部事故可动作空载运行或事故停机。

5）事故停机引出继电器自保持回路应由手动解除。

6）水电站的发电机层应设紧急停机按钮或事故停机按钮。

油系统的下列装置应装设油位信号器：调速器和进水阀压油装置的油罐、推力轴承和导轴承的油槽、重力油箱和漏油箱。

2. 水轮发电机组轴承润滑油系统的自动控制要求

1）采用内循环冷却的机组，冷却水应在开机的同时获得，冷却水中断时应立即投入备用水源。

2）采用外循环冷却的机组，润滑油必须在开机前获得，润滑油中断时应自动投入备用油源。

3）采用弹性金属塑料瓦的轴承润滑油系统，当其油槽油位降低时可发出信号。

4）采用水润滑的导轴承，应在给出开机指令的同时投入润滑水，当确认有水后，才允许起动机组；应保证润滑水的连续性，当润滑水中断时应立即投入备用水源；润滑水管上应装设反映供水状态的示流信号装置。

5）水轮发电机组应在开机同时打开冷却水电磁液压阀或起动冷却水泵组，机组冷却水管总管的排水侧应装设反映供水状态的示流信号装置。

水轮发电机组的下列部位应装设温度监视装置：推力轴承和导轴承的轴瓦和油槽、空气冷却器的进风口和出风口、发电机定子绕组及铁心。

3. 水轮发电机组制动装置的自动控制要求

1）水轮发电机组应装设机械制动装置，亦可同时装设电气制动装置。

2）在停机过程中，当机组转速下降到额定转速的 35% 以下时应投入机械制动装置，机组停止转动后解除制动。贯流式机组停机后，若无停机锁锭，不宜解除制动。

3）机组采用电气制动装置时，可在机组转速下降到额定转速的 60% 左右时投入电气制动装置，待机组转速继续下降到额定转速的 10% 以下时投入机械制动装置，机组停止转动后解除制动。

4）对于推力轴承采用弹性金属塑料瓦的机组，机械制动装置投入的转速允许低于额定转速的 20%。

5）对于冲击式机组，当机组转速下降到额定转速的 70% 左右时，投入反喷嘴制动装置，机组停止转动后解除制动。

6）在停机过程中，当导叶剪断销被剪断时，制动后不应解除制动。

7）对于具有高压油减载装置的机组，当机组转速下降到额定转速的 90% 时，投入高压油减载装置，机械制动装置投入的转速可降低到额定转速的 10%。

4. 水轮发电机组应装设的水力机械事故保护

（1）紧急停机保护　发生下面两种情况，紧急停机保护动作，作用于事故停机并关进水阀（或快速闸门）：①机组过速；②事故停机过程剪断销被剪断。

（2）事故停机保护　发生下面情况，事故停机保护动作，作用于事故停机并发出事故信号：①轴承温度过高；②水轮机导轴承润滑水中断；③重力油箱油位过低；④油压装置油压过低。

水力机械事故保护应先动作关闭导叶，在导叶关至空载位置时跳开发电机断路器，并执行正常停机程序。

5. 水轮发电机组应装设的水力机械故障保护

发生下面情况，水力机械故障保护动作，发出预告信号：①轴承温度升高；②空气冷却器温度升高；③轴承油槽油位不正常；④机组冷却水中断；⑤油压装置油压降低；⑥导水叶剪断销剪断；⑦集油槽油位不正常；⑧漏油箱油位过高；⑨重力油箱油位降低；⑩水轮机顶盖水位过高；⑪ 开停机未完成；⑫ 备用冷却水润滑水投入；⑬ 水力机械操作回路电源消失。

8.1.2 水电站辅助设备自动化

1. 进水阀的自动控制要求

1）进水阀（蝶阀、球阀、闸阀）应能按一个控制指令完成开阀、关阀的自动控制。开启时应按先平压、后开启的控制程序进行。

2）进水阀的自动控制应作为机组开停机控制的一个程序，由正常开停机控制指令联动完成。紧急事故关阀指令应能直接动作关阀。

3）水电站的快速闸门应在中控室或主机室设置紧急关闭闸门的控制按钮。

2. 技术供水系统及集水井排水系统的自动控制要求

1）采用单元技术供水的发电机组，全厂设有一台公用的备用供水泵组，当总技术供水管水压下降时自动起动备用供水泵并自保持，同时发出信号；采用集中技术供水的发电机组，工作水泵宜与各台机组的开机联动。

2）渗漏排水泵组控制接线的切换开关宜设有手动、自动、备用和断开 4 个位置，并宜按自动轮换工作制的方式工作。

3）全厂集水井应装设水位信号器，水位升高时，起动工作排水泵。当水位过高时应自动起动备用排水泵组并发出信号。

水电站辅助设备互为备用的电动机宜采用自动轮换工作制。当辅助设备采用可编程控制器控制时，可编程控制器可采用分散设置。无人值班（少人值守）水电站的可编程控制器宜集中设置。

3. 油压装置的自动控制要求

1）调速器的油压装置油压应保持在规定的工作压力范围内，液压油泵电动机应根据工作压力实现自动控制。

2）油压装置控制接线中的切换开关宜设有手动、自动、备用和断开 4 个位置；采用自动转换工作制时宜设手动、自动、断开 3 个位置。

4. 空气压缩装置的自动控制要求

1）储气罐或供气管道压力应保持在规定的工作压力范围内，空压机应根据工作压力实现自动控制。空压机出气管温度过高时，应动作停泵并发出信号。

2）空压机采用水冷却时，应先自动检查有水时才开机；停机时切除冷却水。空压机一般空载起动，经延时关闭空载起动阀后，再向储气罐内充气。

8.2 水轮发电机组自动化元件

水轮发电机组的自动化元件分为信号元件和执行元件两大类。信号元件主要有转速信号器、温度信号器、压力信号器、示流信号器、液位信号器、剪断销信号器等，执行元件主要有电磁配压阀、液压操作阀等。

8.2.1　信号元件

1. 转速信号器

转速信号器用于检测机组转速。机组转速是反映机组运行工况的一个主要技术指标，根据机组不同的转速值，转速信号器可以发出不同的命令和信号，以对机组进行保护和自动操作。转速信号器类型有机械型、电磁型及数字式等。下面简要介绍 AXP 型数字式转速信号器。

AXP 型数字式转速信号器是一种新型的转速信号器，利用 MCS-51 单片机的优点，使产品具有精度高、功能强、信号准确、抗干扰强及操作方便等特点。AXP 型数字式转速信号器集频率表、转速表、转速继电器、转速测控仪表于一体，能够记忆并保存当前机组转速的最大值，给机组过速事故分析带来便利。

AXP 型数字式转速信号器原理框图如图 8-1 所示。AXP 型数字式转速信号器通过测周期进行测频。单片机的主频为 6MHz，测得的机组转速信号经过限幅、放大、整形成为标准的矩形波，送入单片机进行周期计算，经计算后换算成频率值、转速的百分比值、转速最大值等，供显示和记忆。

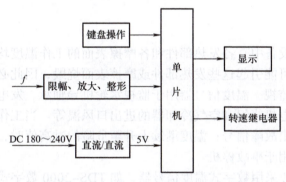

图 8-1　AXP 型数字式转速信号器原理框图

AXP 型数字式转速信号器前面板示意图及背面接线图如图 8-2 所示。前面板上有 4 位数码显示屏，用于显示频率值、转速的百分比值或转速最大值等；有功能指示灯，用于指示 4 位数码显示的内容是频率值、转速的百分比值或是转速最大值；有 8 个转速信号继电器输出指示灯，当机组转速达到设定转速时，相应的指示灯亮，同时转速信号继电器动作，并发出信号。1# 灯亮表示机组转速小于额定转速的 2%，2# 灯亮表示机组转速小于额定转速的 35%，3# 灯亮表示机组转速小于额定转速的 60%，4# 灯亮表示机组转速小于额定转速的 80%，5# 灯亮表示机组转速小于额定转速的 85%，6# 灯亮表示机组转速小于额定转速的 95%，7# 灯亮表示机组转速小于额定转速的 115%；8# 灯亮表示机组转速小于额定转速的 140%。"显示转换"键用于转换数码显示的内容；"调显"键用于把机组转速最大值在数码显示屏中显示出来；"复位"键用于清除转速信号器使其恢复正常工作。

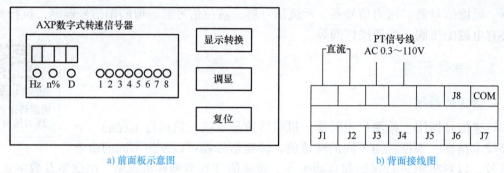

a) 前面板示意图   b) 背面接线图

图 8-2   AXP 型数字式转速信号器前面板示意图及背面接线图

转速信号器背面接线的"COM"端为 8 个转速信号继电器输出触头的公共端。当转速信号继电器的触头控制作电压大于 DC 110V 时，应在感性负载的两端并联一个续流二极管 VD，如图 8-3 所示，用于转速信号继电器触头的灭磁。

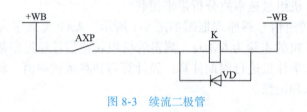

图 8-3   续流二极管

2. 温度信号器

在机组及其辅助设备中，各发热部件和各摩擦表面的工作温度均有一定限值。如果温度超过这个限值，则可能引起这些发热部件或摩擦表面烧毁，因此必须对发热部件和摩擦表面的工作温度进行监视。温度信号器用于监视水轮机导轴承、发电机推力轴承和上下导轴承的轴瓦温度、发电机绕组和空气冷却器的进出口风温等。当工作温度升高至允许上限值时，温度信号器发出故障信号；温度继续上升至危险的过高值时，温度信号器发出水力机械事故信号，并作用于事故停机。

目前，水电站一般采用数字式温度信号器，如 TDS-2000 数字式温度信号器。

3. 压力信号器

压力信号器用于监视油、气、水系统的压力。在机组制动系统、压油槽、技术供水及气系统上，均装有压力信号器，以实现对压力值的自动控制和监视。

水电站常用的压力信号器有电接点压力表、YTK-01 型。

4. 示流信号器

示流信号器用于对管道内的流体流通情况进行自动控制。当管道内流量很小或中断时，可自动发出信号，投入备用水源或作用于停机。示流信号器主要用于水电站技术供水管路中，反映管路中技术供水的情况。

SLX 系列示流信号器为双向示流信号器，采用靶式结构，如图 8-4a、b 所示，其测量器件是一长方形的平板靶，靶置于管路中央，并与水流方向垂直。当管路中有正常水流流过时，流体的流动对靶产生一作用力，此力与靶杆旋转中心构成力矩。当管路中的水流大于示流信号器所整定的动作流量时，靶杆和靶在这个力矩的作用下发生倾斜，克服弹簧的作用力直至极限位置，如图 8-4c 所示，在靶杆旋转过程中，带动推杆推动微动开关，使其动作，常开触头闭合，发出信号，表明管路中水流正常。

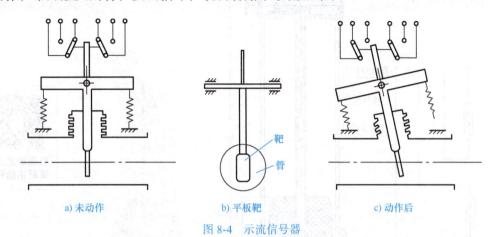

a) 未动作　　　　　　b) 平板靶　　　　　　c) 动作后

图 8-4　示流信号器

当管路中的水流逐渐减小时，水流在靶杆上的作用力也逐渐减小，水流的作用力矩也逐渐减小，靶杆在弹簧力的作用下，使推杆逐渐离开微动开关。当管路中的水流小于示流信号器所整定的动作流量时，微动开关常闭触头闭合，常开触头断开，表明管路中水流低于规定值，示流信号器向控制系统发出告警信号。

如果管路中的水流方向改变，靶连同靶杆被推向相反的方向，使示流信号器另一边的微动开关动作。示流信号器在双向工作时与单向工作时的动作原理相似。

5. 液位信号器

液位信号器用于监视水轮发电机组各轴承的油位，并可用于对机组顶盖漏水、集水井排水等水位进行自动控制。当监视处的液位过高或过低时，液位信号器触头动作，向控制系统发出告警信号。目前水电站广泛采用浮子式和电极式液位信号器。

浮子式液位信号器 ZWX-150 轴承油位信号器主要由外管、磁性浮球、湿簧继电器及出线板等组成，如图 8-5 所示。

轴承油位信号器的磁性浮球在浮力的作用下，随轴承油位的变化而升降，当磁性浮球靠近所整定的湿簧继电器触头时，在磁力的作用下，湿簧继电器触头接通，发出油位过高或过低信号。运行人员可以透过玻璃直接观测轴承的油位。

在 ZWX-150 轴承油位信号器的磁性浮球中的磁钢内设有一个屏蔽罩，使磁性浮球达到湿簧继电器触头时，只能让湿簧继电器触头接通一次，以保证动作准确可靠。

ZWX-150 轴承油位信号器为立式安装，出线孔处不能堵死，使信号器玻璃管内的气压相等，磁性浮球可以随油位自由上下浮动。轴承油位信号器与机组轴承油槽相连的管路应尽量伸入油槽中间的位置，使信号器玻璃管中的油面较稳定。

ZWX-150 轴承油位信号器触头使用电压为 DC 220V 和 DC 110V，触头容量小于10W，最高油位和最低油位各有一对常开触头。ZWX-150 轴承油位信号器的测量范围可在 150mm 内调整。

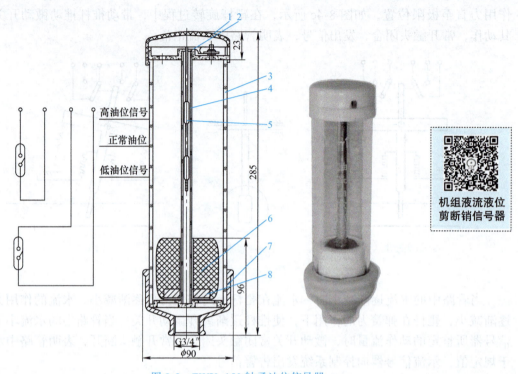

图 8-5　ZWX-150 轴承油位信号器

1—盖　2—出线板　3—外管　4—玻璃管　5—湿簧继电器　6—磁性浮球　7—支座　8—磁环

6. 剪断销信号器

剪断销信号器由剪断销信号元件和剪断销信号装置组成，反映水轮机导叶剪断销被剪断信号。剪断销信号器一般装设在剪断销的轴孔内，每一个剪断销轴孔内装设一个。在正常停机过程中，若某个导叶被卡住，剪断销被剪断，则发出告警信号；在机组事故停机过程中剪断销被剪断，则作用于紧急事故停机，并关闭机前主阀或快速闸门。

JX 和 BJX 剪断销信号元件为动断式信号元件，如图 8-6 所示。当导叶剪断销没有被剪断时，剪断销信号元件的两个端子之间接通；当导叶剪断销被剪断时，剪断销信号元件的两个端子之间断开。

ZJX-1 型剪断销信号装置由变压器、整流桥、继电器、电阻、电容等元器件组成，如图 8-7 所示。所有元件均装入嵌入式 DZ-200 系列中间继电器的壳体内。

在剪断销信号装置的端子 X1-X2 上接入 AC 220V 电源，将所有剪断销信号元件串接，再将两端接入剪断销信号装置的端子 X3-X4 上。

当剪断销信号装置接通电源后，其电源指示灯 VL1 亮。若所有的剪断销没有被剪断，继电器 K 处于动作状态，端子 X5-X6 闭合，端子 X6-X7 断开；若有一个剪断销被剪断，则继电器 K 的回路被切断，继电器 K 复归，端子 X5-X6 断开，端子 X6-X7 闭合，剪断销被剪断指示灯 VL2 亮。

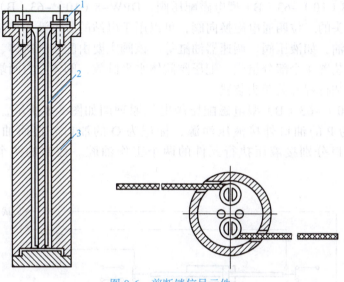

图 8-6　剪断销信号元件

1—接线螺钉　2—导线　3—销体

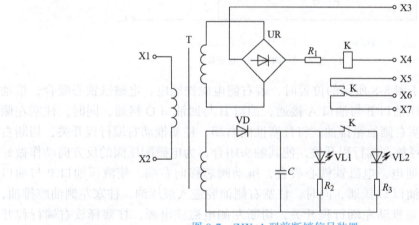

图 8-7　ZJX-1 型剪断销信号装置

8.2.2　执行元件

为了实现自动控制的目的，在油、水、气的管道上必须装设电磁操作或液压操作的自动阀门，统称它们为执行元件。

机组自动化
执行元件

1. 电磁配压阀

电磁配压阀是水轮发电机组自动化系统中的重要元件之一，是一种液压中间放大的变换元件，用于将电气信号转换为机械动作，控制油、水、气管道的通断，一般均由电磁操作部分和阀体构成。

下面简述 DPW-8（10）-63（B）型电磁配压阀、DP2 型电磁配压阀和 DYW-15-63B 型电液动配压阀的工作原理。

（1）DPW-8（10）-63（B）型电磁配压阀　DPW-8（10）-63（B）型电磁配压阀是一种带有辅助触头的二位四通电磁换向阀，可以用于电站的各种液压控制系统，为二位式执行机构换向配油，如液压阀、调速器油缸等。该阀主要由配压阀阀体、配压阀阀芯、电磁铁和辅助触头装置4个部分组成。配压阀阀体水平卧放，阀体左右两端装有电磁铁，阀体上部装有柱塞和行程开关触头装置。

DPW-8（10）-63（B）型电磁配压阀电气原理图如图8-8所示，阀上共有4个外接油口，标记为P的油口外接液压油源，标记为O的油口外接回油接管路，标记为A、B的两个油口分别接液压执行元件的两个工作油腔。柱塞的两个腔分别与A、B接通。

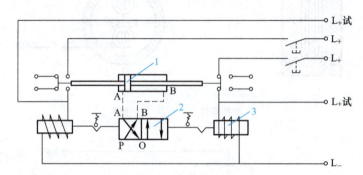

图8-8　DPW-8（10）-63（B）型电磁配压阀电气原理图

1—柱塞　2—阀芯　3—电磁铁

当电磁配压阀处于图8-8所示的位置时，若右侧电磁铁通电，电磁铁铁心吸合，推动阀芯移向左端，使液压油口P与油口A接通，油口B与回油口O接通，同时，柱塞左侧油腔进入液压油，柱塞右侧油箱排油，将柱塞推向右端，柱塞推动右端行程开关，切断右侧电磁铁电源，柱塞释放左端行程开关，使其触头闭合，为电磁配压阀的反方向动作做好准备；若左侧电磁铁通电，电磁铁铁心吸合，推动阀芯移向右端，使液压油口P与油口B接通，油口A与回油口O接通，同时，柱塞右侧油腔进入液压油，柱塞左侧油腔排油，将柱塞推向左端，柱塞推动左端行程开关，切断左侧电磁铁电源，柱塞释放右端行程开关，使其触头闭合，为电磁配压阀的反方向动作做好准备。

（2）DP2型电磁配压阀　该阀由于采用主管道液压进行一次液压放大，并采用横轴、四通滑阀结构以及小钢珠锁扣措施，因此具有起动功率小、结构紧凑、体积小巧、加工方便及造价低等优点，并克服了立轴电磁配压阀容易发卡、动作不够可靠等缺点。

DP2型电磁配压阀的油路和电气原理图如图8-9所示。主阀为一油压驱动的二位四通阀，油路O孔与回油管通，液压油由P孔进入，根据主阀活塞位置的不同，可与A孔或B孔相通。主阀右端供给常压，主阀左端受辅助阀控制，辅助阀由左右两个电磁铁驱动。当电磁铁线圈W1通电时，辅助阀活塞向左移，主阀左端与液压油相通，因左端活塞受压面积与右端活塞受压面积之比为2∶1，故当左端接通液压油时，就把主阀活塞推向右端，使P孔与B孔相通，A孔与O孔回油相通；当电磁铁线圈W2通电时，辅助阀活塞向右移，进行相反切换。电磁铁线圈都是短时通电的，由FK自动切断操作回路。

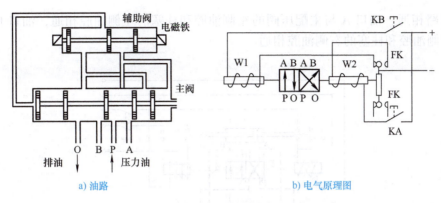

a) 油路　　　　　　　　　　　　　　　b) 电气原理图

图 8-9　DP2 型电磁配压阀的油路和电气原理图

　　DP2 型电磁配压阀除远方操作外，也可手动操作，只要手动按电磁铁的衔铁顶杆，推动辅助阀的活塞改变位置，即可达到手动操作的目的。

　　（3）DYW-15-63B 型电液动配压阀　DYW-15-63B 型电液动配压阀也是一种带有辅助触头的二位四通电磁换向阀，比一般电磁配压阀多一级液压放大，因而可以控制较大流量的液压油。它用于电站的各种液压控制系统中，为二位式执行机构换向配油，如液压阀、主阀油缸等。

　　DYW-15-63B 型电液动配压阀结构图如图 8-10 所示。该阀主要由主配压阀阀体、主配压阀阀芯、先导阀体、先导阀芯、电磁铁和辅助触头装置等 6 个部分组成。主配压阀阀体水平放置，其上部放置先导阀阀体，先导阀左右两端装设电磁铁，先导阀阀体上部装有柱塞和行程开关触头装置。

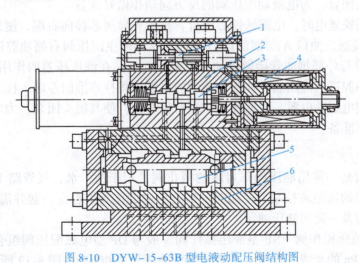

图 8-10　DYW-15-63B 型电液动配压阀结构图

1—柱塞　2—先导阀体　3—先导阀芯　4—电磁铁　5—主配压阀阀芯　6—主配压阀阀体

　　DYW-15-63B 型电液动配压阀电气原理图如图 8-11 所示。该阀共有 4 个外接油口，标记为 P 的油口外接液压油源，标记为 O 的油口外接回油接管路，标记为 A、B 的两个油口分别接液压执行元件的两个工作油腔。

　　先导阀实际上是一个二位四通换向阀，其油口 P 与外部液压油源相通，油口 O 与外部排油回路相通，油口 A 与主配压阀的左侧油腔和柱塞的左侧油腔相通，油口 B 与主配压阀的右侧油腔和柱塞的右侧油腔相通。

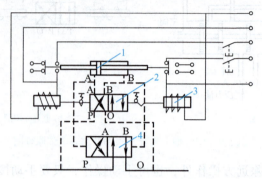

图 8-11　DYW-15-63B 型电液动配压阀电气原理图

1—柱塞　2—先导阀　3—电磁铁　4—主配压阀

假设电液动配压阀处于图 8-11 所示的位置。当右侧电磁铁通电时，电磁铁铁心吸合，推动先导阀芯移向左端，使先导阀的液压油口 P 与油口 A 接通，油口 B 与排油口 O 接通。这样使主配压阀左侧油腔进入液压油，主配压阀右侧油腔与外部排油管接通排油，主配压阀阀芯在油压压差的作用下向右侧移动，使主配压阀的液压油口 P 与油口 B 接通，回油口 O 与油口 A 接通。同时，先导阀还使柱塞左侧油腔进入液压油，柱塞右侧油腔排油，将柱塞推向右端，柱塞推动右端行程开关，切断右侧电磁铁电源，柱塞释放左端行程开关，使其触头闭合，为电液动配压阀的反方向动作做好准备。

当左侧电磁铁通电时，电磁铁铁心吸合，推动先导阀芯移向右端，使先导阀的液压油口 P 与油口 B 接通，油口 A 与回油口 O 接通。这样使主配压阀右侧油腔进入液压油，主配压阀左侧油腔与外部排油管接通排油，主配压阀阀芯在油压压差的作用下向左侧移动，还使柱塞右侧油腔进入液压油，柱塞左侧油腔排油，将柱塞推向左端，柱塞推动左端行程开关，切断左侧电磁铁电源，柱塞释放右端行程开关，使其触头闭合，为电液动配压阀的反方向动作做好准备。

2. 液压操作阀

液压操作阀是一种用油压操作启闭的截止阀，用于油、水、气管路上，以实现对管路内流体通与断的远距离控制，使用时一般与电磁配压阀组合在一起并需具备 220V（或 110V）直流电源及一定的液压油源。

（1）SF 型液压操作阀　SF 型液压操作阀一般与 DP 型电磁配压阀组合使用，应用于压力小于 1000kPa 的水或气管道上，最大操作油压为 2500kPa。图 8-12 所示为 SF 型液压操作阀结构图，其中包括液压操作阀和液压操作机构两部分，这两部分用活塞杆连接。中间部分为油与水的密封，采用垫料压盖方式。由密封处渗漏的油和水，通过泄油管和泄水管排出。

活塞缸左侧的上下两油管与 DP 型电磁配压阀的两油管相连。当液压油经电磁配压阀控制进入活塞缸的上腔时，下腔排油，活塞下移，通过活塞杆使阀盖紧压在橡胶密封环上，即将水或气管道关闭。相反，如果活塞缸下腔通液压油，上腔排油，活塞与阀盖同时上移，将管道开启。上述电磁配压阀由于是立式结构，故不可避免地要有一套结构复杂的锁扣机构，因而降低了工作的可靠性。近年来，电磁配压阀采用卧式阀芯结构，摒弃传统的锁扣机构，从而提高了动作的可靠性，并可减少电磁吸力。

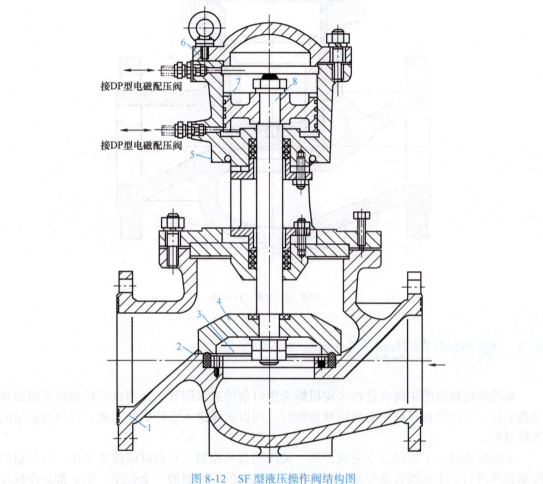

接DP型电磁配压阀

接DP型电磁配压阀

图 8-12　SF 型液压操作阀结构图

1—壳体　2—橡胶密封环　3—压环　4—阀盖　5—活塞缸　6—盖　7—活塞　8—活塞杆

（2）YF 型油阀　YF 型油阀是受电磁配压阀液压油控制而启闭的截止阀，有 YF-50、YF-80、YF-100、YF-150 4 种规格，主要用于液压油管道需要远距离控制油路通断的地方。YF 型油阀结构图如图 8-13 所示。

YF 型油阀与电磁配压阀组合使用，其动作过程如下：当油阀活塞上面的空腔与液压油源接通时，活塞即被液压油推动下移至其下端位置，阀门关闭，油路被截断。如果使活塞上面的空腔与排油口相通，则活塞被油管内的液压油上推至上部位置，阀门打开，管道内油路畅通。

接电磁
配压阀

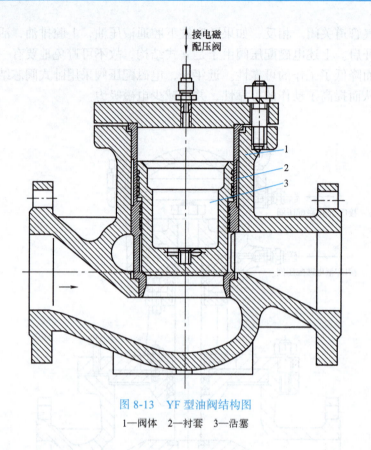

图 8-13 YF 型油阀结构图

1—阀体 2—衬套 3—活塞

8.3 蝶阀的自动控制

水轮发电机组的主阀装设在水轮机蜗壳进口前的进水钢管上,当机组检修或机组出现飞逸事故、事故停机过程中剪断销被剪断时,用以切断进入水轮机的水流,以加速机组的停机过程。

主阀应能按一个控制指令完成开阀、关阀的自动控制。开启时应按先平压、后开启的控制程序进行。主阀的自动控制应作为机组开机、停机控制的一个程序,由正常开停机控制指令联动完成。紧急事故关阀指令应能直接动作关阀。

机组的主阀一般为蝶阀和球阀,以蝶阀为多。在中小型水电站中,蝶阀的操作系统有液压操作和电动操作两种。液压操作系统较复杂,球阀的操作系统以液压操作为主。蝶阀只能用来切断水流,只有全开或全关两种状态,不能用来调节流量。蝶阀的自动控制属于二位控制,多采用终端开关作为位置信号和控制信号,控制系统并不复杂,操作过程也较简单。

8.3.1 液压蝶阀的自动控制

图 8-14 所示为普遍采用的蝶阀自动控制液压机械系统图。主要元件有:电磁配压阀 YDV1 ~ YDV2、电磁空气阀 YAV、差动配压阀 YDMV、

液压蝶阀自动控制

四通滑阀 YSV、油阀 YOV、压力信号器 SP1 ～ SP2 和压力表等。所有这些元件（除油阀外）都集中装在蝶阀控制柜内，控制柜与蝶阀接力器、旁通阀和锁锭（XK）之间用管道连接。图 8-15 为蝶阀自动控制电气接线图，它是按照蝶阀的结构特点和二位控制的要求，并根据其液压机械系统和规定的操作程序设计的。

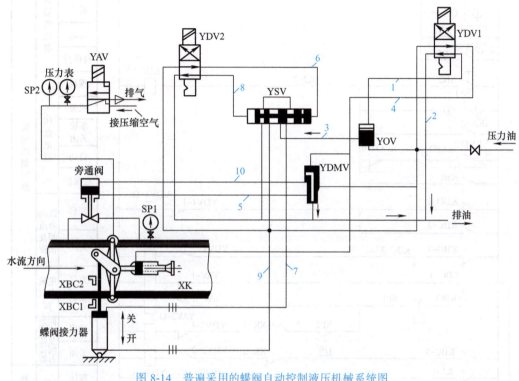

图 8-14　普遍采用的蝶阀自动控制液压机械系统图

1. 蝶阀开启自动控制

蝶阀开启应满足下列条件：①水轮机导叶处于全关位置，主令开关触头 XGO-8 闭合。②蝶阀在全关位置，其端触头位置重复继电器的触头 K1-2 闭合。③机组无事故，停机继电器 KSTP1 未动作。④蝶阀关闭继电器 KBC 未动作触头 KBC-4 闭合。

当具备上述条件时，即可发蝶阀开启命令。此命令可作为机组起动的操作程序之一，通过开机继电器触头 KST2-8 发出，也可在机旁操作控制开关 SA1，还可在现场操作起动按钮 SB1。开启令发出后，蝶阀开启继电器 KBO 动作，并由 KBO-1 闭合而自保持。KBO-2 闭合使电磁配压阀 YDV1-O 动作，切换油路，管道 4 与液压油相通，管道 1 则与排油相通，液压油经电磁配压阀 YDV1 和管道 4 进入锁锭 XK，将锁锭拔出。同时，液压油进入差动配压阀 YDMV 的上腔，将其差动活塞压至下端位置，使管道 5 与液压油相通，管道 10 与排油相通，从而打开旁通阀对蜗壳进行充水。油阀 YOV 在下部油压的作用下开启，液压油进入四通滑阀 YSV，为操作蝶阀接力器做好准备。KBO-5 闭合后，若旁通阀已对蜗壳充满水，使蝶阀前后的水压基本平衡，压力信号器 SP1 动作，电磁空气阀 YAV 复归，空气围带排气。当围带排气后，监视围带气压的压力信号器 SP2 返回，使电磁配压阀 YDV2 吸上，切换油路。这样液压油经管道 6 进入到四通滑阀 YSV 的右端，

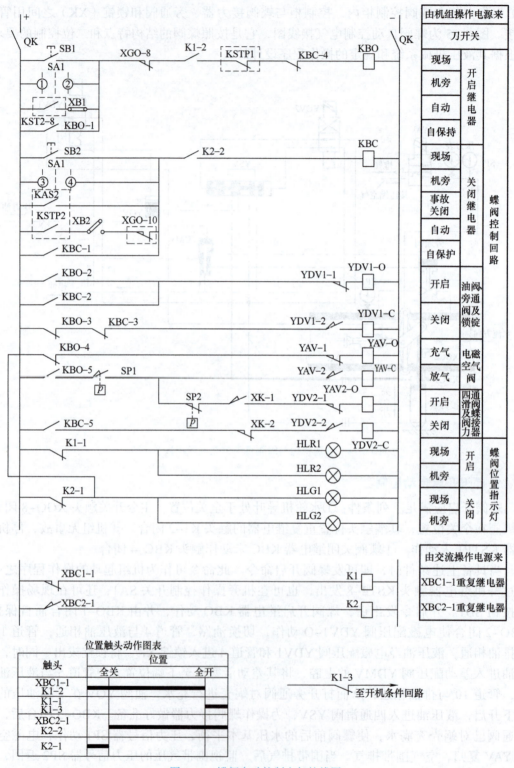

图 8-15 蝶阀自动控制电气接线图

而其左端经管道 8 与排油相通，使其活塞被推至左端，切换油路。此时，液压油从管道 7 进入蝶阀接力器的上腔，而其下腔经管道 9 与排油相通，蝶阀接力器活塞下移，将蝶阀开至全开。当蝶阀开至全开位置时，其终端开关触头 1XBC1-1 动作，蝶阀全开位置指示灯 HLR1、HLR2 亮。同时，XBC1-1 打开使 K1 失磁，其触头 K1-2 断开，KBO 复归；KBO-3 闭合，电磁配压阀 YDV1-C 动作，切换油路，使锁锭 XK 在本身弹簧力作用下投入，旁通阀则因差动配压阀 YDMV 的活塞上移而被液压油推向关闭，油阀 YOV 也在差压作用下关闭，开阀过程结束。

2. 蝶阀关闭自动控制

蝶阀关闭命令可作为机组操作程序之一，通过停机继电器 KSTP2 发出，也可手动操作控制开关 SA1 或关闭按钮 SB2 发出。当机组发生事故，调速系统又失灵时，还可由紧急事故停机继电器 KAS2 发出。关闭命令发出后，关闭继电器 KBC 动作，并由 KBC-1 闭合而自保持。KBC-2 闭合使电磁配压阀 YDV1 动作，切换油路。在液压油作用下锁锭 XK 拔出，旁通阀打开，油阀 YOV 也打开，这个操作过程与开阀操作相同。KBC-5 闭合后，随着锁锭拔出使 XK-2 闭合，使电磁配压阀 YDV2 复归，切换油路。此后，在液压油的作用下，四通滑阀 YSV 移向右端，液压油进入蝶阀接力器下腔，使其活塞上移至蝶阀全关。当蝶阀关至全关位置时，其终端开关触头 XBC2-1 断开，K2 失磁，蝶阀全关位置指示灯 HLG1、HLG2 亮。同时，K2-2 和 KBO-4 闭合使电磁空气阀 YAV 吸上，对空气围带进行充气，并使关闭继电器 KBC 复归，KBC-3 闭合使电磁配压阀 YDV1 复归，锁锭 XK 投入，并关闭旁通阀和切断总油源。这样，整个关阀操作完成。

蝶阀的操作过程可以用程序框图清晰地表示，图 8-16 所示为蝶阀开启操作程序框图，图 8-17 所示为蝶阀关闭操作程序框图。

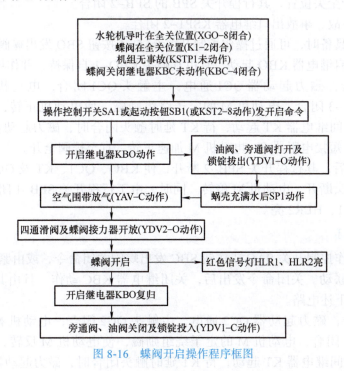

图 8-16　蝶阀开启操作程序框图

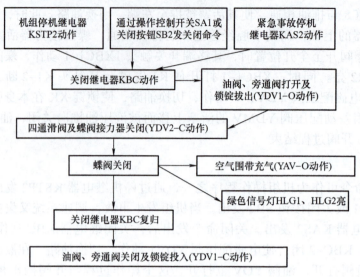

图 8-17　蝶阀关闭操作程序框图

8.3.2　电动蝶阀的自动控制

电动蝶阀的自动控制系统在小型水电站中应用也较广泛，蝶阀电动操作电气接线如图 8-18 所示。

1. 蝶阀的开启

蝶阀开启前，必须具备下列条件：

1）蝶阀处于全关位置，其行程开关 SPB 的 SPB-2 闭合。

2）机组无事故，事故出口继电器 KSP1-2 闭合。

当上述条件具备时，可通过操作控制开关 SAC 或按钮 SBO 发出蝶阀开启命令。开启命令发出后，开启继电器 KBO 起动，且由其触头 KBO-1 自保持，并作用于下述电路。

KBO-2 闭合，磁力起动器 QC1 通电，主触头 QC1 闭合，电动机 M 的转子绕组励磁。同时 QC1-3 闭合，电动机 M 的定子绕组励磁，使电动机正转，逐渐开启蝶阀。QC1-2 闭合，时间继电器 KT 起动，待 KT 延时触头闭合时，磁力起动器 QC3 通电，主触头 QC3 闭合，短接电阻器 R，电动机 M 加速正转，直至蝶阀全开。

当蝶阀全开后，其行程开关 SPB-2 断开，使 KBO、QC1、KT 及 QC3 相继断电而复归，相应的各触头断开，电动机 M 停转。同时，由于行程开关 SPB-1 闭合，使蝶阀开启位置指示灯 HLR1、HLR2 亮。

2. 蝶阀的关闭

直接通过操作控制开关 SAC 或按钮 SBC 发出蝶阀关闭命令，或由紧急事故停机继电器 KSP2-2 闭合联动。关闭命令发出后，关闭继电器 KBC 动作，且由其触头 KBC-1 自保持，并作用于下述电路。

KBC-2 闭合，磁力起动器 QC2 通电，主触头 QC2 闭合，电动机 M 的转子绕组励磁。同时 QC2-3 闭合，电动机 M 的定子绕组励磁，使电动机 M 反转，逐渐关闭蝶阀。QC2-2 闭合，时间继电器 KT 起动，待 KT 延时触头闭合时，磁力起动器 QC3 通电，主触头 QC3 闭合，短接电阻器 R，电动机 M 加速反转，直至蝶阀全关。

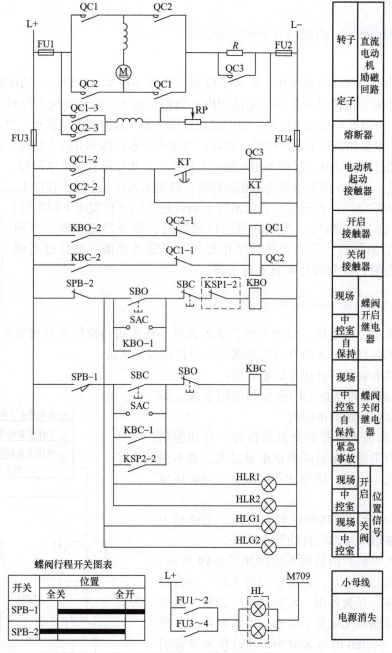

图 8-18　蝶阀电动操作电气接线图

当蝶阀全关后，其行程开关 SPB-1 断开，使 KBC、QC2、KT 及 QC3 相继断电而复归，相应的各触头断开，电动机 M 停机。

在图 8-18 所示的电气接线图中，还考虑了以下保护和信号监视：

1）常闭触头 QC2-1 和 QC1-1 接在磁力起动器 QC1 和 QC2 的回路中，起互锁作用，以防止磁力起动器 QC1 和 QC2 同时通电，其触头将电源短路。

2）电源消失时，FU1～2 或 FU3～4 因熔件熔断而使触头 FU1～2 或 FU3～4 闭合，光字牌 HL 亮。

8.4 辅助设备的液位控制系统

水电站的油、气、水系统中，如技术供水、集水井排水、转轮室、油压装置油槽和轴承油槽等，都需要维持其液位在一定范围内。当蓄水池水位降到降低水位时，工作水泵向蓄水池供水，当降低到过低水位时，则应起动备用水泵一起向蓄水池供水。当水位达到正常水位时，工作水泵和备用水泵应停机。同理，当集水井水位涨到升高水位时，起动工作水泵排水，若涨到过高位置时，起动备用水泵一起排水。当水位降到正常水位时，工作水泵和备用水泵应停机。当机组由发电转为调相运行时，转轮室水位在上限水位以上，需开启给气阀向转轮室充压缩空气进行压水，直至水位压到转轮室以下位置（下限水位）时，关闭给气阀停止给气。当压油槽油位过高时，要开启充气阀，直到油位回到正常油位时，关闭充气阀停止充气。当轴承油槽的油位过高或过低时都要告警，提醒运行人员进行干预。

水电站蓄水池
供水控制系统

8.4.1 蓄水池供水装置的自动控制

水电站技术供水系统，除蓄水池供水方式外，还采用自流供水和水泵直接供水方式。自流供水和水泵直接供水的自动系统属于机组自动控制系统。

蓄水池供水装置的自动控制要求是：

1）自动起动和停止工作水泵和备用水泵，维持蓄水池水位在规定的范围内。

2）当蓄水池水位降到降低水位时，自动起动工作水泵；当工作水泵故障或供水量过大，蓄水池水位降到过低水位时，应起动备用水泵，同时还应发出信号。

3）当蓄水池水位达到正常水位时，无论是工作水泵还是备用水泵都应自动停止运行。

蓄水池供水装置的机械系统图如图 8-19 所示，其中有两台离心式水泵，正常时一台工作，一台备用，可以切换，互为备用。水泵从压力钢管（水头过高或过低时则从尾水管）取水，用水泵将水送到高出厂房 15～20m 的蓄水池中，通过供水总管引到主厂房，供给机组技术用水。

蓄水池供水装置自动控制的电气接线图如图 8-20 所示，水泵的起动与停机可以自动、备用和手动操作，都由切换开关 SH1、SH2 切换。浮子式液位信号器 SL 为自动控制的信号元件，磁力起动器 QC1、QC2 为自动控制的执行元件，中间继电器 KM1～KM3 用于增加触头容量和数量。

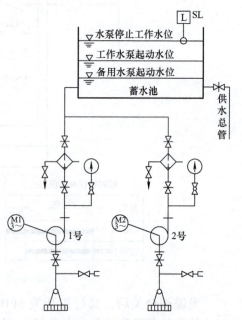

图 8-19 蓄水池供水装置的机械系统图

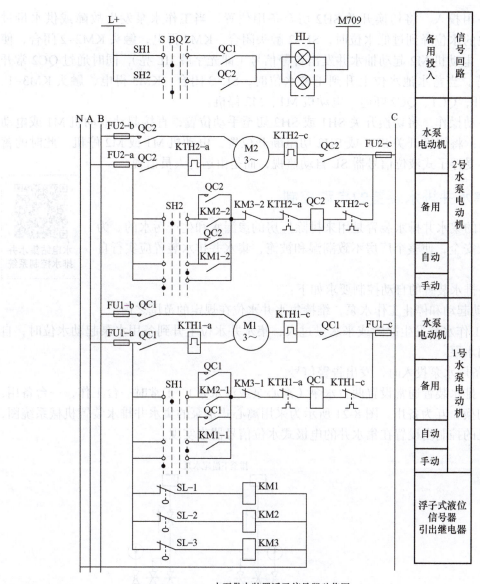

水泵供水装置浮子信号器动作图

触头	水位		
	水位过低	水位降低	水位正常
SL-1	▬▬▬▬▬▬▬▬▬▬▬		
SL-2	▬▬▬▬▬▬▬▬▬▬▬		
SL-3			▬▬▬▬▬

图 8-20　蓄水池供水装置自动控制的电气接线图

（1）自动操作　将切换开关 SH1 切至自动位置，当蓄水池水位降到降低水位时，SL-1 触头闭合，KM1 通电，触头 KM1-1 闭合，接通 QC1，电动机 M1 起动抽水，同时又通过 QC1 常开触头实现自保持。当蓄水池水位升到正常水位时，SL-3 触头闭合，KM3 得电，触头 KM3-1 断开，使 QC1 断电，电动机 M1 停机，从而使蓄水池的水位维持在规定的范围内。

（2）备用投入 将切换开关 SH2 切至备用位置，当工作水泵发生故障或供水量过大，蓄水池的水位降到过低水位时，SL-2 触头闭合，KM2 得电，触头 KM2-2 闭合，使 QC2 带电，电动机 M2 起动抽水并发出告警信号（即光字牌 HL 亮），同时通过 QC2 常开触头自保持。当蓄水池水位上升到正常水位时，SL-3 闭合，KM3 得电，触头 KM3-1、KM3-2 断开，QC1、QC2 断电，电动机 M1、M2 停机。

（3）手动操作 将切换开关 SH1 或 SH2 切至手动位置，直接起动电动机 M1 或电动机 M2 抽水；将切换开关 SH1 或 SH2 切至断开位置，电动机 M1 或 M2 停机。此时的蓄水池水位不受浮子式液位信号器 SL 自动监视，而是由运行人员监视。

8.4.2 集水井排水装置的自动控制

水电站集水井
排水控制系统

水电站的集水井排水装置是用来排除厂房的渗漏水和生产污水的。为了保证运行安全，使整个厂房不致潮湿和被淹，集水井排水装置应实行自动控制。

集水井排水装置的自动控制要求如下：

1）自动起动和停止工作水泵，维持集水井水位在规定的范围之内。

2）当工作水泵发生故障或来水量过大，集水井水位上升到备用水泵起动水位时，自动投入备用水泵。

3）当备用水泵投入时，发出告警信号。

集水井排水装置通常设置两台水泵（离心泵或深水泵），正常时一台工作，一台备用，可以互相切换，互为备用。图 8-21 所示为采用离心式水泵的集水井排水装置机械系统图，水泵电动机的控制由设置在集水井的电极式水位信号器来实现。

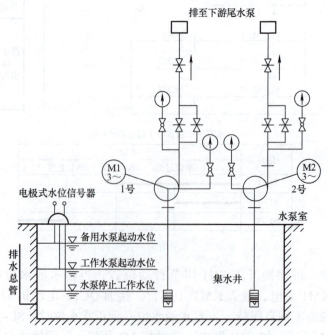

图 8-21 采用离心式水泵的集水井排水装置机械系统图

集水井排水装置自动控制电气接线如图 8-22 所示，水泵的起动与停机可以自动、备用和手动操作，都由切换开关 SH1 和 SH2 切换。以 1 号为工作泵、2 号为备用泵为例，来说明集水井排水装置的自动控制过程。若需要改变水泵的工作方式，只要将切换开关转到相应的位置就可以实现。

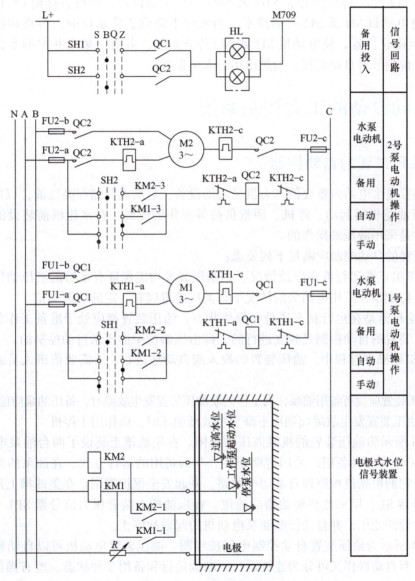

图 8-22　集水井排水装置自动控制电气接线图

（1）自动操作　将切换开关 SH1 切至自动位置，当集水井水位上升至工作水泵起动水位时，中间继电器 KM1 起动，其触头 KM1-1 闭合并自保持、KM1-2 闭合，QC1 通电，电动机 M1 起动。当集水井水位下降至水泵停止工作水位时，KM1 失电，KM1-2 断开，QC1 失电，电动机 M1 停止运转。当水位再次上升时，重复上述操作过程，自动维持集水井的水位在规定的范围内。

（2）备用投入　将切换开关 SH2 切至备用位置，当工作水泵故障或集水井来水量过大，使集水井水位涨至备用水泵起动水位时，中间继电器 KM2 起动，其触头 KM2-1 闭合并自保持，KM2-3 闭合，QC2 通电，电动机 M2 投入，并发出告警信号。当集水井水位下降至正常水位时，KM1、KM2 失电，使电动机 M1、M2 停止运转。

（3）手动操作　将切换开关 SH1 或 SH2 切至手动位置，即可直接使 QC1 或 QC2 通电，从而使电动机 M1 或 M2 起动排水。当水位下降到正常水位时，再将切换开关 SH1 或 SH2 切至停止位置，使电动机 M1 或 M2 停止运转。此时，集水井中的水位变化不是靠电极式水位信号器自动监视，而是由运行人员监视。

8.5　辅助设备的压力控制系统

8.5.1　油压装置的自动控制

油压装置是水电站内重要的水力机械辅助设备，它制成并储存高压油，以供机组操作使用。高压油是机组起动、停机、调整负荷等操作的能源，在水轮机前装设的蝶阀或球阀，也通常是采用液压油操作的。

油压装置的自动控制应满足下列要求：

1）在机组正常运行或在事故情况下，油压装置均能保证有足够的液压油供操作机组及主阀用。特别是在厂用电消失的情况下，油压装置应有一定的能源储备。

2）无论机组是在运行状态还是在停机状态，油压装置都应处于准备工作状态，也就是要求油压装置的自动控制是独立进行的，即由压油槽中油压来自动控制的。

3）在机组操作过程中，油压装置的投入应自动地进行，不需要值班人员或运行人员参与。

4）油压装置应设有备用油泵，当工作油泵油压装置发生故障时，备用油泵应能自动投入。

5）当油压装置发生故障而油压下降至事故低油压时，应作用于停机。

图 8-23 所示为油压装置的机械液压系统图。在集油槽上装设了两台油泵电动机 M1、M2，一台工作，一台备用，采用定期交替、互为备用的运行方式。在油泵的排油管上装有切换阀，它们根据机械原理自动切换油路，并起安全保护作用。在集油槽上还装有浮子式液位信号器 SL，用来监视集油槽的油位。在压油槽上装有压力信号器 SP1～SP4，用来监视压油槽的油压，并自动控制油泵电动机的起动和停止。

图 8-24 所示为油压装置自动控制电气接线图。油压装置电动机可以自动操作，也可手动操作，而自动操作又可分为连续运行、断续运行和备用 3 种状态。所有操作都是借压力信号器 SP1～SP4 和切换开关 SH1、SH2，以及磁力起动器 QC1、QC2 来实现的。

（1）油压装置的操作　以 M1 为工作油泵电动机，M2 为备用油泵电动机，来说明油压装置的操作过程。

1）连续运行。将切换开关 SH1 切至自动位置，连接片 XB1 接上，即具备了连续运行的条件。当机组起动时，由于调速器的电磁双滑动阀 YESS 动作，其触头 YESS-1 闭合，磁力起动器 QC1 通电，其辅助常开触头 QC1 闭合，油泵电动机 M1 起动，向压油槽打油。

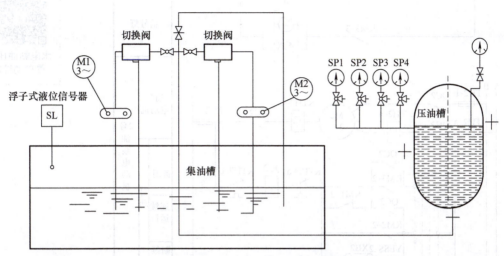

图 8-23　油压装置机械液压系统图

当压油槽的油压达到工作压力上限时，切换阀抬起，油泵吸起的油经过抬起的切换阀排向集油槽，使油泵电动机空载运转。因机组操作或漏油使压油槽油压降低到切换阀的额定压力时，切换阀落下，油泵电动机动作情况同前，如此循环，自动维持压油槽的油压在工作压力上限。

当机组停机后，由于 YESS 断开，油泵电动机退出连续运行方式。

2）断续运行。将切换开关 SH2 切至自动位置，连接片 XB1 断开。当压油槽油压下降至工作油压下限时，压力信号器 SP4 起动，其触头 SP4 闭合，中间继电器 KM2 起动，KM2-1 触头闭合，使 QC1 通电，并由常开触头 QC1 闭合而且保持，而常开主触头 QC1 闭合，油泵电动机投入运转，油泵向压油槽打油，直至恢复工作压力上限，SP2 闭合，KM1 起动，KM1-1 断开，油泵电动机才停止工作。

当油压再次下降到下限值时，SP4 再次闭合，重新起动油泵电动机。这就实现了油泵电动机断续运行的自动控制。

3）备用投入。备用油泵应在下列情况下投入运行：①工作油泵电动机操作回路或电动机本身发生故障；②工作油泵或切换阀发生故障；③机组甩负荷或管路严重漏油使压油槽油压降低到低于工作油压下限。

在第①、②种情况下，应将故障部分从操作系统中切除并将其起动回路闭锁。第③种情况下，备用油泵投入与主油泵并列运行。备用油泵电动机 M2 是依靠 SP3 触头闭合，使 KM3 起动，KM3-2 闭合使 QC2 通电。M2 起动（SH2 处于备用位置）。其动作过程与断续运行的自动控制相似。备用投入时，发出告警信号。

4）手动操作。压油槽的油压由运行人员监视，当发现油压降到下限值时，运行人员将切换开关 SH1 或 SH2 切至手动位置，使 QC1 或 QC2 通电，油泵电动机起动，向压油槽打油。当油压达到工作油压上限值时，再将 SH1 或 SH2 切至停止位置，油泵电动机停止工作。

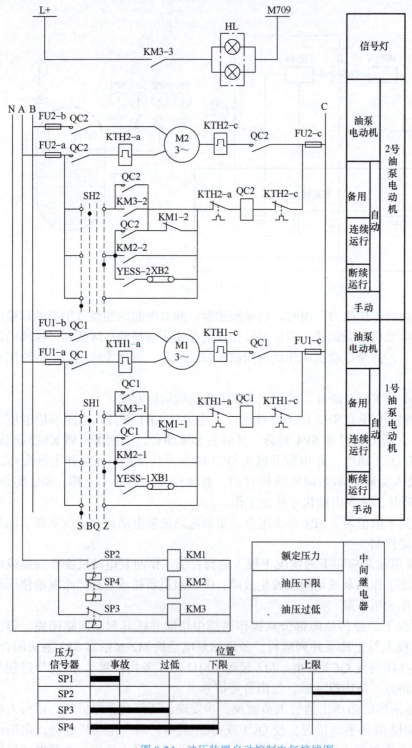

图 8-24　油压装置自动控制电气接线图

（2）油压装置的自动补气　油压装置在一般情况下都需要补气。为提高水电站的自动化程度可以采用油压装置自动补气。自动补气采用油位信号器 SL1-1、SL1-2、SL2-1 和压力信号器 SP1、SP2 构成，图 8-25 所示为油压装置自动补气控制接线图。当压油槽油位上升至上限时，油位信号器触头 SL1-1 闭合，上限油位中间继电器 KM1 起动，KM1-2 触头闭合；如果油压低于额定值则 SP1 闭合，补气电磁阀开启线圈 YEV-O 通电，打开补气电磁阀向压油槽补气。当油压上升至额定值以上时，SP2 闭合，或当油位降至下限时 SL2-1 闭合，则补气电磁阀关闭线圈 YEV-C 通电，关闭补气电磁阀，这样压油槽油压可保持在额定油压，直到油位恢复到压油槽体积的 30% ～ 35% 时停止。

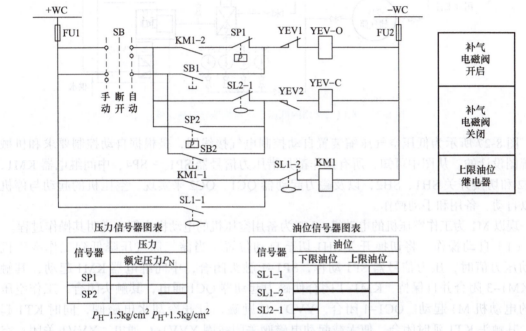

图 8-25　油压装置自动补气控制接线图

8.5.2　空气压缩装置储气筒气压的自动控制

空气压缩装置根据用气设备气压的高低分为低压装置和高压装置。低压装置供调相压水及机组制动用气，高压装置供调速器及主阀用气，高压空气压缩装置与低压空气压缩装置储气筒气压的自动控制相类似，下面以低压空气压缩装置为例进行介绍。

空气压缩装置的自动控制必须实现下列操作：

1）自动向储气筒充气，维持储气筒的气压在规定的工作压力范围内。

2）在空气压缩机（简称空压机）起动或停机过程中，自动关闭或打开压气机的无载起动电磁阀，对于水冷式空压机，还需供给和停止冷却水。

3）当储气筒的气压降低至工作压力下限时，备用空压机自动投入，并发出告警信号。

图 8-26 所示为水电站常用的低压空气压缩装置机械系统图。设置两台水冷式空压机，正常情况下一台工作，一台备用。两只储气筒用于调相压水和其他技术用气，另一只储气筒用于供给机组制动用气，以保证制动气源的可靠性。为了实现自动控制，装设了 4 个压力信号器 SP1 ～ SP4，YVV1、YVV2 为无载起动电磁阀；YVD1、YVD2 为冷却水开启、关闭的冷却水电磁阀。

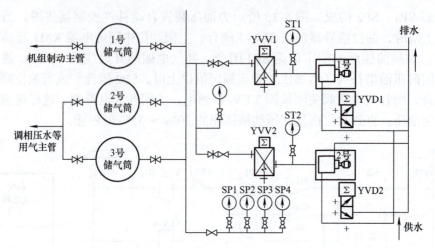

图 8-26　水电站常用的低压空气压缩装置机械系统图

图 8-27 所示为低压空气压缩装置自动控制电气接线图，是根据自动控制要求和机械系统图设计的。从图中可知，所有操作都是借压力信号器 SP1 ～ SP4、中间继电器 KM1、KM2 和切换开关 SH1、SH2，以及磁力起动器 QC1、QC2 来实现。空压机的起动与停机可以自动、备用和手动操作。

现以 M1 为工作空压机的电动机、M2 为备用空压机的电动机为例，说明其操作过程。

（1）自动操作　将切换开关 SH1 切至自动位置。当储气筒气压降低到工作空压机起动压力值时，压力信号器 SP1 动作，SP1-1 触头闭合，中间继电器 KM1 起动，其触头 KM1-3 闭合并自保持，KM1-1 闭合使磁力起动器 QC1 通电，其触头闭合，工作空压机的电动机 M1 起动。QC1-1 闭合，YVD1-O 励磁，打开冷却水电磁阀，同时 KT1 起动，其触头 KT1 延时闭合，使无载起动电磁阀关闭线圈 YVV1-C 通电，YVV1 关闭，空压机向储气筒供气。当储气筒气压上升到额定值时，压力信号器 SP2 动作，SP2-1 断开，KM1 失电，KM1-1 触头断开，QC1 失电，M1 停止工作。QC1-2 闭合，使无载起动电磁阀开启线圈 YVV1-O 通电，打开 YVV1，为下次起动创造条件，并排除汽水分离器中的凝结水。同时 YVD1-C 通电，冷却水电磁阀关闭。

（2）备用投入　当储气筒气压降低至备用空压机起动压力时，由于 SP3-1 闭合使 KM2 起动，KM2-2 触头闭合，备用空压机的电动机 M2 起动。其起动和停止的控制过程与上述相似。

（3）手动操作　采用手动操作时，空压机的起动与停止不是由压力信号器控制，而是由运行人员根据压力表的指示，人工进行操作。当储气筒气压降低至空压机起动压力值时，运行人员手动将切换开关 SH1 或 SH2 切至手动位置，使 QC1 或 QC2 通电，起动 M1 或 M2，其动作过程与自动操作相同。

在自动控制系统中，还考虑了各种保护和信号监视，包括：

1）当备用空压机投入时，光字牌 HL2 信号灯亮。

2）当空压机排气管温度及油温过高时，由温度信号器 ST1 或 ST2 接通保护回路，保护出口继电器 KCO1 或 KCO2 通电，其触头 KCO1-1 或 KCO2-1 断开，M1 或 M2 停机，同时使 KCO1-2 或 KCO2-2 闭合，光字牌 HL4 或 HL5 亮。

3）当储气筒压力过高时，SP4 动作使信号继电器 KS 通电，其触头 KS 闭合，光字牌 HL3 亮。

4）当电源消失时，操作电源监视继电器 KVS 动作，使其触头闭合，光字牌 HL1 亮。

水电站内高压空气压缩装置的自动控制与低压空气压缩装置的自动控制相类似。

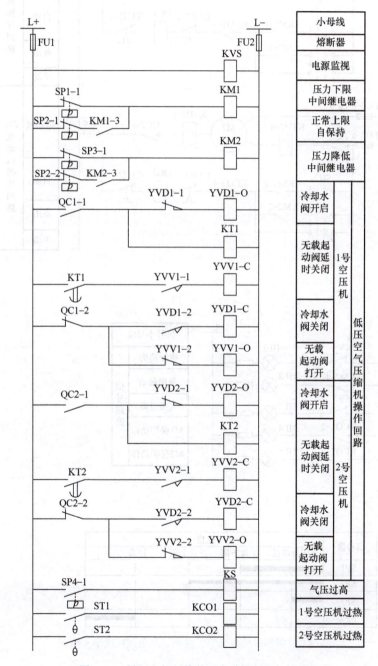

水电站空气压缩装置自动控制

图 8-27　低压空气压缩装置自动控制电气接线图

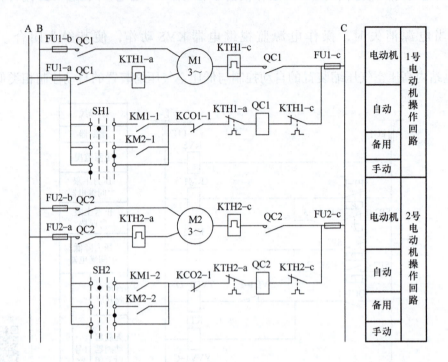

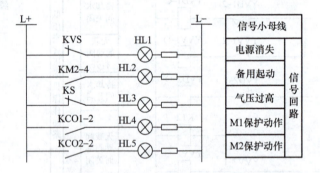

图 8-27　低压空气压缩装置自动控制电气接线图（续）

8.6　微机单元自动控制程序流程

各种水轮发电机组的自动控制虽然在程序上可能有许多差别，但其控制过程大体上是相同的。

8.6.1　机组起动操作程序

机组开机操作程序框图如图 8-28 所示。机组处于起动准备状态时，应具备下列条件：

1）机组无事故，其事故引出继电器未动作，其常闭触头闭合。

2）机组制动系统无压力，监视其压力的压力信号器的常闭触头闭合。

3）接力器锁锭拔出，其常闭辅助触头闭合。

4）发电机断路器处于分闸位置，其辅助触头引出继电器未动作，其常闭触头闭合。

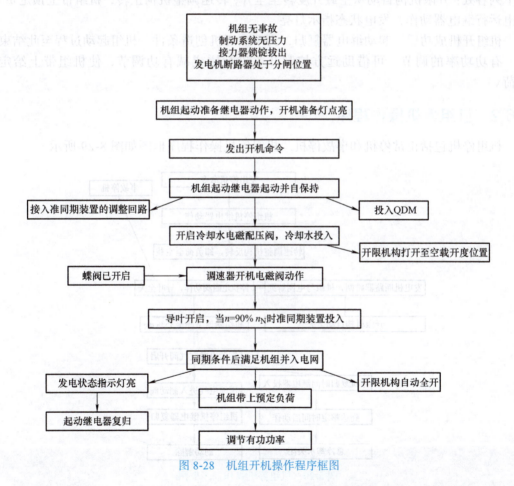

图 8-28　机组开机操作程序框图

上述条件具备时，机组起动准备继电器动作，并通过其触头点亮开机准备灯。此时发出开机命令，机组起动继电器起动并自保持，同时作用于下列各处：

1）开启冷却水电磁配压阀，总冷却水投入，向各轴承冷却器和发电机空气冷却器供水。

2）投入发电机灭磁开关 QDM。

3）接入准同期装置的调整回路，为投入自动准同期装置做好准备。

4）接通开限（即开度限制）机构的开启回路，为机组准同期并列后自动打开开限机构做好准备。

5）接通转速调整机构增速回路，为机组同期并列后带上预定负荷做好准备。

6）起动开停机过程监视继电器，当机组在整定时间内未完成开机过程时，发出开机未完成的故障信号。

冷却水投入后，示流信号器动作，其常开触头闭合，将开限机构打开至空载开度位置，同时使调速器开机电磁阀动作，机组随即按调速器起动装置的控制特性起动。

导叶开启，当机组转速达到额定转速的 90%（$n=90\% n_N$）时，自动投入准同期装置，同期条件满足后发电机以准同期方式并入电网。并列后，通过断路器位置重复继电器作用于下列各处：开限机构自动从空载开度转至全开；转速调整机构正转，机组带上预定负荷；发电运行继电器动作，发电状态指示灯亮。

机组开机成功后，起动继电器复归，为下次开机创造条件。机组起动过程至此结束。

有功功率的调节，可借助远方控制开关进行增或减有功调节，使机组带上给定的负荷。

8.6.2 机组停机操作程序

机组停机包括正常停机和事故停机。机组停机操作程序框图如图 8-29 所示。

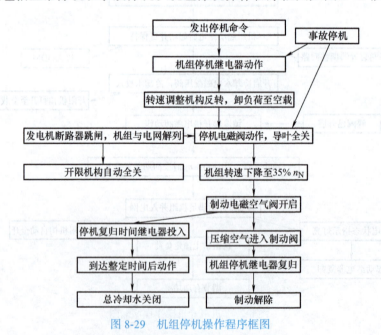

图 8-29 机组停机操作程序框图

正常停机时，操作发出停机命令，机组停机继电器动作，并由其常开触头闭合而自保持。然后按预先规定顺序完成全部停机操作，其操作程序如下：

1）起动开停机过程监视继电器，监视停机过程。

2）转速调整机构反转，卸负荷至空载。

3）当导叶关至空载位置时，发电机断路器跳闸，机组与电网解列。

4）当导叶关闭至空载位置，待机组与电网解列后，停机电磁阀动作，导叶全关，同时使开限机构自动全关。

5）当机组转速下降到 $35\%n_N$ 时，转速信号器动作，使制动电磁空气阀开启，压缩空气进入制动闸对机组进行制动，同时监视制动时间。

6）延时 2min 后，机组停机继电器复归，制动电磁空气阀动作，压缩空气自风闸排出，制动解除，监视停机过程和制动时间的继电器相继复归，停机过程结束。此时机组重新处于准备开机状态，起动准备继电器动作，开机准备灯点亮，为下一次起动创造了必要的条件。

在机组运行过程中，如果调速器系统和控制保护系统中的机械设备或电气元件发生事故，则机组事故停机继电器将动作迫使机组事故停机。

事故停机与正常停机的不同之处，在于前者不需要等负荷减到零，可以使调速器停机电磁阀和停机继电器同时动作，从而大大缩短了停机过程。

如果发电机内部发生事故，差动保护动作，则发电机保护出口继电器既要使机组事故停机继电器动作，又要使发电机断路器 QF 和灭磁开关 QDM 跳开，以达到发电机和水轮机联锁保护及避免发生重大事故的目的。

8.6.3　发电转调相操作程序

机组由发电转调相的操作程序框图如图 8-30 所示。发出调相命令后，调相起动继电器动作并自保持，作用于下列各处：

1）使转速调整机构反转，机组卸负荷至空载。

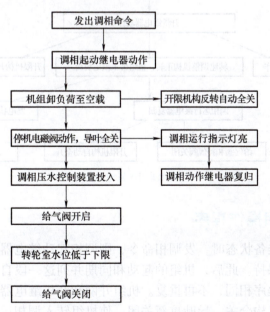

图 8-30　机组由发电转调相的操作程序框图

2）当导叶关至空载位置时，停机电磁阀动作，使导叶全关，同时使开限机构反转自动全关。

由于机组仍然与电网并列，且冷却水继续供给，机组即做调相运行，然后通过调节励磁即可发出所需的无功功率。此时，调相运行指示灯亮，调相动作继电器复归。

在调相运行过程中，可借助调相压水控制装置控制调相给气电磁空气阀（简称给气阀）。当转轮室水位在上限时，给气阀开启，使压缩空气进入转轮室；当转轮室水位低于下限时，给气阀关闭，压缩空气立即停止进入转轮室。此后，如果由于压缩空气的漏损和逸出，使转轮室水位又上升到上限值，则重复上述操作过程。

为了避免给气阀频繁起动，所以在给气管路上并联一条小支管，由调相补气电磁空气阀（简称补气阀）控制。在机组做调相运行期间，补气阀始终开启，以弥补压缩空气的漏损和逸出。

8.6.4 调相转发电操作程序

机组由调相转发电的操作程序框图如图 8-31 所示。机组在调相运行时，操作发出开机命令，使开机继电器动作并自保持，同时作用于下列各处：

1）使开限机构开至空载开度，之后待导叶打开，开限机构自动全开。

2）调速器的开机电磁阀动作，重新打开导叶。

3）转速调整机构正转，机组带上预定负荷。

机组即转为发电方式运行，并点亮发电状态指示灯、关闭给气阀和补气阀。

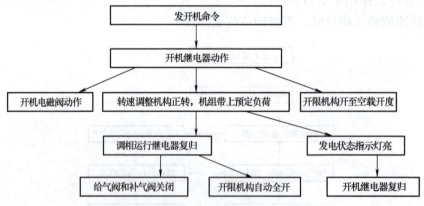

图 8-31　机组由调相转发电的操作程序框图

8.6.5 停机转调相操作程序

当机组处于开机准备状态时，发调相命令，则调相起动继电器动作并自保持，同时开机继电器也动作并自保持。此后，机组的起动和同期并列这一段自动操作程序与前述由停机转发电的自动操作程序相同，不再重复。机组并网和开机继电器复归后，立即使停机电磁阀动作，并将开限机构全关，导叶重新关闭，使机组转入调相运行。此时，调相运行继电器动作，其触头点亮调相运行指示灯，并使调相动作继电器复归。调相压水给气的自动控制过程与由发电转调相的控制过程相同。

8.6.6　调相转停机操作程序

当机组处于调相运行状态时，发停机命令，使停机继电器动作并自保持，将开限机构打开至空载开度，使机组转为发电运行工况。当导叶开至空载位置时，并使调相运行继电器复归，发电机断路器跳闸，开限机构立即全关，同时使停机电磁阀动作，将导叶全关，机组转速随即下降。以上动作过程与由发电转停机过程相同。

调相转停机操作时之所以要先打开导叶，是为了使转轮室充满水，使转轮在水中旋转（比在空气中旋转转速下降要快），以缩短停机时间。

小　结

水轮发电机组的自动化元件分为信号元件和执行元件两大类。本章介绍了转速信号器、温度信号器、示流信号器、液位信号器、剪断销信号器等信号器件的作用、类型、构成原理，介绍了电磁配压阀、液压操作阀的结构原理，分析了蝶阀的开启操作程序、关闭操作程序及蝶阀的自动控制电气接线原理，分析了辅助设备的蓄水池供水装置、集水井排水装置、油压装置、空气压缩装置的自动控制电气接线图，介绍了微机单元自动控制的功能、软件流程。

习　题

一、填空题

1.水轮发电机组的信号元件主要有_____信号器、_____信号器、_____信号器、_____信号器、_____信号器等。

2.在水电站中温度信号器的作用是用于监视_____、_____、_____的轴瓦温度、_____、_____的进出口风温等。

3.在水电站中，压力信号器主要用于监视_____的压力。

4.在水电站中，液位信号器主要用于监视_____的油位。

5.在水电站中，示流信号器主要用于对_____进行自动控制。

6.水轮机装设剪断销保护的作用是_____。

7.在水电站中，正常停机时剪断销被剪断，则_____；事故停机时剪断销被剪断，则作用于_____。

8.在水电站中，为了对油、气、水系统进行自动控制，应装设操作的阀门主要有_____、_____、_____等3种。

9.在_____和_____事故情况下，应进行紧急停机并作用于关机前主阀。

10.油压装置故障时，应发_____；在事故性压力降低时应作用于_____并发_____。

11. 机组由发电转调相时，先将有功负_____，后将导叶_____但机组不与电网_____，由电网带动机组旋转，转子继续_____向电网发出无功功率。

二、判断题

1. 闸门处于关闭或充水以下开度位置和水轮机导叶在全关位置时才能将闸门开启。（　　）

2. 在水力机械自动化中，电磁配压阀一般要与液压操作阀、油阀组合使用。（　　）

3. 电极式水位信号器一般用于机组调相压水、监视和控制转轮室以下尾水管水位。（　　）

4. 水力机械自动化是指对主阀、水轮发电机组及辅助设备、附属设备的操作实现按程序自动控制。（　　）

5. 水轮发电机组各部位温度与负荷变化无关。（　　）

6. 水轮发电机组转为调相运行时，将转轮室内水压出去是为了减少水流的阻力。（　　）

7. 水轮发电机组调相压水运行功率损失较小，带水运行时功率损失较大。（　　）

8. 运行中打开发电机热风口，也可降低定子绕组温度。（　　）

三、选择题

1. 发电机必须在开机时_____冷却水，而在停机时_____冷却水。选（　　）
（A）打开，打开　　　　　　　　　　（B）打开，关闭
（C）关闭，打开　　　　　　　　　　（D）关闭，关闭

2. 水轮发电机组在正常运行时发生剪断销断裂，应作用于（　　）。
（A）发故障信号　　　　　　　　　　（B）事故停机
（C）不发信号　　　　　　　　　　　（D）紧急事故停机并关主阀

3. 机组停机过程中，一般采用弹性金属塑料瓦推力轴承的机组必须在机组转速下降至（　　）额定转速时才能投入制动。
（A）85%　　　　　　　　　　　　　（B）50%
（C）35%　　　　　　　　　　　　　（D）25%

4. 在下列（　　）情况下需要关闭主阀。
（A）机组过速140%n_N　　　　　　（B）事故停机过程中导叶剪断销被剪断
（C）机组检修　　　　　　　　　　　（D）A、B、C

5. 水电站自动化元件按它所担负的任务不同可分为（　　）。
（A）电磁元件和晶体管元件　　　　　（B）压力元件、温度元件和转速元件
（C）信号元件和执行元件　　　　　　（D）电气元件和机械元件

6. 水轮发电机组的各种油槽油面异常时，应动作于（　　）。
（A）发故障信号　　　　　　　　　　（B）事故停机
（C）不发信号　　　　　　　　　　　（D）紧急事故停机并关主阀

四、问答题

1. 在什么情况下需要关闭蝶阀？

2. 简述蝶阀开启的操作程序。

3. 简述蝶阀关闭的操作程序。

4. 油压装置自动控制要求是什么？

5. 低压空气压缩装置的自动控制要求是什么？

6. 技术供水系统的自动控制要求是什么？

7. 集水井排水系统的自动控制要求是什么？

8. 发电机制动系统的自动控制要求是什么？

9. 机组辅助设备和附属设备工作与备用的电动机，是如何实现自动起动和自动停止的？

10. 机组制动系统的作用是什么？在什么条件下才允许制动？

11. 简述机组开机的操作程序。

12. 水力机械有哪些事故作用于停机？

13. 水力机械故障保护有哪些作用于发预告信号？

14. 简述机组正常停机操作程序。

第9章

同步发电机准同期并列与励磁控制实验

教学要求： 理解同步发电机准同期并列原理，掌握准同期并列条件；掌握微机准同期控制器及模拟式综合同步指示器的使用方法，熟悉同步发电机准同期并列过程；理解同步发电机励磁调节原理和励磁控制系统的基本任务；熟悉三相全控桥整流、逆变的工作波形；观察触发脉冲及其相位移动；了解微机型 AER 的基本控制方式；了解几种常用励磁限制器的作用；掌握微机型 AER 的基本使用方法。

知识点： 准同期并列条件、同步发电机准同期并列过程、同步发电机励磁调节原理、三相全控桥整流及逆变工作原理、触发脉冲及其相位移动、微机型 AER 的基本控制方式。

技能点： 熟悉操作同步发电机准同期并列过程，熟悉掌握同步发电机励磁调节的控制方式。

9.1　同步发电机准同期并列实验原理与说明

9.1.1　工作原理

将同步发电机并入电力系统的合闸操作通常采用准同期并列方式。准同期并列要求在合闸前通过调整待并机组的电压和转速，当满足电压幅值和频率条件后，根据恒定导前时间原理，由运行操作人员手动或由准同期装置自动选择合适时机发出合闸脉冲，这种并列操作的冲击电流一般很小，并且机组投入电力系统后能被迅速拉入同步。根据并列操作的自动化程度不同，又分为手动准同期、半自动准同期和自动准同期三种方式。

正弦整步电压是两个不同频率的正弦电压之差，其幅值做周期性的正弦规律变化，能反映两个待并系统间的同步情况，如频率差、电压差及相位差。线性整步电压反映的是不同频率的两个方波电压间相位差的变化规律，其波形为三角波，能反映两个待并系统间的频率差和相位差，而且不受电压差的影响，因此得到广泛应用。

手动准同期并列，应在正弦整步电压的最低点（同相点）时合闸，考虑到断路器的固有合闸时间，实际发出合闸脉冲的时刻应提前相应的时间或角度。

自动准同期并列，通常采用恒定导前时间原理工作，这个导前时间可按断路器的合闸时间整定。准同期装置根据给定的允许电压差和允许频率差，不断地检查准同期并列条件是否满足，在不满足要求时闭锁合闸并发均压均频控制脉冲。当所有条件都满足时，在整定的导前时间送出合闸脉冲。

原动机系统一次接线如图 9-1 所示。

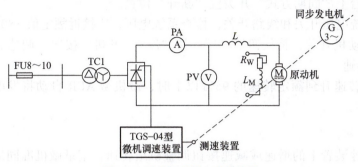

图 9-1　原动机系统一次接线图

原动机是一台 2.2kW 直流电动机，通过调节其电枢电压来改变电动机出力，电枢电压的供电电源是由 380V 交流电源通过整流变压器降压后，经晶闸管整流，再通过平波电抗器平波后供给的，晶闸管的控制由操作面板左下部的 TGS-04 型微机调速装置完成，调速装置的开机方式有以下三种供选择：

1）模拟开机方式，通过调整指针电位器来改变晶闸管输出电压。

2）微机手动开机方式，通过加速、减速按钮来改变发电机的转速。

3）微机自动开机方式，由微机自动将机组升到额定转速，并列之后，通过加速、减速按钮来改变发电机的功率。

发电机对无穷大系统的功率角可以从调速装置显示读得，也可以从功率角指示器中得到。

同步发电机的开机运行必须给其原动机提供一个电源，使发电机组逐步运转起来。传统方法是用人工调节其电枢或者励磁电压，使发电机组升高或降低转速，达到预期的转速。但是这种方法已逐渐不适应现代设备的高质量要求，采用微机调速装置既可以用传统的人工调节方法，又可以跟踪系统频率进行自动的调速，这样可以既简单又快速地达到系统的频率，具有很好的效果。

TGS-04 型微机调速装置具有以下功能：①测量发电机转速；②测量系统功角；③手动模拟调节；④微机自动调速，包括手动数字调节和自动调速；⑤测量电网频率。

TGS-04 型微机调速装置面板由 12 位 LED 数码显示器、11 个信号指示灯、6 个操作按钮和一个多圈指针电位器等组成。

9.1.2　实验项目和方法

1. 机组起动与建压

1）检查调速装置上"模拟调节"电位器指针是否指在 0 位置，如不在则应调到 0 位置。

2）合上操作电源开关，检查实验台上各开关状态：各开关信号灯应绿灯亮、红灯灭。调速装置面板上液晶屏显示发电机转速（左）和控制量（右），在并网后显示控制量（左）和功率角（右）。调速装置上"并网"灯和"微机故障"灯均为熄灭状态，"输出零"灯亮。

3）按调速装置上的"微机方式自动/手动"按钮，使"微机自动"灯亮。

4）微机型 AER 选择自并励、恒电压 U_G 运行方式，合上励磁开关。

5）把实验台上"同期方式"开关置"断开"位置。

6）合上系统电压开关和线路开关，检查系统电压，应接近额定值 380V。

7）合上原动机开关，将按钮置"1"，按"停机/开机"按钮，调速装置将自动起动电动机到额定转速。

8）当机组转速升到额定转速的 95% 以上时，微机型 AER 自动将发电机电压降压到与系统电压相等。

2. 观察与分析

1）操作调速装置上的增速或减速按钮调整机组转速，记录微机准同期控制器显示的发电机和系统频率。观察并记录旋转灯光同步指示器上灯光旋转方向及旋转速度与频率差方向及频率差大小的对应关系；观察并记录不同频率差方向、不同频率差大小时模拟式同步指示器的指针旋转方向及旋转速度、频率平衡表指针的偏转方向及偏转角度的对应关系。

2）操作微机型 AER 上的增磁或减磁按钮，调节发电机端电压，观察并记录不同电压差方向、不同电压差大小时模拟式电压平衡表指针的偏转方向和偏转角度的对应关系。

3）调节转速和电压，观察并记录微机准同期控制器的频率差闭锁、电压差闭锁、相位差闭锁灯亮灭规律。

4）将示波器跨接在"发电机电压"测孔与"系统电压"测孔间，观察正弦整步电压（即脉动电压）波形，观察并记录同步指示器旋转速度与正弦整步电压周期的关系；观察并记录电压幅值差大小与正弦整步电压最小幅值间的关系；观察并记录正弦整步电压幅值达到最小值时所对应的同步指示器指针位置和灯光位置。

5）用示波器跨接到"三角波"测孔与"参考地"测孔之间，观察线性整步电压（即三角波）的波形，观察并记录同步指示器旋转速度与线性整步电压周期的关系；观察并记录电压幅值差大小与线性整步电压最小幅值间的关系；观察并记录线性整步电压幅值达到最小值时所对应的同步指示器指针位置和灯光位置。

（1）手动准同期　将"同期方式"转换开关置"手动"位置，在这种情况下，要满足并列条件，需要手动调节发电机频率、电压，直至频率差、电压差在允许范围内，相位差在 0° 前某一合适位置时，手动操作合闸按钮进行合闸。

观察微机准同期控制器上显示的发电机电压和系统电压，相应操作微机型 AER 上的增磁或减磁按钮进行调压，直至"压差闭锁"灯熄灭。

观察微机准同期控制器上显示的发电机频率和系统频率，相应操作微机调速装置上的增速或减速按钮进行调速，直至"频差闭锁"灯熄灭。

此时表示频率差、电压差均满足条件，观察同步指示器上旋转灯位置，当旋转至 0° 位置前某一合适时刻时，即可合闸。观察并记录合闸时的冲击电流。

（2）半自动准同期　将"同期方式"转换开关置"半自动"位置，按下准同期控制器上的"同期"按钮即向准同期控制器发出同期并列命令，此时，同期命令指示灯亮，微机正常灯闪烁加快。准同期控制器将给出相应操作指示信息，运行人员可按该指示进行相应操作。调速调压方法同手动准同期。

当频率差、电压差条件满足时，同步指示器上旋转灯光旋转至接近 0° 位置时，同步指示器圆盘中心灯亮，表示全部条件满足，手动按下合闸按钮，随后 QF 灯亮，表示已经合闸。同期命令指示灯灭，微机正常灯恢复正常闪烁，进入待命状态。

（3）自动准同期　将"同期方式"转换开关置"自动"位置，按下准同期控制器的"同期"按钮，同期命令指示灯亮，微机正常灯闪烁加快，此时，微机准同期控制器将自动进行均压、均频控制并检测合闸条件，一旦合闸条件满足立即发出合闸脉冲。

在自动同期过程中，观察当"升速"或"降速"命令指示灯亮时，调速装置上有什么反应；当"升压"或"降压"命令指示灯亮时，微机型 AER 上有什么反应。当一次合闸过程完毕，控制器会自动解除合闸命令，避免二次合闸，此时同期命令指示灯灭，微机正常灯恢复正常闪烁。

（4）准同期条件的整定　按"参数设置"按钮使"参数设置"灯亮，进入参数设置状态（再按一下"参数设置"按钮即可使"参数设置"灯灭，退出参数设置状态），显示器共显示 8 个参数，可修改的参数有 7 个，即导前时间、频率差允许值、电压差允许值、均压脉冲周期、均压脉冲宽度、均频脉冲周期、均频脉冲宽度，第 8 个参数是实测上一次合闸时间，单位为 ms。可修改的 7 个参数按"参数选择"按钮可循环出现，按上三角或下三角按钮可改变其大小。

1）整定频率差允许值 $\Delta f = 0.2\text{Hz}$，电压差允许值 $\Delta U = 5\text{V}$，导前时间 $t_d = 0.1\text{s}$。通过改变实际开关动作时间，整定导前时间的时间继电器。重复进行自动准同期实验，观察在不同导前时间 t_d 下并列过程有何差异，并记录三相冲击电流中最大的一相电流值 I_m，填入表 9-1。

表 9-1　准同期条件的影响实验数据记录表（改变导前时间）

整定导前时间 /s	0.1	0.2	0.3	0.4
实测导前时间 /s				
冲击电流 I_m/A				

据此估算出开关操作回路固有时间的大致范围，根据上一次的实测合闸时间，整定同期装置的导前时间。在此状态下，观察并列过程冲击电流的大小。

2）改变频率差允许值 Δf，重复进行自动准同期实验，观察在不同频率差允许值下并列过程有何差异，并记录三相冲击电流中最大的一相电流值 I_m，填入表 9-2。

需要注意的是，此实验微机调速装置工作在微机手动方式。

表 9-2　准同期条件的影响实验数据记录表（改变频率差允许值 Δf）

频率差允许值 Δf /Hz	0.4	0.3	0.2	0.1
冲击电流 I_m /A				

3）改变电压差允许值 ΔU，重复进行自动准同期实验，观察在不同电压差允许值下并列过程有何差异，并记录三相冲击电流中最大的一相电流值 I_m，填入表 9-3。

表 9-3　准同期条件的影响实验数据记录表（改变电压差允许值 ΔU）

电压差允许值 ΔU /V	5	4	3	2
冲击电流 I_m /A				

（5）停机　当同步发电机与系统解列之后，按调速装置的"停机/开机"按钮使"停机"灯亮，即可自动停机，当机组转速降到额定转速的 85% 以下时，微机型 AER 自动逆变灭磁。待机组停稳后断开原动机开关，断开励磁开关以及线路和无穷大电源开关，最后切断操作电源开关。

注意事项：

1）手动合闸时，仔细观察同步指示器上的旋转灯，在旋转灯接近 0° 位置之前某一时刻合闸。

2）当面板上的指示灯、数码显示器都停滞不动时，微机准同期控制器处于死机状态，按一下"复位"按钮可使微机准同期控制器恢复正常。

3）微机型 AER 上的增减磁按钮只在 5s 内有效，过了 5s 后如还需调节则松开按钮，重新按下。

4）在做三种同期方式切换实验时，做完一项后，需要做另一项时，先断开断路器开关，再选择"同期方式"转换开关。

3. 实验报告要求

1）比较手动准同期和自动准同期的调整并列过程。

2）分析合闸冲击电流的大小与哪些因素有关。

3）分析正弦整步电压波形的变化规律。

4）频率差允许值 Δf、导前时间 t_d 的整定原则是什么？

发电机并网与励磁

9.2　同步发电机励磁控制实验

9.2.1　工作原理与说明

同步发电机的励磁系统由励磁功率单元和励磁调节器两部分组成，它们和同步发电机结合在一起就构成一个闭环反馈控制系统，称为励磁控制系统。励磁控制系统的三大基本任务是：稳定电压、合理分配无功功率和提高电力系统稳定性。

实验用的励磁控制系统示意图如图 9-2 所示。可供选择的励磁方式有两种：自并励和他励。当三相全控桥的交流励磁电源取自发电机端时，构成自并励励磁系统；而当交流励磁电源取自 380V 时，构成他励励磁系统。两种励磁方式的可控整流桥均是由微机型 AER 控制的，触发脉冲为双脉冲，具有最大最小 α 角限制。

微机型 AER 的控制方式有三种：恒 U_G（保持发电机端电压稳定）、恒 I_E（保持励磁电流稳定）和恒 α（保持触发延迟角稳定）。其中，恒 α 方式是一种开环控制方式，只限于他励方式下使用。

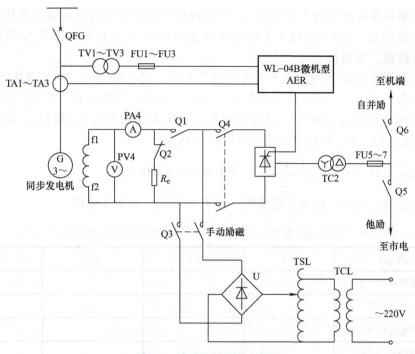

图 9-2　励磁控制系统示意图

同步发电机并入电力系统之前，励磁调节装置能维持发电机端电压在给定水平。操作微机型 AER 的增减磁按钮，可以升高或降低发电机端电压。当发电机并列运行时，操作微机型 AER 的增减磁按钮，可以增加或减少发电机的无功输出，其端电压按调差特性曲线变化。

当发电机正常运行时，三相全控桥处于整流状态，触发延迟角 α 小于 90°；当正常停机或事故停机时，微机型 AER 使触发延迟角 α 大于 90°，实现逆变灭磁。

电力系统稳定器（PSS）是提高电力系统动态稳定性能经济有效的方法之一，已成为微机型 AER 的基本配置。励磁系统的强励，有助于提高电力系统暂态稳定性。励磁限制器是保障励磁系统安全可靠运行的重要环节，常见的励磁限制器有过励限制器和欠励限制器等。

9.2.2　实验项目和方法

1. 不同 α 角（触发延迟角）对应的励磁电压波形观测

1）合上操作电源开关，检查实验台上各开关状态：各开关信号灯应绿灯亮、红灯灭。

2）励磁系统选择他励励磁方式：操作"励磁方式开关"切到"微机他励"方式，微机型 AER 面板"他励"指示灯亮。

3）微机型 AER 选择恒 α 运行方式：操作微机型 AER 面板上的"恒 α"按钮选择为恒 α 方式，面板上的"恒 α"指示灯亮。

4）合上励磁开关，合上原动机开关。

5）在不起动机组的状态下，松开微机型 AER 的"灭磁"按钮，操作增磁按钮或减磁按钮即可逐渐减小或增大触发延迟角 α，从而改变三相全控桥的电压输出及其波形。

需要注意的是，微机型 AER 上的增减磁按钮只在 3s 内有效，过了 3s 后如还需要调节，则松开按钮，重新按下。

实验时，调节励磁电流为表 9-4 规定的若干值，记下对应的 α 角（微机型 AER 对应的显示参数为 "CC"），同时通过接在 U_{d+}、U_{d-} 之间的示波器观测三相全控桥输出电压波形，并由电压波形估算出 α 角，另外利用数字万用表测出电压 U_E 和 U_{ac}，将以上数据记入表 9-4，通过 U_E、U_{ac} 和数学公式也可算出 α 角。

计算公式为 $U_E = 1.35 U_{ac} \dfrac{1 + \cos\alpha}{2}$，其中 $0° \leqslant \alpha \leqslant 180°$。

完成此表后，比较三种途径得出的 α 角有无不同，分析其原因。

表 9-4　不同 α 角（触发延迟角）对应的励磁电压波形观测实验数据记录表

励磁电流 I_E/A	0.0	0.5	1.5	2.5
显示触发延迟角 α/（°）				
励磁电压 U_E/V				
交流输入电压 U_{ac}/V				
由公式计算的 α/（°）				
示波器读出的 α/（°）				

6）调节触发延迟角大于 90° 但小于 120°，观察三相全控桥输出电压波形。

7）调节触发延迟角大于 120°，观察三相全控桥输出电压波形。

2. 同步发电机起励实验

同步发电机的起励有三种：恒 U_G 方式起励、恒 α 方式起励和恒 I_E 方式起励。其中，除了恒 α 方式起励只在他励方式下有效外，其余两种起励方式都可以分别在他励和自并励方式下进行。

现代励磁调节器通常有设定电压起励和跟踪系统电压起励两种起励方式。设定电压起励是指电压设定值由运行人员手动设定，起励后的发电机电压稳定在手动设定的电压水平上；跟踪系统电压起励是指电压设定值自动跟踪系统电压，人工不能干预，起励后的发电机电压稳定在与系统电压相同的电压水平上，有效跟踪范围为额定电压的 85% ～ 115%。跟踪系统电压起励方式是发电机正常发电运行时默认的起励方式，而设定电压起励方式通常用于励磁系统的调试试验。

恒 I_E 方式起励是一种用于试验的起励方式，其设定值由程序自动设定，人工不能干预，起励后的发电机电压一般约为额定电压的 20%。恒 α 方式起励只适用于他励励磁方式，可以做到从零电压或残压开始由人工调节逐渐增加励磁，完成起励建压任务。

（1）恒 U_G 方式起励的步骤

1）将"励磁方式开关"切到"微机自励"方式，投入"励磁开关"。

2）按下"恒 U_G"按钮选择恒 U_G 控制方式，此时恒 U_G 指示灯亮。

3）将微机型 AER 操作面板上的"灭磁"按钮按下，此时灭磁指示灯亮，表示处于灭磁位置。

4）起动机组。

5）当转速接近额定转速（频率≥47Hz）时，将"灭磁"按钮松开，发电机起励建压。注意观察在起励时励磁电流和励磁电压的变化（看励磁电流表和励磁电压表）。录波，观察起励曲线，测定起励时间、上升速度、超调、振荡次数、稳定时间等指标，记录起励后的稳态电压和系统电压。

上述起励方式是通过手动解除"灭磁"状态完成的，实际上还可以让发电机自动完成起励，其操作步骤如下：

1）将"励磁方式开关"切到"微机自励"方式，投入"励磁开关"。

2）按下"恒 U_G"按钮选择恒 U_G 控制方式，此时恒 U_G 指示灯亮。

3）使微机型 AER 操作面板上的"灭磁"按钮为弹起松开状态（注意，此时灭磁指示灯仍然是亮的）。

4）起动机组。

5）注意观察，当发电机转速接近额定转速（频率≥47Hz）时，灭磁指示灯自动熄灭，机组自动起励建压，整个起励过程由机组转速控制，无需人工干预，这是发电厂机组的正常起励方式。同理，发电机停机时，也可由转速控制逆变灭磁。

改变系统电压，重复起励（无需停机、开机，只需灭磁、解除灭磁），观察记录发电机电压的跟踪精度、有效跟踪范围及在有效跟踪范围外起励的稳定电压。

按下"灭磁"按钮并断开励磁开关，将"励磁方式开关"改切到"微机他励"位置，恢复投入"励磁开关"（需要注意的是，改换励磁方式时，必须首先按下"灭磁"按钮并断开励磁开关，否则将可能引起转子过电压，危及励磁系统安全）。本励磁调节器将他励恒 U_G 运行方式下的起励模式设计成设定电压起励方式，起励前允许运行人员手动借助增减磁按钮设定电压给定值，选择范围为额定电压的 $0 \sim 110\%$。用灭磁和解除灭磁的方法，重复进行不同设定值的起励试验，观察起励过程，记录设定值和起励后的稳定值。

（2）恒 I_E 方式起励的步骤

1）将"励磁方式开关"切到"微机自励"或者"微机他励"方式，投入"励磁开关"。

2）按下"恒 I_E"按钮选择恒 I_E 控制方式，此时恒 I_E 指示灯亮。

3）将微机型 AER 操作面板上的"灭磁"按钮按下，此时灭磁指示灯亮，表示处于灭磁位置。

4）起动机组。

5）当转速接近额定转速（频率≥47Hz）时，将"灭磁"按钮松开，发电机自动起励建压，记录起励后的稳定电压。起励完成后，操作增减磁按钮可以自由调整发电机电压。

（3）恒 α 方式起励的步骤

1）将"励磁方式开关"切到"微机他励"方式，投入"励磁开关"。

2）按下"恒 α"按钮选择恒 α 控制方式，此时恒 α 指示灯亮。

3）将微机型 AER 操作面板上的"灭磁"按钮按下，此时灭磁指示灯亮，表示处于灭磁位置。

4）起动机组。

5）当转速接近额定转速（频率≥47Hz）时，将"灭磁"按钮松开，然后手动增磁，直到发电机起励建压。

注意比较恒 α 方式起励与前两种起励方式的不同。

3. 控制方式及其相互切换

微机型 AER 具有恒 U_G、恒 I_E、恒 α、恒 Q（无功功率）等 4 种控制方式，分别具有各自的特点，请通过以下试验，进行分析总结。

（1）恒 U_G 方式　选择他励恒 U_G 方式，开机建压不并网，改变机组转速（频率为 45～55Hz），在表 9-5 中记录不同频率下的发电机电压、励磁电流、励磁电压、触发延迟角 α。

（2）恒 I_E 方式　选择他励恒 I_E 方式，开机建压不并网，改变机组转速（频率为 45～55Hz），在表 9-6 中记录不同频率下的发电机电压、励磁电流、励磁电压、触发延迟角 α。

（3）恒 α 方式　选择他励恒 α 方式，开机建压不并网，改变机组转速（频率为 45～55Hz），在表 9-7 中记录不同频率下的发电机电压、励磁电流、励磁电压、触发延迟角 α。

表 9-5　恒 U_G 方式实验数据记录表（改变机组转速）

发电机频率 /Hz	发电机电压 /V	励磁电流 /A	励磁电压 /V	触发延迟角 / (°)
45				
46				
47				
48				
49				
50				
51				
52				
53				
54				
55				

表 9-6　恒 I_E 方式实验数据记录表（改变机组转速）

发电机频率 /Hz	发电机电压 /V	励磁电流 /A	励磁电压 /V	触发延迟角 / (°)
45				
46				
47				
48				

（续）

发电机频率 /Hz	发电机电压 /V	励磁电流 /A	励磁电压 /V	触发延迟角 /（°）
49				
50				
51				
52				
53				
54				
55				

表 9-7　恒 α 方式实验数据记录表（改变机组转速）

发电机频率 /Hz	发电机电压 /V	励磁电流 /A	励磁电压 /V	触发延迟角 /（°）
45				
46				
47				
48				
49				
50				
51				
52				
53				
54				
55				

（4）恒 Q 方式　先选择他励恒 U_G 方式，开机建压，并网后选择恒 Q 方式（并网前恒 Q 方式非法，微机型 AER 拒绝接受恒 Q 方式命令），带一定的有功、无功负荷后，记录下系统电压为 380V 时发电机的初始状态。改变系统电压，在表 9-8 中记录不同系统电压下的发电机电压、发电机电流、励磁电流、触发延迟角、有功功率、无功功率。

表 9-8　恒 Q 方式实验数据记录表（改变系统电压）

系统电压 /V	发电机电压 /V	发电机电流 /A	励磁电流 /A	触发延迟角 /（°）	有功功率 /kW	无功功率 /var
350						
360						
370						
380						
390						
400						
410						

将系统电压恢复到 380V，微机型 AER 的控制方式选择为恒 U_G 方式，改变系统电压，在表 9-9 中记录不同系统电压下的发电机电压、发电机电流、励磁电流、触发延迟角、有功功率、无功功率。

表 9-9　恒 U_G 方式实验数据记录表（改变系统电压）

系统电压 /V	发电机电压 /V	发电机电流 /A	励磁电流 /A	触发延迟角 /（°）	有功功率 /kW	无功功率 /var
350						
360						
370						
380						
390						
400						
410						

将系统电压恢复到 380V，微机型 AER 控制方式选择为恒 I_E 方式，改变系统电压，在表 9-10 中记录不同系统电压下的发电机电压、发电机电流、励磁电流、触发延迟角、有功功率、无功功率。

表 9-10　恒 I_E 方式实验数据记录表（改变系统电压）

系统电压 /V	发电机电压 /V	发电机电流 /A	励磁电流 /A	触发延迟角 /（°）	有功功率 /kW	无功功率 /var
350						
360						
370						
380						
390						
400						
410						

将系统电压恢复到 380V，微机型 AER 控制方式选择为恒 α 方式，改变系统电压，在表 9-11 中记录不同系统电压下的发电机电压、发电机电流、励磁电流、触发延迟角、有功功率、无功功率。

表 9-11　恒 α 方式实验数据记录表（改变系统电压）

系统电压 /V	发电机电压 /V	发电机电流 /A	励磁电流 /A	触发延迟角 /（°）	有功功率 /kW	无功功率 /var
350						
360						
370						

（续）

系统电压 /V	发电机电压 /V	发电机电流 /A	励磁电流 /A	触发延迟角 / (°)	有功功率 /kW	无功功率 /var
380						
390						
400						
410						

需要注意的是，4 种控制方式相互切换时，切换前后运行工作点应重合。

（5）负载调节

调节调速装置的增速减速按钮，可以调节发电机输出的有功功率，调节微机型 AER 的增减磁按钮，可以调节发电机输出的无功功率。由于输电线路比较长，当有功功率增到额定值时，功角较大（与发电厂机组相比），必要时投入双回线；当无功功率增到额定值时，线路两端电压降落较大，由于发电机电压具有上限限制，所以需要降低系统电压来使无功功率上升，必要时投入双回线。记录发电机额定运行时的励磁电流、励磁电压和触发延迟角。

将有功功率、无功功率减到 0 做空载运行，记录发电机空载运行时的励磁电流、励磁电压和触发延迟角。了解额定触发延迟角和空载触发延迟角的大致度数，了解空载励磁电流与额定励磁电流的大致比值。负载调节实验数据记入表 9-12 中。

表 9-12　负载调节实验数据记录表

发电机状态	励磁电流 /A	励磁电压 /V	触发延迟角 / (°)
空载运行			
50% 额定负载			
额定运行			

4. 逆变灭磁和跳灭磁开关灭磁实验

灭磁是励磁系统保护不可或缺的部分。由于发电机转子是一个大电感，当正常或故障停机时，转子中储存的能量必须释放，该能量释放的过程就是灭磁过程。灭磁只能在空载下进行（发电机在并网状态灭磁将会导致失去同步，造成转子异步运行，产生感应过电压，危及转子绝缘的安全）。当触发延迟角大于 90° 时，三相全控桥将工作在逆变状态下。本实验的逆变灭磁就是利用三相全控桥的逆变特点来完成的。

（1）逆变灭磁步骤

1）选择"微机自励"或者"微机他励"励磁方式，励磁控制方式采用恒 U_G 方式。

2）起动机组，投入励磁并起励建压，增磁，使同步发电机进入空载额定运行。

3）按下"灭磁"按钮，灭磁指示灯亮，发电机执行逆变灭磁命令，注意观察励磁电流表、励磁电压表及励磁电压波形的变化。

（2）跳灭磁开关灭磁实验的步骤

1）选择"微机自励"或者"微机他励"励磁方式，励磁控制方式采用恒 U_G 方式。

2）起动机组，投入励磁并起励建压，同步发电机进入空载稳定运行。

3）直接按下"励磁开关"绿色按钮跳开灭磁开关，注意观察励磁电流表和励磁电压表的变化。

以上试验也可在他励励磁方式下进行。

5. 伏赫限制实验

单元接线的大型同步发电机解列运行时，其端电压有可能升得较高，而其频率有可能降得较低。如果端电压 U_G 与频率 f 的比值（即伏赫比）$B=U_G/f$ 过高，则同步发电机及其主变压器的铁心就会饱和，使空载励磁电流加大，造成发电机和主变压器过热，因此有必要对 U_G/f 加以限制。

伏赫限制器的工作原理是根据整定的最大允许伏赫比 B_{max} 和当前频率，计算出当前允许的最高电压 $U_{max}=B_{max} \times f$，将其与电压给定值 U_{set} 比较，取二者中较小值作为计算电压偏差的基准值 U_b，由此调节的结果必然是发电机电压 $U_G \leqslant U_{max}$。伏赫限制器在解列运行时投入，并网后退出。

实验步骤如下：

1）选择"微机自励"或者"微机他励"励磁方式，励磁控制方式采用恒 U_G 方式。

2）起动机组，投入励磁并起励建压，发电机稳定运行在空载额定以上。

3）调节原动机减速按钮，使机组转速从额定转速下降，频率为 44 ～ 50Hz。

4）每间隔 1Hz 记录发电机端电压。

5）根据试验数据描出端电压与频率的关系曲线，并计算设定的 B_{max} 值（用限制动作后的数据计算，伏赫限制指示灯亮表示伏赫限制动作）。做本实验时先增磁到一个比较高的发电机端电压后再慢慢减速。伏赫限制实验数据记入表 9-13 中。

表 9-13 伏赫限制实验数据记录表

发电机频率 f/Hz	50	49	48	47	46	45	44
发电机端电压 U_G/V							

6. 同步发电机强励实验

强励是励磁控制系统的基本功能之一，当电力系统由于某种原因出现短时低压时，励磁系统应以足够快的速度提供足够高的励磁电流最大值，借以提高电力系统暂态稳定性和改善电力系统运行条件。在并网时，模拟单相接地和两相短路故障可以观察强励过程。

实验步骤如下：

1）选择"微机自励"励磁方式，励磁控制方式采用恒 U_G 方式。

2）起动机组，满足条件后并网。

3）在发电机有功功率和无功功率输出为 50% 额定负载时，进行单相接地和两相短路实验，注意观察发电机端电压、发电机电流、励磁电流和励磁电压的变化情况，观察强励时的励磁电压波形，并记录励磁电流最大值和发电机电流最大值。

4）采用他励励磁方式，重复 1）～ 3）。

实验数据记录于表 9-14。

表 9-14　同步发电机强励实验数据记录表

电流值	自励		他励	
	单相接地	两相短路	单相接地	两相短路
励磁电流最大值 /A				
发电机电流最大值 /A				

7. 欠励限制实验

欠励限制器是用于防止发电机因励磁电流过度减小而引起失步或因机组过度进相引起定子端部过热，确保机组在并网运行时，将发电机的功率运行点（P、Q）限制在欠励限制线上方。

欠励限制器的工作原理是根据给定的欠励限制方程和当前有功功率 P 计算出对应的无功功率下限：$Q_{min}=\alpha P+b$，将 Q_{min} 与当前 Q 比较，若 $Q_{min}<Q$，则欠励限制器不动作；若 $Q_{min}>Q$，则欠励限制器动作，自动增加无功输出，使 $Q_{min}<Q$。

实验步骤如下：

1）选择"微机自励"或者"微机他励"励磁方式，励磁控制方式采用恒 U_G 方式。

2）起动机组，投入励磁。

3）满足条件后并网。

4）调节有功功率输出分别为额定负载的 0、50%、100%，用减小励磁电流（按减磁按钮）或升高系统电压的方法使发电机进相运行，直到欠励限制器动作（欠励限制指示灯亮），记下此时的无功功率 Q。

5）根据试验数据作出欠励限制线 $P=f(Q)$，并计算出该直线的斜率和截距。如果减磁到失步时还不能使欠励限制器动作，可以用提高系统电压来实现。

实验数据记录于表 9-15，并于图 9-3 作出欠励限制线 $P=f(Q)$。

表 9-15　欠励限制实验数据记录表

发电机有功功率 P	欠励限制器动作时的无功功率 Q/var
0	
50% 额定负载	
100% 额定负载	

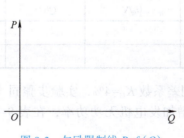

图 9-3　欠励限制线 $P=f(Q)$

8. 调差实验

（1）调差系数的测定　微机型 AER 中使用的调差公式为（按标幺值计算）$U_B = U_{set} \pm K_Q Q$，它是将无功功率的一部分叠加到电压给定值上（模拟式励磁调节器通常是将无功电流的一部分叠加在电压测量值上，效果等同）。

实验步骤如下：

1）选择"微机自励"或者"微机他励"励磁方式，励磁控制方式采用恒 U_G 方式。

2）起动机组，投入励磁。

3）满足条件后并网，稳定运行。

4）用降低系统电压的方法增加发电机无功功率，在表 9-16 中记录一系列 U_G、Q 数据。

5）在图 9-4 中作出外特性曲线，并计算出调差系数。

表 9-16　调差实验数据记录表

	发电机端电压 U_G/V	发电机无功功率 Q/var
1		
2		
3		

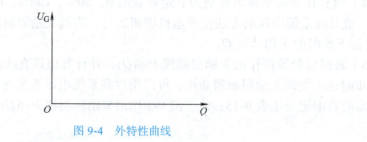

图 9-4　外特性曲线

（2）零调差实验　设置调差系数 $K_U = 0$，实验步骤同（1）。

用降低系统电压的方法增加发电机无功功率，在表 9-17 记录一系列 U_G、Q 数据，作出外特性曲线。

表 9-17　零调差、正调差、负调差实验数据记录表

$K_U = 0$		$K_U = +4\%$		$K_U = -4\%$	
U_G/V	Q/var	U_G/V	Q/var	U_G/V	Q/var

（3）正调差实验　设置调差系数 $K_U = 4\%$，实验步骤同（1）。

用降低系统电压的方法增加发电机无功功率，在表 9-17 中记录一系列 U_G、Q 数据，作出外特性曲线。

（4）负调差实验　设置调差系数 $K_U = -4\%$，实验步骤同（1）。

用降低系统电压的方法增加发电机无功功率，在表 9-17 中记录一系列 U_G、Q 数据，作出外特性曲线。

9. 过励磁限制实验

发电机励磁电流超过额定励磁电流的 1.1 倍称为过励。励磁电流在额定励磁电流的 1.1 倍以下允许长期运行，1.1 ～ 2 倍之间按反时限原则延时动作，限制励磁电流到额定励磁电流的 1.1 倍以上，2 倍以下，瞬时动作限制励磁电流在额定励磁电流的 2 倍以上。过励限制指示灯在过励限制动作时亮。

实验步骤如下：

1）选择"微机自励"或"微机他励"励磁方式，励磁控制方式采用恒 U_G 方式。

2）起动机组，投入励磁。

3）用降低额定励磁电流定值的方法模拟励磁电流过励，此时过励限制器将按反时限特性延时动作，记录励磁电流和延时时间，观察过励限制器的动作过程。

4）在图 9-5 中作出过励磁限制特性曲线，$t = f(I / I_N)$，实验数据记入表 9-18。

需要注意的是做本实验时需要改变额定电流整定值。

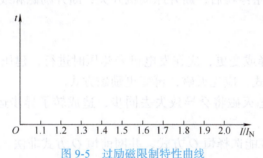

图 9-5　过励磁限制特性曲线

表 9-18　过励磁限制实验数据记录表　额定电流整定值 $I_N=$

励磁电流实际值 I/A	过励倍数（I/I_e）	延时时间 t/s

10. PSS 实验

PSS 的主要作用是抑制系统的低频振荡，它的投入对提高电力系统的动态稳定性有非常重要的意义。

实验步骤如下：

1）选择"微机自励"或者"微机他励"励磁方式，励磁控制方式采用恒 U_G 方式。

2）起动机组，投入励磁。

3）满足条件后并网，稳定运行。

4）在不投入 PSS 的条件下，增加发电机有功功率，直到系统开始振荡，记下此时的发电机端电压、有功功率和功角（由调速装置的显示器读数）。

5）在投入 PSS 的条件下，增加发电机有功功率，直到系统开始振荡，记下此时的发电机端电压、有功功率和功角。

6）分别在单回输电线路和双回输电线路中进行本次实验，实验数据记录在表 9-19 中。

7）比较 PSS 投入和不投入两种情况下的有功功率极限和功角极限有何不同。

表 9-19　PSS 实验数据记录表

	单回输电线路		双回输电线路	
	PSS 投入	PSS 不投入	PSS 投入	PSS 不投入
发电机端电压 U_G/V				
发电机有功功率 P/kW				
功角 δ/（°）				

11. 停机灭磁

发电机解列后，直接控制调速装置停机，微机型 AER 在频率下降到 43Hz 以下时自动进行逆变灭磁。待机组停稳后，断开原动机开关，断开励磁和线路等开关，断开操作电源总开关。

注意事项：

1）励磁方式的选择或变更，应在发电机未建压时进行，建压运行中不可变更励磁方式，若需要变更励磁方式，应先灭磁，再变更励磁方式。

2）发电机并网状态灭磁将会导致失去同步，造成转子异步运行，产生感应过电压，危及转子绝缘的安全。

3）发电机并网后方能选择恒 Q 方式，并网前恒 Q 方式非法，调节装置拒绝接受恒 Q 命令。

9.2.3　实验报告要求

实验报告要求如下：

1）分析比较各种励磁方式和各种励磁控制方式对电力系统安全运行的影响。

2）比较各项实验数据，分析其产生的原因。

3）分析微机型 AER 空载实验的测试结果。

4）分析微机型 AER 负载实验的测试结果。

 习　题

1. 相序不对应（如系统侧相序为 A、B、C，发电机侧相序为 A、C、B）能否并列？为什么？

2. 电压互感器的极性如果有一侧（系统侧或发电机侧）接反，会有什么结果？

3. 准同期并列与自同期并列在本质上有什么差别？如果在这套机组上实验自同期并列，应如何操作？

4. 合闸冲击电流的大小与哪些因素有关？频率差或电压差变化时，正弦整步电压有什么变化规律？

5. 当两侧频率几乎相等，电压差也在允许范围内，但合闸脉冲迟迟不能发出，这是一种什么现象？应采取什么措施解决？

6. 在 $f_G > f_S$ 或 $f_G < f_S$、$U_G > U_S$ 或 $U_G < U_S$ 下并列，发电机有功功率表及无功功率表的指示有何特点？为什么？

7. 三相全控桥对触发脉冲有什么要求？

8. 为什么在恒 α 方式下，必须手动增磁才能起励建压？

9. 比较恒 U_G 方式起励、恒 I_E 方式起励和恒 α 方式起励有何不同。

10. 逆变灭磁与跳灭磁开关灭磁主要有什么区别？

11. 为什么在并网时不需要伏赫限制？

12. 比较在他励方式下强励与在自并励方式下强励有什么区别。

13. 比较在他励方式下逆变灭磁与在自并励方式下逆变灭磁有什么区别。

14. 比较恒 U_G、恒 I_E、恒 Q 和恒 α 4 种运行方式的特点，说明它们分别适合在何种场合。对电力系统运行而言，哪一种运行方式最好？试就电压质量、无功负荷平衡、电力系统稳定性等方面进行比较。

参 考 文 献

［1］陈金星. 电力系统自动装置［M］. 2 版. 郑州：黄河水利出版社，2014.

［2］丁书文. 电力系统自动装置原理［M］. 北京：中国电力出版社，2007.

［3］陈金星. 电气二次部分［M］. 郑州：黄河水利出版社，2013.

［4］许正亚. 电力系统安全自动装置［M］. 北京：中国水利水电出版社，2006.

［5］许建安. 水电站自动化技术［M］. 北京：中国水利水电出版社，2006.

［6］陈启卷，南海鹏. 水电厂自动运行［M］. 北京：中国水利水电出版社，2009.

［7］陈金星，孙国强，姬胜昔. 水电厂自动化技术［M］. 郑州：黄河水利出版社，2015.

［8］国家电网公司人力资源部. 二次回路［M］. 北京：中国电力出版社，2010.

［9］黄栋，吴轶群. 发电厂及变电所二次回路［M］. 北京：中国水利水电出版社，2004.

［10］刘忠源，徐睦书. 水电站自动化［M］. 3 版. 北京：中国水利水电出版社，1998.

［11］崔明. 变电站与水电站综合自动化［M］. 北京：中国水利水电出版社，2005.

［12］周双喜，李丹. 同步发电机数字式励磁调节器［M］. 北京：中国电力出版社，1998.

［13］陈启卷. 水电厂计算机监控系统［M］. 北京：中国水利水电出版社，2010.

［14］张露江. 电力微机保护实用技术［M］. 北京：中国水利水电出版社，2010.